신장의 분자생리학적 이해

신장의 분자생리학적 이해

권태환

경북대학교출판부

권태환(Tae-Hwan Kwon, M.D., Ph.D., dr.med.)

경북대학교 의과대학 졸업(M.D.)
경북대학교 의학박사(Ph.D.)
덴마크 Aarhus 대학교 의학박사(dr. med.)
현재, 경북대학교 의과대학 생화학세포생물학교실 교수

경북대학교병원 인턴 및 내과 전공의
경북대학교병원 신장내과 전임의
내과 전문의, 신장내과 분과전문의, 투석전문의

덴마크 Aarhus 대학교 의과대학 세포생물학교실 Research Associate
덴마크 Aarhus 대학교 Water and Salt Research Center 방문교수
덴마크 Aarhus 대학교 Skejby 대학병원 방문교수
동국대학교 의과대학 생리학교실 조교수
경북대학교 의생명과학 특성화사업 책임교수
경북대학교 의과대학 BK21 플러스 사업단 단장
경북대학교 의과대학 학장 등 역임

전해질고혈압연구회 명예회장
소속 학회: 대한신장학회, 대한내과학회, 미국신장학회, 미국생리학회, 세계신장학회, 유럽신장학회

학술지 편집위원
American Journal of Physiology-Renal Physiology 편집위원
Kidney Research and Clinical Practice 부편집장

논문: *Nature, NEJM, PNAS, JCI, AJP, Kidney Int, JASN, FASEB J* 등에 200편 이상 게재 (2025년 8월 현재 H-index: 75)

저술: *Brenner BM, Schrier RW, Seldin and Giebisch* 등 신장학 저서 챕터 17편

경북대학교 학술총서 25
신장의 분자생리학적 이해

찍은 날 2026년 1월 21일 • **펴낸 날** 2026년 2월 6일
지은이 권태환 • **펴낸이** 허영우 • **펴낸 곳** 경북대학교출판부
출판등록 1973년 10월 10일 ㉱97호 • **주소** 대구광역시 북구 대학로 80 • **전화** 053-950-3830
팩스 053-953-4692 • **이메일** press@knu.ac.kr • **홈페이지** knupress.com
ISBN 978-89-7180-668-5 93510

정가는 뒤표지에 있습니다.
파본은 바꾸어 드립니다.

이 저서는 〈2025년 경북대학교 학술총서 집필 및 출간지원사업〉의 재원으로 출간되었습니다.

머리말

> 물의 성질이 무엇을 지향하는지를 살펴보면 매우 흥미롭다. 그것은 바로 '균형'이다. 물은 균형을 지향하며 흐르고, 균형에 도달하면 더 이상 흐르지 않는다. 이것을 물이 지닌 '중용의 덕'으로 이념화해도 좋을 것이다.

경북대학교 국어국문학과 정우락 교수의 저서 『모순의 힘』에 나오는 문장입니다. 『모순의 힘』은 많은 문학 작가들이 물을 통해 그들의 상상력, 감정과 사상을 어떻게 이미지화하였는지를 다룬 인문서로서, 저자가 한국문학과 물의 상관성에 관해 오랜 기간 깊이 있게 연구한 내용을 담았습니다. 물은 균형을 지향한다는 서술이 참 인상적입니다. 저 또한 세포막에서 물이 통과하는 수분통로단백(aquaporin)을 오랜 기간 연구하고 있기에, 그의 저서를 흥미롭게 탐독할 수 있었습니다. 우리 몸의 많은 부분이 물로 구성되어 있고, 세포막을 통한 물의 이동으로 인해 신체 항상성, 즉 생명이 유지되고 있으며, 물은 항상 삼투질 농도 평형을 이루기 위해 세포 안과 밖을 이동한다고 이해할 수 있을 것입니다.

워런 버핏(Warren Buffett)이 누군가에게 질문을 던졌습니다. "1962년에 가장 많이 팔린 초코바가 뭔지 알아요?" 누군가가 "모르겠는데요"라고 답하자, "스니커즈였어요. 그런데 현재 가장 많이 팔리는 초코바는 뭘까요?"라고 물었습니다. 역시 누군가가 "답을 모르겠습니다"라고 하자, "스니커즈예요"라고 했다고 합니다. 그리고 침묵. 대화는 거기서 끝났습니다.

이 문장은 모건 하우절(Morgan Housel)의 저서 『불변의 법칙(Same as Ever)』 첫머리에 나오는 일화입니다. 소재를 바꾸어, 지구의 생명체가 생겨난 이래로 생명을 유지하기 위해 반드시 가져야 했던 것이 무엇이냐고 질문한다면 '물과 소금'이 매우 중요한 자리를 차지할 것 같습니다. 신장은 생명 유지를 위한 체액과 전해질의 항상성을 조절하는 핵심 장기인 까닭에, 그 중요성과 함께 정교하고 복잡한 기능으로 인해 오랫동안 생리학 연구의 중심에 자리해 오고 있습니다. 특히 분자세포생물학의 진보와 함께, 최근에는 멀티 오믹스(multi-omics)와 의료 인공지능의 눈부신 발전에 힘입어, 신장 세뇨관의 수분통로단백과 각종 이온 채널 및 수송체의 조절 기전 규명 연구가 활성화되고 있습니다. 이러한 연구 결과는 수분 전해질 불균형, 고혈압, 부종, 세뇨관 세포 손상, 신장 섬유화 등을 제어하고 치료하는 기초-임상 중개연구의 중요한 토대를 제공하고 있습니다.

19세기 후반에서 20세기 초반에 이르기까지 Graham, Fick, van't Hoff, Krogh, Abel 등 기초과학자들이 막을 통한 물질의 확산(diffusion)에 관심을 두고 깊은 연구를 한 까닭에, 독일의 Georg

Haas 교수, 네덜란드의 Willem Kolff 교수 등이 인공신장(artificial kidney) 제작에 도전하여 요독증 환자를 치료할 자신감과 용기를 얻었고 현대 혈액투석치료의 기초를 마련할 수 있었습니다.

또한 20세기 신장생리학자들의 눈부신 성과 덕분에, 세포막을 통한 물과 전해질 이동을 분자생리학적으로 설명하는 현대 신장생리학이 발전할 수 있었습니다. Homer Smith는 신장에서 물질의 청소율(clearance) 개념을 정립하고 inulin과 PAH를 이용한 사구체 여과율과 신혈장류량 측정법을 확립하였습니다. Werner Kuhn, Robert Berliner, Carl Gottschalk는 헨레고리와 수질 혈관이 이루는 countercurrent 시스템과 소변 농축 기전의 원리를 제시하였습니다. Gerhard Giebisch는 원위세뇨관과 집합관에서의 포타슘 분비 등을 미세천자와 전기생리학으로 연구하여, 막전위, 이온통로, 펌프에 의해 조절되는 포타슘 항상성 모델을 확립하였습니다. Robert Pitts와 Floyd Rector Jr.는 중탄산염 재흡수와 산 배설 등 신장의 산염기 조절 기전을 규명하였습니다. Maurice Burg와 Thomas Andreoli 등은 분리 세뇨관 관류법(isolated perfused tubule)을 개발하고 집합관에서의 항이뇨호르몬 의존적 수분 및 전해질 이동 특성을 연구하였습니다. Bodil Schmidt-Nielsen은 요소의 재순환과 요소의 촉진 확산(facilitated diffusion)을 제안하였습니다. Jens Skou, Thomas Jentsch, Steven Hebert, Bernard Rossier, Peter Agre는 각각 Na^+,K^+-ATPase, ClC 염소이온 채널, 소듐 공동수송체, 소듐 채널과 수분통로를 단백질 및 분자 수준에서 규명하였고, Richard Lifton, Alan Verkman, Mark Knepper, Søren

Nielsen, Peter Deen, Daniel Bichet 등은 특정 막단백질과 키나아제 등의 결손이 바터 증후군, 요 농축장애, 신성 요붕증 등에 직결된다는 것을 보여 주었습니다.

이처럼 역동적인 학문적 흐름 속에서 필자는 제한된 지식과 경험에도 불구하고, 그동안의 실험 연구 결과를 바탕으로 신장생리학을 분자생리학적 관점에서 재조명하고자 이 책을 집필하였습니다. 신체의 수많은 세포가 건강을 유지하기 위해서는 체액의 양, 삼투압, pH, 그리고 전해질 농도가 정밀하게 조절되어야 합니다. 신장은 매분 약 1.2 리터의 혈액을 여과하고 하루 180 리터의 원뇨를 생성한 뒤, 그중 99% 이상을 재흡수하여 수분과 영양분을 보존하는 동시에 노폐물을 배설합니다. 본 저서에서는 수분통로단백을 비롯하여 소듐, 포타슘, 중탄산 이온 등의 다양한 채널 및 수송체에 이르기까지, 이들 단백질의 기능과 조절 기전을 폭넓게 다루고자 하였습니다.

필자가 덴마크 오후스 대학교(Aarhus University) 세포생물학교실에서 연구를 진행하던 시절, 같은 교실에 계셨던 Finn Geneser 교수(Geneser's Histology의 저자)께서 책 한 페이지를 위해서도 오랜 기간 온갖 노력을 기울이시던 모습이 생각납니다. 그분이 퇴임하실 때 오랜 기간 동안 책의 내용을 타이핑하셨던 비서분이 오셔서 함께 축하하던 모습도 기억에 남습니다. 저 또한 수송체 단백질의 조절기전이 서로 상이하고 복잡하기에, 이를 단순화하는 과정에서 중요한 내용을 누락하거나 오류를 범하지는 않았을까 염려가 됩니다. 부족한 부분이 있다면 언제든 가르침을 주시면 감사하겠습니다.

아무쪼록 이 작은 책이 의학도와 신장학을 연구하는 연구자들의 신장 생리학 이해에 조금이나마 도움이 되기를 바랍니다. 특히 제1장 총론은 신장학을 처음 접하는 의학도를 위해 기술하였습니다. 본 저서는 경북대학교 학술총서 집필 및 출간지원사업에 선정되어 출판 지원을 받았습니다. 감사의 글은 책의 말미에 적었으나, 특히 책이 세상에 나오기까지 헌신적으로 수고해 주신 장준이 선생과 이재현 선생을 비롯한 경북대학교출판부 편집진께 깊은 감사를 드립니다.

경북대학교 의과대학 동인 행림 연구실에서
권태환

차 례

머리말 005

제1장 — 013
총론

1. 네프론과 신장의 기능이란? 015
2. 사구체 여과 025
3. 세뇨관에서의 재흡수와 분비 033
4. 산-염기 대사 057
5. 막 수송의 열역학적·전기화학적 기초 060
6. 요약 062

제2장 — 073
사구체 여과

1. 사구체 여과 기전 075
2. 메산지움 세포(mesangial cell)의 역할 080
3. 사구체 기저막 등 사구체 여과 장벽이 띠는 음전하 086
4. 신장 질환에서 사구체 여과 장벽의 전하 090
5. 사구체 여과율에 영향을 미치는 약물과 기전 092
6. 혈액 내 크레아티닌 농도 측정의 역사 및 사구체 여과율 측정 096
7. 사구체-세뇨관 균형 및 세뇨관-사구체 되먹임 102
8. 요약 및 최신 연구 동향 111

제3장 — 117
근위세뇨관

1. 개요 119
2. 재흡수 및 분비 기전 124
3. 재흡수 128
4. 분비 162
5. 근위세뇨관 기능의 통합적 조절 173
6. 근위세뇨관의 분절 특이성 184
7. 알부민 등 저분자량 단백질 재흡수 186

제4장 — 191
헨레고리 내림가는다리와 오름가는다리

1. 개요 193
2. 가는고리관의 구조적 특징 194
3. 내림가는다리의 기능 199
4. 오름가는다리의 기능 205

제5장 — 209
굵은오름다리와 원위세뇨관

1. 굵은오름다리의 구조 및 기능 212
2. 바터 증후군(Bartter's syndrome) 228
3. 원위곡세뇨관의 구조 및 이온 수송 233
4. 지텔만 증후군(Gitelman syndrome) 243

제6장 — 251
집합관

1. 집합관 상피세포의 분자 구조와 세포 극성 유지 254
2. 주세포의 ENaC 발현 및 조절 기전 255
3. 주세포의 ROMK 발현 및 조절 기전 262
4. 집합관의 수분 재흡수량과 수분통로단백 AQP2 발현 264
5. 수분통로단백 AQP2의 조절 기전 266
6. 시상하부의 바소프레신 분비 조절 기전 283
7. 신장 사이세포의 주요 기능 288
8. 집합관 관련 유전 질환의 분자 기전과 동물 모델 294
9. 원위 신세뇨관 산증의 병태생리 297

제7장 — 309
신장의 산-염기 평형 조절 및 암모니아 운반과 배설

1. 산-염기 평형 유지와 신장의 핵심 역할 311
2. 중탄산염의 재흡수 및 재생산 개요 313
3. 신장 내 암모니아 생성과 운반의 개요 319
4. 근위세뇨관에서의 암모니아 운반 324
5. 헨레고리관의 암모니아 운반 326
6. 원위세뇨관과 집합관에서의 암모니아 운반 328
7. 집합관 암모니아 분비의 핵심, Rh 단백질과 기타 조절 인자들 330

제8장 — 333

임상에서 사용하는 신장 기능 지표

1. 혈장 또는 혈청 전해질 비교(농도 표현 방식별) 335
2. Osmolarity(오스몰 농도)와 Osmolality(오스몰랄 농도) 338
3. 요 삼투압 농도 혹은 요 오스몰랄 농도(Urine Osmolality) 340
4. 긴장도(Tonicity)와 삼투압 농도(Osmolality) 비교 343
5. 저나트륨혈증(Hyponatremia) 감별 진단 345
6. 오스몰 갭(Osmolal Gap) 351
7. 나트륨 분획 배설률(Fractional Excretion of Sodium, FE_{Na}) 352
8. 요산 분획 배설률(Fractional Excretion of Urate, FE_{Urate}) 353
9. 삼투질 청소율(Osmolar Clearance, Cosm) 354
10. 자유 수분 청소율(Solute-Free Water Clearance, CH_2O) 355
11. 요 소듐 농도(Urine Sodium Concentration, UNa^+) 356
12. 요 나트륨/크레아티닌 비율(Urine Sodium/Creatinine Ratio) 358
13. 포타슘 분획 배설률(Fractional Excretion of Potassium, FE_K) 359
14. 요 포타슘 농도(Urine Potassium Concentration, U_K) 360
15. 요 포타슘/크레아티닌 비율(Urine Potassium/Creatinine Ratio) 361
16. 경세뇨관 포타슘 농도차(Transtubular Potassium Gradient, TTKG) 362
17. 순 산 배설(Net Acid Excretion, NAE) 364
18. 동맥혈 가스분석(Arterial Blood Gas Analysis, ABGA) 365
19. 요 음이온 차(Urine Anion Gap, UAG) 366
20. 요-혈액 PCO_2 차이(Urine to Blood PCO_2 Gradient, U-B PCO_2) 368
21. 혈청 음이온 차(Serum Anion Gap, AG) 370
22. 델타/델타(Δ/Δ) 비율 371

글을 마치며 373
참고문헌 379

제1장

총론

제1장 | 총론

1. 네프론과 신장의 기능이란?

신장은 배설작용(excretory function)과 조절기능(regulatory function)을 담당하는 중요한 장기이다. 수분과 용질을 배설함으로써 신장은 체내의 과도한 수분과 불필요한 노폐물을 제거하며 저류를 방지한다. 또한, 다양한 식이 섭취에도 불구하고 신장은 사구체에서의 여과 및 세뇨관에서의 재흡수와 분비과정을 통해 체액의 양과 조성을 일정하게 조절하며, 산-염기 대사에도 관여한다. 신장의 정상적인 배설과 조절기능을 통해 신체의 항상성은 유지되며, 이를 통해 조직과 세포는 그 기능을 원활하게 수행할 수 있다. 그러나 최근 고령 인구의 증가 및 당뇨병, 고혈압, 비만 등 고위험 질환자가 늘어나면서 매년 만성 콩팥병(Chronic Kidney Disease, CKD) 환자 수가 크게 증가하고 있다. 만성 콩팥병의 발생률은 전 세계적으로도 꾸준히 증가하고 있으며, 만성 콩팥병은 말기 신부전(End-Stage Renal Disease, ESRD)으로 진행될 수 있어, 임상적으로 해결해야 하는 중요한 과제로 대두되었다. 말기 신부전에 이르면 생명을 유지하기 위해 평생 주기적인 투석요법 혹은 신장이식 치료가 필수적이다. 전 세계적으로 약 8억 명 이상의 사람들이 만성 콩팥병에 이환되어 있으며, 유병률은 약 10%에 달한다.[1] 만성 콩팥병의 주요 원인질환은 당뇨병과 고혈압 등이며 신장염이나 요로폐쇄 또한 주요 원인이다. 만성 콩팥병의 특징 중 하나는 세뇨관 간질 부위의 염증으로, 이는 신장 섬유화로 이어지는데, 신장 섬유화는 섬유성 콜라젠, 활성화된 근섬유아세포 및 염증세포의 점진적 축적이 동반되어 신장 기능이 불가역적으로 상실되는 복잡한 과정이다. 신장 섬유화가 진행되기 전 혹은 발생과 동시에 신장 기능은 점차 저하되며, 신장 혈류 및 조직 관류 감소, 사구체 여과율 저하, 세뇨관의 수분 및 전해질 처리 능력 저하, 그리고 소변 내 단백질 배설 증가 등이 나타난다.[2] 본 저서는 주로 정상적인 신장기능에 관해 기술하고자 하며, 특히 분자생리학적 관점에서 그 기전을 상세히 기술하여, 이를 통해 병태생리를 이해할 수 있게 하였다.

독일인 의사였던 Ulrich Pinder는 1506년 그의 Epiphanie Medicorum이라는 저서에서 소변의 색깔, 냄새, 맛 등의 변화를 관찰하고 이들의 변화양상을 통해 질병의 진단에 이용할 수 있도록 urine wheel을 제시하였다. 이는 여러 가지 다양한 신체조건에서 신장이 수분과 용질 배설을 조절함과 동시에 여러 질환에서 그 조절 불균형이 발생함을 발견한 것으로, 현대의학에서 액체 생검(liquid biopsy) 이라고 할 수 있는 소변 검사와 함께 현대 신장학 연구에서 주목받고 있는 소변, 혈액, 세포 및 조직 등에서 수행하는 다중 오믹

스(multi-omics) 분석과 연결되는 역사적 배경을 제공한다.[3-5]

신장의 기능 단위는 네프론(nephron)이며, 이는 사구체(glomerulus)와 세뇨관(uriniferous tubule)으로 구성되어 있다. 사구체에서 여과된 액체는 세뇨관에서 재흡수와 분비 과정을 통해 조절되며 최종적으로 소변으로 배출된다. 신장은 사구체 여과와 세뇨관에서의 재흡수 및 분비 과정을 거쳐 신체의 수분, 산-염기 및 전해질 균형을 조절한다. 정상 성인의 경우, 하루에 2개의 신장으로 유입되는 혈액 양(Renal Blood Flow)은 약 1,100~2,000 L이다. 예를 들어, 심박출량이 4.5 L/분이고 이 중 20%가 신장으로 들어간다면 신혈류량은 1,296 L/일이다. 만약 적혈구 용적률(Hematocrit)이 45%라고 가정하면 하루에 신장으로 유입되는 신혈장류량(Renal Plasma Flow)은 712.8 L/일이며, 이 중 25%가 사구체에서 여과된다면(여과 분율 25%) 사구체 여과율은 178.2 L/일이 될 것이다.

계산 과정

신혈류량(Renal Blood Flow) = 4.5 L/분 × 0.20 × 60분 × 24시간

= 1,296 L/일

신혈장류량(Renal Plasma Flow) = 1,296 L/일 ×(1−0.45)

= 1,296 × 0.55 = 712.8 L/일

사구체 여과율(Glomerular Filtration Rate) = 712.8 L/일 × 0.25

= 178.2 L/일

이상의 예를 통해 하루에 사구체에서 여과된 178.2 L 원뇨 중 소

변으로 배출되는 양은 1~2 L에 불과하며, 나머지 약 176~177 L는 세뇨관에서 다시 재흡수되고, 배설되는 용질의 양 또한 신체의 필요에 따라 적절하게 조절된다.

사람 신장 네프론 수를 측정한 역사를 살펴보면, 1818년 아이젠하르트(Eysenhardt)가 처음으로 그 수를 추정한 것으로 기록된다(Eysenhardt CW. De structura renum observationes microscopicae. Berolinensis, 1818). 그 이후 여러 정량적 기법들이 개발되었으며, 특히 1984년 Sterio가 기술한 비편향 입체학적 방법(unbiased stereological technique)과 1994년 Basgen이 제시한 MRI 기법은 오늘날 활용되고 있다.[6] 비록 어떤 방법이 더 정확한지에 대한 논의는 계속되고 있지만, 현재는 비편향 입체학적 기법이 네프론 수 추정을 위한 표준(gold-standard) 접근법으로 여겨진다.[7-9] 이는 신장 전체에서 체계적이고 무작위적으로 샘플링된 작은 부분들 안에서 특정 규칙에 따라 사구체를 계수한 뒤, 이를 샘플링 비율로 역산하여 전체 신장의 네프론 수를 추정하는 방법이다. 일반적으로 사람의 신장 하나에는 80만 개에서 100만 개 정도의 네프론이 존재하지만, 건강한 사람이라도 인종과 지역에 따라 네프론 수는 크게 달라진다. 연구에 따르면, 미국 백인 및 아프리카계는 약 46만 개에서 130만 개, 호주 원주민은 약 36만 개에서 110만 개, 호주 비원주민은 약 38만 개에서 150만 개 범위의 네프론을 가진다. 이처럼 건강한 사람 사이에서도 하나의 신장에 존재하는 네프론 수는 거의 4~5배까지 차이가 날 수 있다.[10]

세뇨관은 근위세뇨관(proximal tubule), 헨레고리관(loop of Henle), 원위곡세뇨관(distal convoluted tubule)으로 구성된다. 원위곡세뇨관을 지나 여과액은 연결세관(connecting tubule)을 거쳐 집합관(collecting duct)으로 흘러들어 간다. 발생학적으로 근위세뇨관, 헨레고리관, 그리고 원위곡세뇨관은 metanephrogenic mesenchyme에서 유래한 신장세관이며, 집합관은 ureteric bud에서 유래하여 다른 기원을 가지므로, 엄밀하게는 집합관은 세뇨관의 구성요소로 포함하지는 않는다. 또한, 연결세관의 기원에는 논란이 있다. 그러나 이들은 기능적으로 모두 사구체 여과액이 흐르는 연결된 세관으로, 본 저서에서는 세뇨관을 근위세뇨관에서 집합관까지 모든 부위를 포함하는 것으로 한다.

정상적인 조건에서 성체 신장은 세포 교체율이 매우 낮은 조직이다. 세뇨관 상피에서 증식 중인 세포의 비율은 대체로 약 1% 내외이다. 이처럼 낮은 회전율은 소변으로 자연 탈락하는 소수의 세포를 보충하기에는 충분한 수준이며, 이러한 특성은 지속적으로 빠르게 증식하는 장 상피 등과는 대조를 이룬다. 세뇨관의 많은 세포는 분화된 기능을 수행하며 세포 주기 G0 또는 초기 G1 상태에 머문다. 다만 근위세뇨관 세포는 예외적으로 G1 상태의 비중이 높다. 정상 실험쥐 신장에서 S1/S2 분절의 약 20~25%, S3 분절의 약 40~43%가 사이클린 D1(중·후기 G1 표지)을 발현하고, p27 등의 사이클린 의존성 인산화효소 억제제(CDK inhibitor)가 G1 유지에 기여한다. 근위세뇨관 세포는 자극 시 G1 세포가 신속히 축적된 뒤 S기로 진입하는 양상을 보여, 빠른 증식을 위한 준비 상태(poised state)에 있다는 해석과 부합한다. 근위세뇨관의 독특한 G1기 정지 상태는 이 분절의 생리적 기능, 손상에 대한 취약성, 그리고 높은 재생 능력과 연결된다.

즉, 근위세뇨관 세포는 첫째, 막대한 양의 능동수송을 수행하기 위해 네프론에서 가장 높은 대사율을 보이며 미토콘드리아의 높은 밀도 및 산화적 인산화에 의존한다. 둘째, 이러한 높은 대사율로 인해 허혈, 저산소, 독성 물질에 의한 손상에 매우 취약하다. 셋째, 이러한 취약성에도 불구하고 생존한 분화된 근위세뇨관 상피세포가 탈분화 및 재증식하여 상피를 재구성하는 내재적 재생 능력을 보인다.

세뇨관 각 부위(연결세관 및 집합관 포함)는 고유한 물질의 재흡수 및 분비 기능을 가지며, 이는 각 부위 상피세포에 특이적으로 발현하는 운반체 혹은 수송체(transporter)와 통로(channel) 단백질의 종류와 발현 정도, 유속, 세뇨관 내강액과 주변 간질액 사이의 삼투질 농도(osmolality) 차이 및 특정 용질의 농도 구배(화학적 구배), 그리고 세뇨관 상피를 가로지르는 전위차(경상피 전위차, transepithelial potential difference, TEPD, 전기적 구배) 등 복합적인 요인들에 의해 부위 별로 정교하게 조절된다.(그림 1)

세뇨관 상피는 "내강측-세포질-간질"의 전기적 구획으로 구성된다. 각 구획 사이의 전기적 구배는 다음과 같다.

1) 경상피 전위차(TEPD): 내강액에 삽입한 미세전극으로 측정한 내강 전위와 간질 전위 사이의 차이를 말한다. 예를 들어 집합관(collecting duct)에서 소듐통로(ENaC)를 통해 Na^+가 내강으로부터 세포로 들어오면 음전하가 내강에 남아 TEPD가 내강-음성 전위가 된다. 따라서 TEPD는 전체 상피를 가로지르는 전위차이며, 이 차이가 양성인지 음성인지에 따라 특정 이온의 이동에 유리한 힘을 제공한다(특히, 세포사이 경로 수송에 중요).

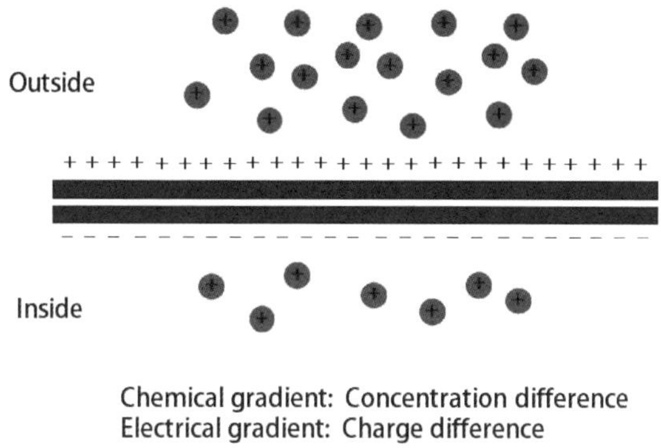

그림 1. 세포막을 경계로 전기화학적 구배 형성

2) 세포막 전위: 세포질과 외부 사이의 전압으로, 특정 세포막을 기준으로 한다(특히 세포경유 경로 수송에 중요).

- 기저외측막 전위: 세포질과 간질 사이의 전위차이다. 세포막의 높은 K^+ 투과성(K^+ 채널)에 의해 휴지막 전위가 대개 세포 내 음성(−60~−80 mV)으로 설정된다. Na^+,K^+−ATPase(3Na^+ out/2K^+ in)는 전위 생성기이나, 막전위를 직접 크게 만들기보다는 Na^+/K^+ 농도 경사 유지를 통해 이러한 음전위를 간접적으로 지지한다.
- 내강막 전위: 세포질과 세뇨관 내강 사이의 전위차이다. 내강막에는 다양한 전기적 운반체가 있어 전위의 방향과 크기가 세뇨관 부위에 따라 달라진다. 예를 들어 원위곡세뇨관에서 내강막 K^+ 채널을 통해 K^+가 세포에서 내강으로 분비되면, 세포 안을 더 (−)로 만들어 내강막 전위를 음(−) 방향으로 유지하며, Mg^{2+}가 TRPM6 채널을 통해 세포 안으로 들어오는 구배를 제공한다.

신장의 중요한 기능들은 다음과 같이 크게 요약할 수 있다. 1) 체액의 양과 삼투질 농도 조절, 2) 전해질 대사, 3) 산-염기 대사, 4) 대사 노폐물 제거 및 5) 호르몬의 생산, 분비, 및 제거 등이다. 혈압은 체액량(심박출량, stroke volume)과 말초혈관저항(peripheral vascular resistance)에 의해 좌우된다. 따라서 신장에 의한 체액량의 조절은 혈압 유지 및 조절의 중요한 한 축을 담당하고 있다. 또한, 체액의 삼투질 농도 조절(정상 혈장 삼투질 농도 285~295 mOsm/kgH_2O)은 신체 조직에서 세포의 부피, 단백질 기능 및 대사를 정상적으로 유지하기 위해 중요하다. 신장은 수분대사 조절을 담당하는 장기이며, 이 과정은 심혈관계(혈관의 이완과 수축), 내분비계(호르몬), 그리고 신경계(자율신경계) 등이 협력하여 이루어진다. 그뿐만 아니라, Na^+, K^+, Ca^{2+}, PO_4^{3-}, H^+, Cl^-, HCO_3^- 등 전해질의 균형을 조절하며, 체내 전해질 균형을 이루기 위해 세뇨관에서는 전해질의 재흡수와 분비가 정교하게 이루어진다. 신장은 또한 산-염기 대사에도 관여한다. 세포외액의 수소이온 농도, 즉, 생리적 pH(pH 7.4)가 유지되도록 조절하는 것은 세포 및 조직의 정상적인 기능 수행을 위해 필수적이다. 체내에 산 혹은 염기가 부하되는 상황에서 화학적 완충제(chemical buffer)에 의한 완충작용과 폐호흡에 의한 CO_2 배출 조절과 함께 신장에서 산의 배출과 중탄산 이온(HCO_3^-)의 재흡수 및 재생산 조절을 통해 신체의 산-염기 균형이 이루어진다. 신장은 체내 대사과정에서 생성되는 여러 종류의 노폐물을 제거하는 역할을 하고 있으며, 약물 대사 및 배설에도 관여하고 있다.

또한, 신장은 중요한 내분비 기관으로써 단백분해효소(protease)인

renin과 조혈 호르몬인 erythropoietin을 생산하고 있으며 비타민 D를 활성화한다.

① 레닌(renin)은 사구체 옆 장치(juxtaglomerular apparatus, JGA)의 사구체 옆 세포(juxtaglomerular cells, JG cells) 혹은 과립 세포(granular cells)라고 불리는 특수한 세포에서 생산, 저장 및 분비된다. 분비된 레닌은 주로 간에서 생성되어 혈액 속에 존재하는 단백질인 안지오텐시노겐(angiotensinogen, 452개의 아미노산으로 구성됨)의 N-말단(N-terminus)에서 10개 아미노산을 절단하여 안지오텐신 I(ANG I, 아미노산 서열: Asp-Arg-Val-Tyr-Ile-His-Pro-Phe-His-Leu)을 생성한다. 이는 혈압을 높이고 체액 균형을 조절하는 레닌-안지오텐신-알도스테론 시스템(renin-angiotensin-aldosterone system, RAAS)을 활성화하는 첫 단계이며, 이후 ANG I은 안지오텐신 전환효소(angiotensin converting enzyme, ACE)에 의해 히스티딘(His)과 류신(Leu)이 제거된 ANG II(8개의 아미노산: Asp-Arg-Val-Tyr-Ile-His-Pro-Phe)가 생성된다. ANG II는 전신에 강력한 혈관수축을 일으키는 펩타이드 호르몬으로 작용한다. 이는 혈관 평활근 세포에 직접 작용하여 혈관을 좁히고, 부신피질을 자극하여 알도스테론(aldosterone) 분비를 촉진하며, 뇌하수체 후엽에서 항이뇨호르몬인 arginine vasopressin(AVP) 분비를 유도하여 체액량을 증가시킨다. 알도스테론은 소듐(Na^+)과 포타슘(K^+) 항상성 조절에 관여하는 스테로이드 호르몬으로, 신장의 원위곡세뇨관과 집합관에 작용하여 Na^+ 재흡수와 K^+의 분비를 촉진한다. 장기적인 측면에서 지속되는 ANG II와 알도스테론 작용은 혈관 염증, 산화 스트레스 증가, 내피세포 기능 장애, 세포 증식, 섬유

화 및 혈전증을 초래하는 등 만성 콩팥병, 심근경색, 만성 심부전과 같은 심각한 심혈관 질환의 핵심적인 발병 병인이 된다.

② Erythropoietin(EPO)은 주로 신장 피질(renal cortex)과 외수질(outer medulla)에 위치한 세뇨관 주위의 사이질 세포(peritubular interstitial fibroblast)에서 만들어지며, 이들은 신장 EPO 생산 세포(renal EPO-producing cells, REPs)로 불리기도 한다. 신장 산소 감지의 기본 원리는 동맥혈의 산소 함량을 세뇨관주위 산소분압으로 변환하고, 이 산소분압이 EPO 생산 세포에서 HIF 신호전달 경로를 조절하는 것이다. 만성 콩팥병의 경우, 신장에서 EPO 생산이 저하되며 그 결과 골수에서 적혈구 생산이 감소하여 빈혈이 발생하게 된다. 특히, HIF-2α(EPO 생성의 주요 전사 인자)의 불활성화나 염증성 사이토카인인 IL-1β와 TNF-α 등이 EPO 생성을 억제한다.[11]

③ 근위세뇨관 세포 미토콘드리아 내막에 주로 발현하는 1알파-수산화효소(1α-hyroxylase)에 의해 25-hydroxyvitamin D(Calcidiol 혹은 Calcifediol)는 활성화된 형태인 1,25 dihydroxyvitamin D(Calcitriol)로 전환된다. 이 과정을 통해 생성된 calcitriol은 칼슘과 인의 흡수를 촉진하고 뼈 대사를 조절하는 역할을 하며, 만성 콩팥병의 경우 calcitriol로의 전환 및 생성 감소가 초래되어 칼슘 대사 장애가 유발된다. 정상적인 상태에서 1α-hydroxylase는 혈장의 칼슘 및 인의 농도 저하 혹은 부갑상선 호르몬의 분비로 자극된다.

2. 사구체 여과

신장의 배설 기능은 사구체에서의 여과를 시작으로, 세뇨관에서 일어나는 재흡수와 분비 과정을 통해 이루어진다. 1842년 영국의 외과의사이자 해부학자인 William Bowman(1816~1892)이 사구체의 구조를 처음으로 기술하였으며, 독일의 생리학자 Carl Ludwig(1816~1895)는 사구체 여과 및 세뇨관 재흡수라는 개념을 도입하여 신장 생리학의 기초를 마련하였다.[12] 이후 영국의 생리학자 Ernest H. Starling(1866~1927)은 순환기 및 내분비 생리학의 발전에 크게 기여하였는데, 특히 체액 균형 조절에 관심을 두어 신장 기능의 복잡성을 연구하였다. Starling은 사구체 여과 과정에 집중하여, 이 과정이 사구체 모세혈관벽을 가로지르는 정수압 및 교질삼투압 간의 압력 차이에 의해 이루어지고, 또한 구심성 및 원심성 세동맥의 긴장도 변화를 통해 조절된다는 Carl Ludwig의 견해를 지지하였다.[13]

신장에서 사구체 여과는 사구체 모세혈관의 내강(lumen)에서 바깥쪽으로 이루어진다. 이렇게 여과된 액체는 Bowman 주머니(Bowman's capsule)에 모인 후 곧바로 근위세뇨관(proximal tubule)으로 흘러들어 간다. 정상 조건에서 사구체 여과액은 단백질을 거의 포함하지 않으며, 혈장과 같은 농도의 전해질과 저분자 유기 용질(organic solutes; 포도당, 아미노산 등)을 포함하고 있다. 또한, 혈장의 삼투 농도(osmolality) 및 pH와 거의 같은 조성을 나타낸다. 이는 1921년 Joseph Treloar Wearn(1893~1984)과 Alfred Newton

Richards(1876~1966)가 미세천자술(micropuncture technique)을 고안하고 이를 이용하여 Bowman 주머니에 마이크로피펫(micropipette, 직경 7~15 μm)을 삽입하여 직접 여과액을 채취하고 분석하여 발견한 결과이다.[14]

사구체 여과를 조절하는 요인으로는 신장 관류압(renal perfusion pressure; 신장 정수압), 신혈장류량(renal plasma flow), 구심성(수입) 및 원심성(수출) 세동맥(afferent and efferent arterioles)의 긴장도, 그리고 혈장의 교질삼투압(plasma oncotic pressure) 등이 있다. 사구체 여과에 관여하는 이러한 힘의 조합은 Starling 힘(Starling forces)으로 알려졌으며, 이는 Ernest H. Starling이 1896년에 발표한 Starling 가설(Starling hypothesis)에 근거한다.[15, 16]

모세혈관 내강에서 바깥쪽으로 여과를 촉진하는 힘은 ① 모세혈관 정수압(hydrostatic pressure)과 ② 간질(interstitium)의 교질삼투압(colloid osmotic pressure, oncotic pressure)이다. 반면 여과를 억제하는 힘은 ① 모세혈관 내 교질삼투압과 ② 간질의 정수압이다. 이와 같은 힘들의 조합으로 인해, 모세혈관 내피세포(endothelial cells), 기저막(basement membrane), 족세포(podocyte)로 이루어진 사구체 여과장벽(glomerular filtration barrier, GFB)을 통과하여 사구체 여과가 일어난다.[17] 따라서 사구체 여과율(glomerular filtration rate, GFR)은 위에서 열거한 여러 가지 힘들의 관계에 따라 다음과 같이 나타낼 수 있다.(그림 2)

$$GFR = Kf \times [(Pgc + \pi bc) - (Pbc + \pi gc)]$$

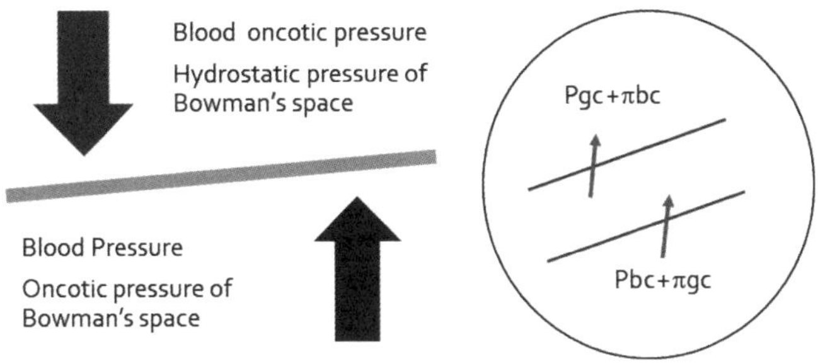

그림 2. 사구체 여과에 관여하는 힘

Pgc: 사구체 모세혈관압

πbc: Bowman 주머니 내 교질삼투압

Pbc: Bowman 주머니의 정수압

πgc: 사구체 모세혈관의 교질삼투압

Kf: 여과상수(filtration coefficient: 사구체 모세혈관의 총 표면적과 단위면적당 투과도의 곱으로 정의함)

이론적으로 다음과 같은 조건에서 사구체 여과율(GFR)이 감소할 수 있다.

① 혈압이나 세포외액량이 감소하면 신장 관류압(renal perfusion pressure)과 신장 혈류량(renal blood flow)이 줄어들어 사구체 모세혈관의 정수압(Pgc)이 감소할 때이다.

② 요로 폐쇄(urinary tract obstruction)가 발생하면 Bowman 주머니 내의 정수압(Pbc)이 상승하여 여과를 억제할 수 있다.

③ 세포외액량의 감소나 다발성 골수종(multiple myeloma)과 같

은 질환으로 인해 사구체 모세혈관의 교질삼투압(plasma oncotic pressure, πgc)이 증가할 때이다.

④ 급성 또는 만성 사구체신염(glomerulonephritis)과 같은 병적 상황으로 인해 사구체 여과면적(filtration surface area)이 감소할 경우에도 사구체 여과율이 감소한다.

사구체 여과는 신장의 기능과 직접적인 연관이 있으므로, 임상에서는 환자의 사구체 여과율의 변화를 주기적으로 추적 관찰하여 신장 질환의 진행 및 예후를 평가한다. 사구체 여과율의 측정법 등은 제2장 사구체 여과에서 다루어진다. 사구체 여과 기전 연구에 지대한 공헌을 한 선구적인 연구자 중 Barry Brenner(1937~2024) 교수가 있다. Brenner 신장학 교과서로도 널리 알려진 분으로, 그는 실험쥐(Munich-Wistar rat)를 대상으로 한 미세천자술(micropuncture) 기법을 개척하여, 이전에는 접근 불가능했던 사구체 모세혈관과 Bowman 주머니 내부의 정수압 및 교질 삼투압을 직접 측정하고 정량화하였다.[18] 이를 통해 사구체 여과율(GFR)을 결정하는 핵심 요인들을 규명하고, 여과 평형(filtration pressure equilibrium) 개념을 확립하였다.[19, 20] 또한, ANG II, 단백질 섭취량 변화, 당뇨병 등 다양한 생리적, 병리적 조건이 사구체 혈류역학 및 여과 기능에 미치는 영향을 연구하였으며, 특히, 사구체 과여과(glomerular hyperfiltration)가 장기적으로 사구체 손상을 유발하고 만성 콩팥병을 진행시키는 중요한 기전임을 밝혀, 신장질환의 예방 및 치료 전략 개발에 중요한 이론적 토대를 수립하였다.[21, 22]

사구체 모세혈관은 다른 체내 모세혈관과 비교하여 다음과 같은 중요한 특징을 지닌다.[23]

① 사구체 모세혈관은 체내 다른 모세혈관에 비해 투과성이 매우 높아 혈구나 단백질과 같은 큰 분자를 제외한 혈장 내의 저분자 물질이 쉽게 여과된다.[1]

② 사구체 모세혈관은 단백질에 대해서는 다른 체내 모세혈관보다 낮은 투과성을 가지므로, Bowman 주머니 내액(capsular fluid)의 교질삼투압은 체내 다른 간질액(interstitial fluid)보다 낮다.

③ 사구체 모세혈관의 정수압(hydrostatic pressure)은 다른 체내 모세혈관보다 높아서 여과를 촉진하는 환경을 유지한다. 즉, 사구체 모세혈관의 정수압은 약 55~60 mmHg 정도로, 일반적인 모세혈관의 정수압(동맥 쪽 약 35 mmHg, 정맥 쪽 약 15 mmHg)보다 상당히 높다. 이 높은 압력은 사구체 여과를 강력하게 추진하는 주요 동력이다. 이는 구심성 혹은 수입세동맥(afferent arteriole)과 원심성 혹은 수출세동맥(efferent arteriole) 사이의 저항 차이에 의해 유지되는 것으로, 정상 상태에서 수출세동맥은 수입세동맥보다 직경이 더 좁아 저항이 더 높다.

④ 사구체 모세혈관을 통과하며 물이 여과되어 나가기 때문에, 모세혈관의 말단 부위(efferent end)로 갈수록 혈장의 교질삼투압이 점진적으로 상승한다.

⑤ 요로폐쇄(urinary tract obstruction)로 인해 Bowman 주머니 내부

---

1 사구체 모세혈관 여과계수(Kf)는 전신 모세혈관보다 50~100배 더 크다.

압력(capsular hydrostatic pressure)이 다른 간질 조직보다 증가할 수 있다. 이는 순 여과압(Net Filtration Pressure)을 감소시켜 사구체 여과율을 감소시키는 요인이 된다.

이러한 인자들의 조합으로 사구체에서는 혈구나 혈장 단백질 같은 큰 분자를 제외한 물과 저분자 물질이 효율적으로 여과되는 독특한 기능적 환경이 형성된다. Gertz 등은 미세천자법을 이용하여 점성 기름으로 막힌 개별 근위세뇨관에서 최대 정지 흐름 압력(maximum stop-flow pressure)을 측정하였으며 평균 압력이 63 ± 4 mmHg임을 발견하였다. 세뇨관 내 정지 흐름 압력의 합과 혈장 교질삼투압의 합은 사구체 모세혈관의 압력과 같다는 가정에서 혈장 교질삼투압을 25 mmHg로 가정하면, 사구체 모세혈관 압력은 약 88 mmHg로 추정하였다.[24] 이 수치는 정상적인 여과 상태에서의 사구체 모세혈관의 정수압인 약 55~60 mmHg보다 높은 수치이며, 여과가 강제로 중단된 인위적인 상태에서, 매우 높아진 Bowman 주머니 압력을 극복하는 데 필요한 평형 압력을 추정한 값으로 해석할 수 있다.

물, 소듐, 염소, 요소, 포도당과 같은 작은 크기의 분자들은 쉽게 사구체에서 여과된다. 그러나 헤모글로빈(직경: 약 5.5 nm) 혹은 알부민[크기: 3.6(단축)~14(장축) nm, 유체역학 직경: 7.0~7.2 nm, 분자량 ~66.5 kDa]은 사구체 모세혈관에서 거의 여과되지 않으며, 이것보다 더욱 큰 크기인 적혈구(직경: 7.5~8.5 μm 또는 7,500~8,500 nm)와 같은 혈구들은 전혀 여과되지 않는다. 따라서 사구체 여과에는 여과물질의 크기가 중요하여 임상적으로는 알부민보다 더 큰 크기의 단백질이 소변으로 배출되거나, 사구체에서 유래한 혈뇨가 있는 경우 사구체 질환이 의심된다.[25] 사구체 여과 장벽은 1) 모세혈관의 내피세포(endothelial cell), 2) 기저막(glomerular basement membrane), 그리고 3) 상피세포(족세포, podocyte)로 이루어져 있다. 사구체 모세혈관 내피세포에는 직경이 70~100 nm 정도의 창(fenestration)이 많기 때문에 혈구를 제외한 혈장 물질들이 쉽게 여과될 수 있다.

사구체 여과 장벽은 내피세포, 기저막, 족세포가 함께 구성하는 통합적인 구조이며, 이 중 사구체 기저막은 물리적 크기와 전하 선택성에 핵심적인 역할을 한다. 사구체 기저막은 여과 장벽 구조의 중간층으로, 주로 네 가지 유형의 세포 외 기질 거대분자가 서로 얽혀 복잡한 그물구조를 형성하고 있다. 이들은 laminin-521, type IV collagen(α3α4α5), agrin(heparan sulphate proteoglycan), entactin/nidogen이며, 이들이 서로 얽힌 그물 구조를 형성하여 크기 선택성과 전하 선택성을 부여하는 것으로 생각된다.[26] 또한, 사구체 상피세포는 족세포(podocyte)라고 명명되며 이는 수많은 가지돌기(foot process 또는 pedicle)를 뻗어서 기저막에 접촉하고 있다. 가지돌기 사이를 filtration slit이라고 하고 35~45 nm(일반적으로 약 40 nm)의 간격으로 구성되어 있으며, 얇은 막(슬릿 격막, slit diaphragm)이 이들 간격을 서로 연결하고 있어서 또 다른 하나의 여과 장벽으로서 작용하고 있다. Nephrin, podocin, CD2AP 단백질 등은 슬릿 격막에 발현하여 여과 장벽 유지에 중요하며, 상염색체 열성 유전 질환인 "congenital nephrotic syndrome of the Finnish type(NPHS1)"의 경우 nephrin 유전자의 돌연변이로 발생하며 대량의 단백뇨를 동반한다.[27] 사구체 기저막을 형성하고 있는 type IV collagen은 α3, α4, α5라는 세 종류의 사슬이 서로 꼬여 하나의 단백질 복합체(α3α4α5 heterotrimer)를 형성하고 있는데, 알포트 증후군(Alport syndrome)은 이 세 가지 사슬을 만드는 유전자인 COL4A3, COL4A4, COL4A5 중 하나에 이상이 생겨 발생한다.[28]

만성 콩팥병의 진행 과정에서 흔히 족세포(podocyte)의 소실이 관찰되는데, 이는 주로 세포자멸사(apoptosis)나 괴사(necrosis)보다는 족세포가 사구체 기저막에서 분리(detachment)되는 방식으로 이루어진다고 보고되었다.[29] 한편, 사구체 여과는 물질의 크기뿐 아니라 전하에 의해서도 영향을 받는다. 동일한 크기의 분자라도 음전하를 띤 분자는 양전하를 띤 분자보다 여과되기 어려운데, 이는 사구체 여과 장벽을 구성하는 당단백질(glycoprotein)이 주로 음전하를 띠고 있기 때문이다. 대표적으로 heparan sulfate와 같은 당단백질이 음전하 장벽(negative charge barrier)을 형성하여, 정상적인 경우 음전하를 띤 단백질인 알부민(albumin)은 쉽게 여과되지 않는다. 그러나 생체 내(in vivo)에서 heparan sulfate proteoglycan 발현을 조작한 연구에서는 이들 당단백질이나 그 음전하가 사구체 여과에서 중요한 역할을 한다는 명확한 근거를 찾지 못하였다.[30, 31] 반면에 podocalyxin과 같은 시알로프로테인(sialoprotein)[2]이 사구체 여과 장벽에서 음전하 장벽을 형성하는 데 중요한 역할을 한다는 사실은 잘 알려져 있으나, 실제로 이들 단백질의 음전하 자체가 여과를 조절하는 것인

2 시알산(sialic acid) 잔기를 많이 함유한 당단백질(glycoprotein).

지, 아니면 구조적 기능(예: 족세포 돌기 간 공간 유지)에 의한 것인지에 대해서는 아직 명확하지 않으며 추가적인 연구가 필요하다.[32]

3. 세뇨관에서의 재흡수와 분비

사구체에서 여과된 수분과 용질의 재흡수는 세뇨관 내강에서부터 1) 세뇨관 상피세포를 경유 혹은 횡단하거나(세포경유 경로: transcellular pathway) 혹은 2) 상피세포와 상피세포 사이를 통과하여(세포사이 경로: paracellular pathway) 간질액으로 재흡수되며, 이들은 다시 혈관, 즉 혈액으로 이동된다. 분비의 방향은 재흡수와 반대로 간질액에서부터 세뇨관 내강 쪽이다. 따라서 세뇨관 재흡수 및 분비는 상피세포를 통한 이동과 상피세포 사이를 통하는 이동으로 이루어진다. 재흡수와 분비를 담당하는 세뇨관 상피세포 세포막은 두 가지 서로 다른 기능을 가진 부분으로 나누어진다. 즉, 세뇨관 내강을 이루고 있는 내강막 혹은 첨단막(luminal membrane 혹은 apical plasma membrane)과 세포외측 및 기저 부분을 형성하는 기저외측막(basolateral plasma membrane)이다. 이들 두 가지의 막들은 하나의 세포를 둘러싸고 있는 연결된 막이나, 치밀이음(tight junction) 등에 의해 나뉘어 이름이 불리게 되는 것이다.(그림 3)

세뇨관 상피세포는 운반 기능을 수행하기 위해 내강막과 기저외측막에서 각각 서로 다른 단백질 조성, 즉 단백질의 비대칭 분포를 유지해야 한다.[33, 34] 즉, 내강막과 기저외측막의 중요한 차이는 그

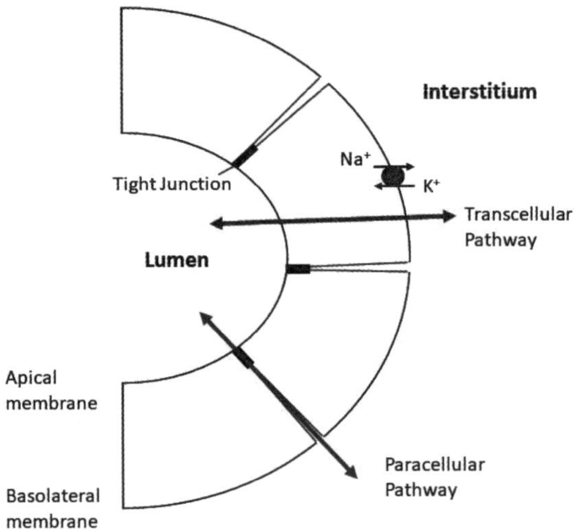

그림 3. 세뇨관 수송 모드

들이 발현하는 운반체 단백질이 다르다는 점이다. 예를 들어, Na^+와 K^+ 이온의 막 수송에 중요한 Na^+,K^+-ATPase 단백질은 세뇨관 상피세포 기저외측 세포막에 대부분 발현하며, 내강막에는 거의 존재하지 않는다.[35] 운반체들의 이러한 특징적인 극성(polarity)은 세뇨관 상피세포를 통한 물질의 이동을 이해하는 데 중요하다.[36] 세포 극성 확립은 Crumbs 복합체(Crb, PALS1, PATJ: 내강막 도메인을 형성 유지), PAR 복합체(Par-3, Par-6, aPKC: 내강막 도메인 및 치밀이음 형성 유지) 및 Scribble 복합체(Scribble, Discs large, Lethal giant larvae: 기저외측막 도메인 형성 유지)와 같은 극성 복합체 단백질들이 상호작용하며 세포의 내강면과 기저외측면을 결정하는 것에서 시작한다.[36, 37] 이렇게 구역이 정해지면, 새로 합성된 막단백질들은 자체에 포함된 분류 신호

(Sorting Signal)에 따라 선별되어 정해진 목적지로 이동한다.

단백질 분류 신호란 단백질 내에 존재하는 특정 아미노산 서열로서, 세포 내 수송 시스템이 이를 인식하여 해당 단백질을 최종 목적지로 정확히 보내는 주소 같은 역할을 한다.[38, 39] 이 개념은 귄터 블로벨(Günter Blobel)[3]에 의해 제안되었다.[38] 이 신호는 단백질의 N-말단, C-말단 등에 위치하며 목적지에 따라 고유한 특징을 가진다. 예를 들면, 세포질에 위치한 타이로신(예: YxxØ, 여기서 Y는 타이로신, Ø는 부피가 큰 소수성 아미노산을 의미)이나 류신(예: LL) 기반의 짧은 모티프는 단백질을 기저외측막으로 보내는 표적으로 작동한다.[4][40] 이 신호들은 AP-1B와 같은 클라트린 어댑터 단백질 복합체에 의해 인식되어 수송된다. 반면, 내강막으로의 표적화는 더 복잡하고 다양하여, 단백질을 막에 고정하는 GPI 지질 앵커(GPI anchor), 특정 구조의 당사슬(glycans: N- 또는 O-연결 당사슬), 혹은 막 관통 부위의 특정 서열(도메인: transmembrane domain) 등이 신호로 이용된다.[41] 이런 원리는 여러 세포 소기관에 적용되지만, 소기관 별로 신호가 다르며 경로도 다양하다. 소포체로 향하는 단백질은 N-말단의 긴 소수성 아미노산 서열을, 핵으로 향하는 단백질은 양전하 아미노산이 풍부한 신호(Nuclear Localization Signal, NLS)를 가진다.[42] 미토콘드리아 표적화 신호 역시 N-말단에 위치한 양전하 및 소수성 아미노산의 특징적인 나선 구조로 이루어져 있다. 결국 세포는 이처럼 정교한 분류 신호

---

3 1999년 노벨 생리의학상을 수상하였다.

4 예를 들어, 집합관 기저외측막 단백질인 AQP3는 N-말단에 YRLL이라는 4개 아미노산 모티프를 가지고 있으며, 이는 중요한 타이로신(Y) 잔기와 dileucine(LL) 모티프를 모두 포함한다.

체계를 해독하여 단백질을 적재적소에 배치하며, 이를 통해 생명 활동에 필수적인 구조적, 기능적 질서를 유지한다.

세뇨관의 재흡수 및 분비 조절은 신장 기능, 즉 체액양과 체액의 삼투질 농도 조절, 전해질 대사 및 산-염기 대사 조절을 위해 필수적이다. 예를 들어, 소변으로 과도한 Na^+ 이온 소실은 세포외액 양의 감소를 초래하므로, 신체 수분 및 Na^+의 항상성을 유지하기 위하여 세뇨관에서는 수분과 Na^+ 이온 재흡수의 적절한 조절이 이루어지며, 특히 신경 혹은 호르몬 등이 주요 조절기전으로 관여하고 있다. 사구체에서 여과된 Na^+ 이온 재흡수는 상당부분 근위세뇨관(약 65~70%)과 헨레고리(약 20~25%)에서 이루어지며, 그 후 원위곡세뇨관과 집합관에서 마지막으로 조율된다. 조절기전들은 매우 효율적인데, 예를 들면, 사구체여과율이 하루에 180 L이고 혈장 Na^+ 농도가 140 mEq/L 라면, 하루 동안 사구체에서 여과되는 Na^+ 부하량은 25,200 mEq(180 L × 140 mEq/L)이다. 정상적인 소변 Na^+ 배설이 하루 150 mEq 정도(하루 요량 1.5 L × 요중 Na^+ 농도 100 mEq/L)라면, 사구체에서 여과된 Na^+ 이온의 99% 이상은 세뇨관에서 재흡수되고 있는 것이다.

신세뇨관을 통한 수분 재흡수는 세뇨관 내부와 주변 간질액 사이의 삼투압 기울기에 의한 삼투 과정으로 이루어지며, 일부 구간에서는 호르몬에 의한 능동적 조절도 함께 작용한다.(표 1) 이 삼투압 기울기는 주로 Na^+ 이온이 Cl^-, HCO_3^- 등과 함께 능동적으로 재흡수되면서 형성된다. 근위세뇨관에서는 포도당, 아미노산 같은 유기 용질이 Na^+와 함께 재흡수되면서 형성되는 삼투압 기울기가 수분 재흡수에 기여한다. 헨레고리에서는 역류 증폭(countercurrent multiplication) 기전을 통해 수질의 삼투압 기울기를 형성하여 최종 소변 농축에 핵심적 역할을 하며, 요소의 재순환도 수질 간질액의 고삼투압을 유지하는 데 기여하고 있다.

표 1. 세뇨관 각 부위의 기능과 특징

세뇨관	수분투과도		능동수송되는 전해질	전위차이(세뇨관 주위와 비교한 내강의 전위차이 (mV)
	ADH(+)	ADH(–)		
근위세뇨관 초기	+++	+++	Na^+	–4
근위세뇨관 후기	+++	+++	Na^+	+1 to +3
헨레고리 내림가는다리[5]	++++	++++	None	0(?)
헨레고리 오름가는다리	0	0	None	0(?)
헨레고리 굵은오름다리	0	0	Na^+, K^+, Cl^-	+5~+10
원위곡세뇨관 초기	0	0	Na^+, Cl^-	–5
원위곡세뇨관 후기 및 연결세관	+++	0	Na^+, Cl^-	–10~–40
집합관 피질	+++	0	Na^+	–25
집합관 외수질	+++	0	Na^+	–10
집합관 내수질	+++	0	Na^+	–2

1) 근위세뇨관(Proximal Tubule)

근위세뇨관은 사구체에서 여과된 액(원뇨)에 포함된 수분과 용질을 가장 많이 재흡수하는 분절이다.[10] 주요 기능은 여과된 수분

5 헨레고리관의 내림가는다리의 경우 수분통로단백인 AQP1은 긴고리 네프론(Long-loop nephron)에서 높은 발현이 관찰되므로, 내림가는다리의 높은 수분투과도는 주로 긴고리 네프론에 해당된다.

과 소듐 이온(Na^+)의 약 65~70%를 재흡수하며, 여과된 포도당과 아미노산은 거의 100% 재흡수하고, 인산염(phosphate), 중탄산염(bicarbonate), 젖산(lactate), 구연산(citrate) 등 다른 유기 용질의 대부분도 재흡수한다.[43] 이러한 광범위한 재흡수 과정의 근본적인 동력은 근위세뇨관 상피세포의 기저외측막(basolateral plasma membrane)에 풍부하게 발현하는 Na^+,K^+-ATPase에 의해 이루어지는 일차능동수송(primary active transport)이다. Na^+,K^+-ATPase 펌프는 세포 내부의 Na^+ 이온 3개와 결합한 뒤 ATP에 의해 인산화되면서 구조가 변형되어 Na^+를 세포 밖으로 방출하며, 이어서 세포 밖의 K^+ 이온 2개가 펌프에 결합하면 인산기가 떨어져 나가는 탈인산화가 일어나고, 이로 인해 펌프는 다시 원래의 구조로 돌아오면서 K^+를 세포 안으로 운반하는 과정을 반복한다. 이렇게 함으로써 세포 내에는 낮은 Na^+ 농도와 함께 세포 내부가 외부보다 상대적으로 음전하를 띠게 하는 전기화학적 기울기(electrochemical gradient)가 형성되고 유지된다. 이 전기화학적 기울기는 수분과 전해질의 재흡수를 강력하게 촉진하는 원동력이다. 근위세뇨관의 Na^+의 재흡수에 세포경유 경로와 세포사이 경로의 정량적 기여도 비교는 초기와 후기 근위세뇨관 사이에도 차이가 있는 등 잘 정립되지 못하고 불확실하였으나, 최근 여러 가지 유전자 결손 마우스 실험 연구 결과를 바탕으로 다음과 같이 추론하고 있다(제3장 근위세뇨관 부분에서 보다 상세히 기술함).

• 세포경유 경로: 내강막 Na^+/H^+ 교환체 NHE3, SGLT2/SGLT1 등 Na^+-공동수송체와 기저외측막 Na^+,K^+-ATPase에 의해 이루어지며, 근위세뇨관 전체 Na^+ 재흡수의 약 40~70% 정도를 담당한다

고 추정한다. NHE3 유전자 결손 마우스 실험에서 수분 재흡수가 50~67% 감소한 것은 NHE3가 가장 중요한 Na^+ 재흡수 기전임을 의미한다.

• 세포사이 경로: 초기 세포경유 경로 재흡수에 의해 형성된 Cl^- 농도 및 전위 구배를 이용한 수동적 NaCl 재흡수와 claudin-2 채널을 통한 양이온과 물의 이동으로 구성된다. 이 경로는 근위세뇨관 Na^+ 재흡수의 약 30~60%로 추정하며, claudin-2 유전자 결손 마우스 모델에서 Na^+ 재흡수와 물의 재흡수가 각각 37%와 23% 감소하였다.

• 두 경로의 협력으로 근위세뇨관 재흡수는 등장성(isosmotic)으로 이루어진다. 능동적인 세포경유 Na^+ 재흡수가 앞서고, 이어 세포사이 경로를 통한 수동적 Na^+ 재흡수가 일어나 에너지 소비를 최소화하면서 대량의 Na^+를 재흡수한다. 이렇게 하여 전해질과 수분의 균형을 유지하고 혈압과 체액량을 조절한다.

세포를 경유하는 경우 내강에서 세포 안으로 이동하면서 다른 여러 용질과 함께 이차능동수송(secondary active transport) 방식으로 재흡수된다. 이 과정에는 각 용질에 특이적인 다양한 운반체 단백질(transporter proteins)들이 관여하는데 예를 들면 다음과 같다(제3장 근위세뇨관 부분에서 상세히 기술함).

• 소듐-포도당 공동수송체(Sodium-Glucose Cotransporter, SGLT1/SGLT2): 포도당 재흡수

• 소듐-아미노산 공동수송체(Sodium-Amino Acids Cotransporters): 다양한 종류의 아미노산 재흡수

• 소듐-인산 공동수송체(Sodium-Phosphate Cotransporters): 인산염 재흡수(부갑상선 호르몬 등에 의해 조절됨)

• 소듐-유기 용질 공동수송체(Sodium-Citrate, Sodium-Lactate, Sodium-Ketone bodies 등): 다양한 유기 음이온 재흡수

• 소듐-수소 교환수송체(Sodium-Hydrogen Exchanger): Na^+ 재흡수와 동시에 세포 내에서 생성된 H^+를 내강으로 분비한다.

특히 내강 세포막에 존재하는 소듐-수소이온 교환 운반체(Na^+-H^+ exchanger type 3: NHE3)는 Na^+ 이온의 재흡수 및 H^+ 이온의 분비에 중요한 역할을 한다. 분비된 H^+ 이온은 사구체에서 여과된 중탄산이온(HCO_3^-)과 결합한 후 HCO_3^- 재흡수에 관여하며, 여과된 HCO_3^-의 80% 이상을 근위세뇨관에서 재흡수를 하고 있다.[43-45]

아미노산인 글루타민(glutamine)은 사구체에서 자유롭게 여과된 후 대부분 근위세뇨관에서 재흡수 및 대사된다. 글루타민의 재흡수는 세뇨관 내강막에 위치한 Na^+-아미노산 공동수송체인 B^0AT1(SLC6A19)과 ASCT2(SLC1A5)에 의해 이루어진다. 이와 별도로, 암모니아 생성을 위해 기저외측막의 SNAT3(SLC38A3) 수송체를 통해 혈액으로부터 글루타민이 세포 내로 유입되기도 한다. 세포로 들어온 글루타민 중 일부는 혈액으로 재흡수되는데, 이는 기저외측막에 위치한 LAT2(SLC7A8)와 같은 수송체를 통해 세포 밖으로 운반된다.[46] 한편, Glutaminase가 발현하는 근위세뇨관 세포에서는 대부분의 글루타민이 α-ketoglutarate와 NH_4^+로 대사되며, α-ketoglutarate로부터는 포도당과 중탄산 이온(HCO_3^-)이 만들어진다.

산(acid)인 NH_4^+는 근위세뇨관 세포에서 내강으로 분비된다. 헨

레고리(loop of Henle)의 굵은오름다리(thick ascending limb)에서 NH_4^+는 재흡수되어 간질에서 농축되며, 피질(cortex)에서 바깥 수질(outer medulla)을 거쳐 속 수질(inner medulla)에 이르기까지 암모니아(NH_4^+ + NH_3) 농도 기울기가 형성된다. 간질의 NH_3는 인접한 집합관(collecting duct)에서 다시 분비된다.[47-50] 자세한 암모니아 생성 및 분비과정은 제7장 신장의 산-염기 평형 조절 및 암모니아 운반과 배설에서 기술하도록 한다.

사구체에서 여과된 수분은 세뇨관 내강과 간질 사이의 삼투압의 경사로 인해 재흡수가 일어나며, 여과된 수분의 약 65~70% 정도가 근위세뇨관에서 재흡수된다. 이는 근위세뇨관 상피세포의 내강막과 기저외측막 모두에서 발현하는 수분통로단백(aquaporin-1: AQP1)을 통해 주로 일어난다[촉진 확산(facilitated diffusion)]. 따라서 세포사이 경로도 일부 관여하나(20~30%), 세포를 통한 수분의 재흡수(세포경유경로)가 더 중요하며, 이는 Aqp1 유전자 결손 마우스 실험모델에서 증명되었다.[51] 근위세뇨관에서의 수분 재흡수는 등장 수분 재흡수(isosmotic water reabsorption)의 양상을 보여서 근위세뇨관 내강의 여과액은 초기부터 말기까지 혈장과 거의 같은 삼투질 농도를 나타낸다(~300 mOsm/kgH_2O).[43, 52] 그 이유는 근위세뇨관 세포는 AQP1 발현으로 인해 수분 투과성이 매우 높기 때문에, 용질이 재흡수되는 즉시 거의 같은 비율로 물이 빠르게 뒤따라 이동하기 때문이다.

근위세뇨관의 등장성(isoosmotic) 수분 재흡수 현상을 최초로 규명한 과학자는 Arthur M. Walker(1896~1955) 등이다. 그는 1930년대와 1940년대에 걸쳐 미세천자술(micropuncture technique)을 포유류 신장에 적용하였다. 그의 가장 중요한 업적은 1941년에 미국생리학회지에 발표된 논문에서 비롯되는데,[53] Walker와 그의 동료는 쥐와 기니피그의 신세뇨관 각 부분에서 체액을 직접 채취하여 그 조성을 분석하는 데 성공하였다. 이 연구를 통해 그들은 근위세뇨관을 통과하는 세뇨관액의 삼투압이 혈장과 동일하게 유지된다는 것, 즉 등장성이라는 것을 실험적으로 증명하였다. 이는 사구체에서 여과된 대량의 수분과 용질이 근위세뇨관에서 함께 재흡수되면서도 세뇨관액의 농도에는 변화가 없음을 의미하는 것으로, 수분이 어떻게 능동적인 용질 재흡수를 따라 수동적으로 이동하는지에 대한 후속 연구의 기틀을 마련한 중요한 발견이었다. 그 후 Carl W. Gottschalk(1922~1997)와 Margaret Mylle(1927~?) 등은 미세천자술을 더욱 발전시켜 헨레고리관(loop of Henle)과 곧은혈관(vasa recta)에서 직접 체액을 채취하고 분석하여 역류 증폭(countercurrent multiplication) 가설을 실험적으로 증명하였다.[54, 55]

2) 헨레고리관(Loop of Henle)

독일 해부학자였던 Friedrich Gustav Jakob Henle(1809~1885)는 1862년에 네프론의 독특한 U자 형태의 고리 구조를 현미경으로 관찰하여 처음으로 정밀하게 기술하였는데, 당시 그는 이 구조의 생리학적 기능까지는 밝혀내지 못했지만, 복잡한 신장 구조 속에서 뚜렷한 형태를 지닌 U자 고리의 존재를 명확히 식별하였다. 그 후 19세기 말부터 이 구조를 헨레고리라고 명명하게 되었다.[56]

소변 농축을 위해 헨레고리의 내림가는다리(descending thin limb)에서의 높은 수분 투과성이 필수적인지에 대해 논란이 있었다. 실험쥐 신장 세뇨관의 내림가는다리를 대상으로 한 동결 파단 전자현미경(freeze-fracture electron microscopy) 연구에서 막 내 입자의 밀도가 매우 높다는 것이 밝혀졌는데, 이 입자들은 AQP1 수분통로단백의 사량체(tetramer)로 구성되어 있다.[57, 58] Aqp1 유전자 결손 마우스에서 심각한 소변 농축 능력 결함과 함께 내림가는다리의 수분 투과성의 유의한 감소가 밝혀지면서 내림가는다리의 높은 수분 투과성이 소변 농축에 필수적임을 알게 되었다.[57] 내림가는다리에서는 여과된 수분의 약 15~25%를 재흡수하며, 이 분절의 수분 재흡수는 근위세뇨관에서처럼 용질과의 결합(coupling)에 의한 것보다는 신장 수질간질(medullary interstitium)에서 형성된 고삼투압 농도에 의해 이루어진다. 외수질 및 내수질에 위치한 내림가는다리(특히 긴고리 네프론의 경우)에는 내강막과 기저외측막 모두에서 수분통로단백(AQP1)이 발현하여 수분에 대한 투과성은 매우 높으나,[6] 용질에 대한 투과성은 상대적으로 낮다. 이러한 선택적 수분 재흡수로 인해 내림가는다리 내강에서는 삼투질 농도가 점차 증가하게 된다. 또한, 요소 수송체(urea transporter)인 UT-A2는 내림가는다리에서 발현하여 내강으로 요소의 분비에 관여하며, 내수질 집합관에서 발현하는 UT-A1/A3와 곧은혈관(vasa recta)에서 발현하는 UT-B와 함께 신장 수질에서 요소의 재순환(urea recycling)에 참여하여 수질의 높은 삼투압 구배를

6 AQP1은 긴고리 네프론의 내림가는다리에서 주로 발현하며, 짧은고리 네프론의 내림가는다리에서는 발현하지 않는다. 이 내용은 제4장에서 설명한다.

형성함으로써 소변 농축 능력에 기여한다.

헨레고리관의 굵은오름다리(thick ascending limb: TAL)에서는 여과된 Na^+의 25% 정도를 재흡수하고 있다. 만약 근위세뇨관에서 Na^+ 재흡수가 감소하면 이 부위에서 Na^+ 재흡수의 양이 보상적으로 증가하게 된다. TAL 부위는 특징적으로 수분의 투과도가 극히 낮은 대신에 Na^+, K^+, Cl^- 이온이 주로 재흡수되는 곳이다. 그러므로 TAL 부위의 주요 기능은 소변을 농축하기 위해 역류 증폭(countercurrent multiplication)기전을 통해 수질 간질의 삼투질 농도를 높게 유지하는 데 있으며, TAL이 수질에서 피질로 이행하는 동안 세뇨관 내강액은 지속적으로 희석되어 세뇨관액의 삼투질 농도가 약 100~150 mOsm/kgH_2O 정도까지 감소하게 된다. 역류 증폭 기전에 관한 이론은 1942년 스위스 생물리학자였던 Kuhn과 Ryffel에 의해서 소개되었고, 그 이후 1951년 같은 실험실에서 Hargitay, Wirz 및 Kuhn에 의해서 보완되어 발표되었다.[59] 굵은오름다리 세포의 기저외측막에 발현하는 Na^+,K^+-ATPase가 Na^+ 농도 경사를 유도하게 되면, 내강막의 Na^+ 운반체인 Na^+-K^+-2Cl^- cotransporter[NKCC2 혹은 bumetanide-sensitive cotransporter(BSC1)][7]를 통해 Na^+, K^+, 2Cl^- 이온이 세포 안으로 유입된다. 유입된 K^+ 이온은 기저외측막을 통해 간질로 재흡수되기도 하지만, 다시 내강막에 발현하는 K^+ 채널(inward rectifying potassium channel, Kir 1.1: ROMK)을 통하여 내강 쪽으

7 NKCC2를 최초로 클로닝하고 그 특성을 규명한 연구는 Harvard대 의과대학 Steven C. Hebert 교수팀에서 이루어졌다(J Biol Chem. 269: 17713-17722, 1994).

로 분비되며, 이를 통해 내강 쪽은 간질액 쪽보다 전기적으로 양성(electropositive)이 된다.(표 1) 이와 같이 형성된 전기화학적 기울기에 따라 Ca^{2+}, Mg^{2+} 등과 같은 양이온들이 수동적으로 세포사이 경로를 통해 재흡수된다. 기저외측막에는 Cl^- 이온 채널(ClC-kb)[8]이 존재하여, 세포 안으로 들어온 Cl^- 이온이 간질로 재흡수 된다.[60-63]

칼슘의 경우를 조금 더 살펴보면, 사구체에서 여과된 칼슘 대부분은 세뇨관을 따라 재흡수된다.[64] 여과된 칼슘의 65% 이상은 근위세뇨관에서 재흡수된다. 근위세뇨관에서의 칼슘 재흡수는 주로 세포사이 경로를 통한 두 가지 수동적 기전을 통해 이루어진다. 근위세뇨관의 첫 부분인 S1 분절에서는 용매 끌림(solvent drag)과 수동확산(passive diffusion)을 통해 칼슘이 재흡수되는데, 이는 Na^+와 물이 재흡수되면서 칼슘 이온이 함께 이동하는 방식이다. 또한, 근위세뇨관의 S2 분절에서는 S1 분절에서 형성된 염소 이온(Cl^-)의 농도구배에 따라 염소 이온이 재흡수되면서 내강이 약 +1 mV의 양전하를 띠게 되며, 이 양전위는 양이온인 칼슘이 세포사이를 통해 간질 쪽으로 재흡수되는 것을 촉진한다. 근위세뇨관 세포사이 경로는 치밀이음(tight junction)이며, claudin-2이 발현하여 Na^+와 Ca^{2+} 이온 재흡수에 중요한 역할을 한다. 실제로 claudin-2 유전자 결핍 마우스에서 Na^+, Ca^{2+} 재흡수 장애가 발생한다.[65, 66] 그다음으로 많은 양의 칼슘 재흡수는 굵은오름다리에서 일어나며(20~25%), NKCC2를 통한 Na^+, K^+, $2Cl^-$ 재흡수 및 ROMK를 통한 K^+ 재분

8 마우스에서는 ClC-K2(사람 ClC-Kb에 해당)라는 명칭을 쓰기도 한다.

비로 인해 내강에 약 +10 mV의 양전하가 형성되어 칼슘의 세포사이 재흡수가 촉진된다.(표 1) 이 역시 claudin-16과 claudin-19로 구성된 세포사이 경로를 통해 이루어진다.[65] 이 경로는 calcium-sensing receptor(CaSR)에 의해 조절되며, 혈중 칼슘 농도가 높아 CaSR이 활성화되면 세포사이 경로의 칼슘 재흡수를 차단하는 단백질인 claudin-14의 발현이 증가한다.[67] 소변으로 배출되는 칼슘의 미세 조정은 원위곡세뇨관(distal convoluted tubule)과 연결세관(connecting tubule)에서 세포경유 경로(transcellular pathway)를 통해 이루어지며, 이 경로는 내강막 칼슘 채널인 TRPV5, 세포 내 칼슘 완충 및 이동 단백질인 calbindin-D28K, 그리고 기저외측막의 Ca^{2+}-ATPase(PMCA1b) 및 소듐-칼슘 교환 단백질(Na^{+}-Ca^{2+} exchanger)로 구성된다.[68, 69]

1962년 Bartter 등이 바터 증후군(Bartter's syndrome)이라는 새로운 증후군을 발표한 이후,[70] 30년 이상 그 병인이 불확실하였으나, 1996년 Lifton 등이 NKCC2의 mutation을 규명한 이후 ROMK나 ClC-kb의 mutation 또한 바터 증후군을 유발하는 병인으로 알려지게 되었다.[71-73] Furosemide나 bumetanide와 같은 헨레고리관의 굵은오름다리에 작용하는 루프 이뇨제(loop diuretics)는 NKCC2를 억제하여 Na^{+}의 재흡수를 억제하며 이뇨효과를 나타낸다. 바터 증후군에 관해서 제5장에서 기술하도록 한다.

수용액에서 암모늄 이온(NH_4^{+})의 생물물리학적 특성은 K^{+}와 유사하며, 굵은오름다리에서 중요한 역할을 하는 K^{+} 수송체(NKCC2, Na^{+},K^{+}-ATPase)는 NH_4^{+}를 수송할 수 있다.[74, 75] 따라서 근위세뇨관에서 glutamine 대사로 인해 생성되어 내강으로 분비된 암모늄 이온(NH_4^+)은 K^+를 대신하여 굵은오름다리 세포 내강막의 NKCC2 운반체를 통해 세포 안으로 유입된다. 또한, 세포 안에서 암모늄 이온(NH_4^+)은 기저외측막의 NHE4를 통하거나, 다시 NH_3와 H^+이온으로 해리된 후, 비극성 분자인 NH_3는 단순확산을 통해 간질로 이동한다.[75] 세포 내에서 carbonic acid(H_2CO_3)는 carbonic anhydrase에 의하여 H^+이온과 HCO_3^-이온으로 전환되며, H^+ 이온은 내강 세포막에 발현하는 Na^+-H^+ exchanger(NHE)나 H^+-ATPase를 통하여 내강으로 분비되고, 중탄산 이온(HCO_3^-)은 기저외측막의 Cl^--HCO_3^- 교환체(anionic exchanger type 2, AE2)를 통하여 재흡수된다.[76, 77]

3) 원위곡세뇨관(Distal Convoluted Tubule)

원위곡세뇨관(distal convoluted tubule, DCT)에서는 Na^+-Cl^- cotransporter(NCC 혹은 thiazide-sensitive Na^+-Cl^- cotransporter: TSC, SLC12A3)에 의해 Na^+가 재흡수되며, 이 부위 또한 수분에 대한 투과도가 극히 낮음으로 세관액이 더욱 희석되어 삼투질 농도가 ~100 mOsm/kgH_2O까지 감소한다. 이 부위에서 Na^+ 재흡수는 NCC를 통해 이루어지며, NCC 단백질 발현은 세포외액 K^+ 농도, ANG II, 알도스테론 자극 등에 의해 조절된다. With No lysine(K) protein kinase 4(WNK4)는 OSR1/SPAK를 활성화시키며, 이는 다시 NCC를 인산화하여 활성화한다(WNK-OSR1/SPAK-NCC 연쇄반응).[78] SPAK과 OSR1은 구조적으로 매우 유사하며 둘 다 NCC를 인산화할 수 있지

만, 세뇨관에서 어느 정도의 기능적 특이성은 존재하는데, SPAK은 주로 원위곡세뇨관에서 NCC를 조절하며, OSR1은 굵은오름다리에서 NKCC2를 조절하는 데 더 중요한 역할을 하는 것으로 알려져 있다. 이러한 WNK-OSR1/SPAK-NCC 연쇄 반응을 통해 원위곡세뇨관 내강의 Na^+가 세포 안으로 효과적으로 재흡수되며, 이는 체내 염분 균형 및 혈압 유지에 중요한 역할을 수행한다. 이 부위는 또한 소변으로 칼슘 배설을 조절하는 주요 세뇨관 분절이며 주로 부갑상선호르몬과 비타민 D가 영향을 주고 있다. 칼슘은 내강 세포막에 존재하는 epithelial calcium channel(ECaC, TRPV5)을 통하여 내강과 세포 내액 사이의 전기화학적 구배에 의해 세포 안으로 유입되고, calcium binding protein(Calbindin-D28k)에 의해 세포 내에서 완충 및 확산 촉진(buffered diffusion)으로 이동한 후에 기저외측막의 Na^+-Ca^{2+} exchanger(NCX1, $3Na^+$ 유입:$1Ca^{2+}$ 배출)와 Ca^{2+}-ATPase(PMCA1b)를 통하여 세포 밖으로 나와 혈중으로 재흡수된다.[79]

Thiazide 이뇨제는 원위곡세뇨관의 NCC를 억제하여 Na^+ 재흡수를 억제하지만, 반대로 Ca^{2+} 재흡수는 촉진하여 저칼슘뇨증(hypocalciuria)을 유발한다. 주요기전은 thiazide 이뇨제 사용에 따른 세포외액양의 감소로 인해 근위세뇨관에서 소듐과 물의 재흡수가 증가하는데, 이 과정에서 Ca^{2+}의 세포사이 경로를 통한 수동적 재흡수가 증가하여 저칼슘뇨증(hypocalciuria)이 유발되는 것이다. 다른 주요기전은 NCC 억제로 인해 원위곡세뇨관 세포 내 Na^+ 농도가 감소하고, 이는 기저외측막의 소듐-칼슘 교환체(NCX1) 활성을 증가시켜 세포 내 Ca^{2+}를 혈액으로 더 적극 배출하는 것으로,

그 결과 세포 내 Ca^{2+} 농도가 낮아지면서, 세뇨관 내강과 세포사이에 Ca^{2+} 농도 기울기가 형성되어 내강막의 칼슘 채널(TRPV5)을 통한 Ca^{2+} 유입이 증가하는 것이다. 또한, NCC 억제는 원위곡세뇨관의 K^+ 채널 활성 변화 및 세포 내 Cl^- 농도 감소 등으로 세포막을 과분극(hyperpolarization)시켜 양이온인 Ca^{2+}가 유입되는 전기적 구동력을 높일 수 있다.[80]

4) 집합관(Collecting Duct)

집합관(collecting duct)은 소변으로 배설되는 전해질과 수분 및 산과 염기의 양을 마지막으로 조절하고 조율하는 부위로서 신경과 호르몬 등의 다양한 조절인자들이 관여하고 있다. 집합관에는 크게 두 종류의 세포형태가 존재한다. 주세포(principal cell)와 사이세포(intercalated cell)인데, 주세포는 수분과 Na^+의 재흡수와 K^+의 분비에 관여하고 있으며, 사이세포는 산-염기의 재흡수 및 분비를 주로 담당하고 있다. 주세포 Na^+ 재흡수에는 내강막에서 발현하는 Na^+ 채널인 ENaC(epithelial sodium channel)과 기저외측막에 존재하는 Na^+,K^+-ATPase가 관여한다. ENaC은 amiloride 이뇨제에 의해 억제되는 Na^+ 채널이며, 채널활성도와 alpha, beta, gamma 소단위(subunit)의 단백 발현은 알도스테론, ANG II 및 항이뇨호르몬에 의해 조절되고 있다. 세포 내 높은 K^+ 농도와 내강 쪽 전기적 음성(electronegative)의 조건은 집합관 주세포에서 내강 쪽으로 K^+ 이온의 분비를 용이하게 하고 있으며,(표 1) 이는 내강막에 발현하는 K^+ channel(ROMK 및 maxi-K^+ channel)을 통하여 이루어진다.

Amiloride나 triamterene과 같은 이뇨제에 의해 ENaC의 활성도가 억제되면, 집합관에서 Na^+ 재흡수가 감소하게 되고 이로 인해 내강 쪽 전기적 음성상태가 약해져 K^+의 분비가 감소하게 되고 혈중 K^+ 농도는 증가하게 된다.

집합관은 항이뇨호르몬(antidiuretic hormone 혹은 arginine vasopressin)에 의해서 수분의 투과도가 조절되는 세뇨관이며 요 농축에 중요한 역할을 하고 있다. 일반적으로 요 농축에는 다음과 같은 조건이 필요하다. 1) 헨레고리 굵은오름다리에서 NaCl의 능동 수송으로 인한 수질 간질에 고삼투질 농도의 형성과 유지, 2) 내수질 집합관에서 요소의 재흡수 및 내림가는다리에서 요소 분비 등 요소의 재순환을 통한 내수질 고삼투질 농도 형성, 3) 집합관에서 내강과 수질 간질 사이에 삼투질 농도의 평형을 이루기 위해 집합관 주세포의 수분 투과도 형성 등이다. 이 과정에는 vasopressin의 존재와 역할[수분통로단백 aquaporin-2(AQP2)의 내강막에서 발현 및 단백 양 증가, 그리고 요소 수송체인 UT-A1, UT-A3 발현 증가 등]이 필요하다. 특히, 집합관에는 vasopressin에 의해서 조절되는 수분통로단백(AQP2, AQP3)들이 있으며, 이들 단백의 중요성은 신성 요붕증(nephrogenic diabetes insipidus) 실험모델 및 임상 연구에서 잘 밝혀져 있다.[81]

오랜 기간, 생리학자들은 물 분자(전하를 띠지는 않으나 극성 분자임)가 어떻게 인지질 이중 층 세포막을 빠르고 효율적으로 통과하는지에 대해 의문을 가져왔다. 물이 세포막을 단순 확산만으로 통과하는 것만으로는 신장 세뇨관에서의 많은 양의 수분 재흡수나 적혈구의 빠른 부피 변화 등을 설명하기 어려웠기 때문이다. 1960년대에도 세포막에는 물 분자에 특이한 수송 단백질이 존재할 것으로 생각하였지만, 1980년대 후반까지 그 분자적 실체는 규명되지 않았다. 그 궁금증은 미국 존스 홉킨스 대학 Peter Agre 교수 연구진이 1988~1992년에 걸쳐 수분통로단백(water channel protein, aquaporin)을 발견함으로서, 그 이후 분자생물학적인 연구가 가능하게 되었다(2003년 노벨화학상 수상).[82, 83] Agre 등은 적혈구 세포막 단백질, 특히 Rh 혈액형 항원에 관심을 가지고 Rh blood type polypeptides를 규명하는 과정에서 28 kDa의 새로운 polypeptide를 발견하고, 아미노산 서열 및 cDNA를 클로닝하여 “CHIP28”(channel-forming integral protein of 28 kDa)으로 명명하였다.[84-86]

CHIP28을 Xenopus laevis oocyte에 발현시켰을 때 CHIP28이 발현된 oocyte가 그렇지 않은 oocyte보다 8~10배 이상 높은 수분투과도를 나타냄으로서 이 단백질은 수분을 선택적으로 통과시키는 통로임을 알게 되었고, 그 후에 AQP1으로 재명명하였다.[87, 88] 또한, CHIP28이 발현된 oocyte의 물 수송은 매우 낮은 활성화 에너지(Ea)를 갖는데, 이는 인지질 이중막 층을 직접 확산하는 물의 활성화 에너지보다 훨씬 낮았음으로, 이는 물 분자가 CHIP28 채널을 통해 이동하는 촉진 확산(facilitated diffusion)임을 의미한 것이다. CHIP28은 물 분자의 수송에 특이적으로, 이온(Na^+, K^+, H^+ 등)들의 통과는 차단되었고, 수은 화합물($HgCl_2$)에 의해 물 투과성이 유의하게 억제되었는데, 이는 $HgCl_2$가 인간 CHIP28 아미노산 서열 189번 Cysteine의 -SH기와 상호작용하여 채널 구조를 변화시켜 물의 통과를 막기 때문이다. CHIP28 채널은 중앙의 NPA 모티프가 형성하는 양전하 장벽으로 인해 수소 이온(H^+)을 정전기적으로 밀어내므로 H^+ 이온이 통과하지 못한다. 이러한 물리화학적 특징들로 인해 CHIP28은 세포막에서 수동적 삼투압 구배에 따라 물을 빠르고 선택적으로 수송하는 수분통로단백으로 인정받게 되었다. 그의 발견은 단순히 수분통로단백을 찾고 규명하는 것을 넘어, 생리학의 오랜 난제 중 하나를 해결하고 소변 농축, 뇌 부종, 침샘과 눈물샘 분비 및 식물 뿌리의 수분 흡수 등 다양한 생명 현상에서 물 이동 현상을 분자 수준에서 이해하는 새로운 장을 열었으며, 수분대사질환의 치료 타깃으로 연구 중이다. 최근에는 종양세포의 이형성(heterogeneity), 이동 및 전이 과정에서도 수분통로단백의 중요한 역할이 밝혀지고 있다.

AQP1의 발견 이후, 여러 연구자들에 의해 현재까지 포유류 AQP(mammalian water channel protein)는 AQP0부터 AQP12까지 13개의 아형이 존재함이 보고 되었다.[89-91] 이들은 물만 선택적으로 통과시키는 aquaporin과, 물 외에 글리세롤 등 작은 중성 용질도 통과시키는 aquaglyceroporin으로 나눌 수 있다. 신세뇨관에는 AQP1, AQP2, AQP3, AQP4, AQP6, AQP7 및 AQP11이 발현된다.(표 2)[90, 92] 이들 아형 중에 AQP2는 집합관의 주세포와 연결세관의 연결세관세포의 내강면 세포막과 세포 내 소포에 분포하는 수분통로단백질이다. 특히, 여러 수분통로단백 아형 중에 AQP2는 가장 많이 연구되어 왔는데, 특히 집합관의 주세포에서 AQP2에 대한 항이뇨호르몬인 vasopressin의 조절기전에 관해 많은 연구 결과가 축적되었다.[81, 90, 93]

표 2. 신장 세뇨관에 발현하는 수분통로단백

아형	세뇨관 발현 위치	세포 내 발현위치	발현 조절
AQP1	근위세뇨관, 내림가는다리(긴고리 네프론)	APM + BLM	-
AQP2	집합관 주세포	APM + ICV	+
AQP3	집합관 주세포	BLM	+
AQP4	집합관 주세포	BLM	-
AQP6	집합관 사이세포	ICV	+
AQP7	근위세뇨관 S3 분절	APM	-
AQP11	근위세뇨관	ER	?

APM, apical plasma membrane(내강막); BLM, basolateral plasma membrane(기저외측막); ICV, intracellular vesicle(세포 내 소포); ER, endoplasmic reticulum(소포체).

Vasopressin은 시상하부에서 생산되며, 혈액 삼투질 농도 증가와 세포외액량 감소 등에 의해 뇌하수체 후엽에서 분비된다. 분비된 vasopressin은 신장 집합관 주세포의 기저외측막에 있는 항이뇨호르몬 수용체인 V2-수용체에 결합한 후에, adenylyl cyclase 6(AC6) 활성화로 인해 세포 내 cAMP가 증가하고 protein kinase A(PKA)가 활성화되어 AQP2를 인산화시킨다. 인산화된 AQP2는 미세소관(microtubule)을 따라 내강막으로 이동하며, vesicle targeting receptor의 관여로 AQP2 함유 소포가 내강막에 부착하여 활성화된다. 또한, 혈장의 vasopressin 농도가 지속적으로 높게 유지되면, 주세포 내 증가된 cAMP는 PKA와 Epac(exchange protein directly activated by cAMP)을 통해 Aqp2 유전자 조절 전사 인자를 활성화할 수 있다.

이와 같이 항이뇨호르몬에 의한 주세포 수분투과도는 주로 AQP2

의 세포질 내 소포와 내강 세포막 사이의 세포 내 수송(intracellular trafficking) 및 AQP2의 단백 발현의 변화에 의해 조절되며, 세포 안으로 들어온 수분은 기저외측막에서 발현하는 AQP3나 AQP4에 의해 간질(interstitium) 쪽으로 이동하여 재흡수된다. AQP3와 AQP4 조절 기전에 관해서는 연구가 아직 미진하다.[94-97] V2-수용체나 AQP2의 돌연변이(mutation)로 인한 선천성 신성 요붕증이 보고되고 있으며, 리튬 등 여러 약물 투여 및 혈중 전해질 이상(예: 저칼륨혈증, 고칼슘혈증 등)으로 인한 이차적인 신성 요붕증에서도 오토파지, 산화 스트레스, 그리고 염증성 신호전달 활성 등에 의한 AQP2의 조절 이상이 병인으로 밝혀져 있다.[81, 90, 92, 98] 또한, 항이뇨호르몬의 지속적 증가 또는 AQP2의 과발현은 부적절 항이뇨호르몬 분비 증후군[Syndrome of Inappropriate Antidiuretic Hormone Secretion(SIADH)], 울혈성 심부전, 간경변 등에서 수분 재흡수 증가와 희석성 저나트륨혈증을 유발하는 주요 기전이다. AQP6는 수분통로뿐만 아니라 염소이온 채널의 기능도 담당하며(특히 낮은 pH 조건에서), AQP7은 수분과 글리세롤 통로로, 그리고 AQP11은 신장의 발생에 관여하며 세뇨관 세포의 낭포(cyst) 형성 억제 등의 역할을 하는 것으로 알려져 있다.[99-103] 최근 들어 단일세포 다중 오믹스 기술의 발전으로 인해 vasopressin 자극에 따른 AQP2의 새로운 조절 분자기전에 관한 연구결과들이 발표되고 있다.[104-106]

여기서 물의 섭취량에 관해 살펴보면, 우리가 하루에 마셔야 하는 물의 양에 대해 하루 8잔(약 2L)과 같은 획일적인 응답보다는, 이는 개인의 나이, 성별, 신체 활동 수준, 식단 구성, 거주하는 곳의 기후

(온도, 습도), 그리고 전반적인 건강 상태에 따라 유동적이다. 물의 섭취는 체내 수분 균형, 즉 체수분 정상 상태(euhydration)를 유지하는 것이 핵심 목표인데, Perrier 등[107]은 건강한 성인의 경우, 하루 총 수분 섭취량을 2.5~3.5 L로 늘릴 것과 희석된 소변(농도<500 mOsm/kg)을 배출하는 것이 건강에 유익하다고 제안하였다. 다만 이는 아직 관찰 연구와 생리학적 추정에 근거한 가설적인 제안으로, 만성 콩팥병·심혈관계질환·대사질환 발생을 감소시킨다는 것을 입증한 대규모 무작위 대조연구는 부족하다. 섭취 수분량은 음식과 음료에 포함된 모든 수분을 합친 양으로서, 수분 섭취 증가는 소변량을 늘리고 소변을 희석하며, 혈중 바소프레신 수치를 낮추며, 요로감염이나 신장 결석의 빈도를 낮추는 효과 있다. 과학적으로 체수분 상태를 가늠하는 지표 중 하나는 항이뇨호르몬(Arginine Vasopressin: AVP)의 혈중 농도로, Johnson 등의 연구[108]에 의하면 낮은 물 섭취 여성 그룹(하루 총 수분 섭취량 1.6 L)에서 혈장 AVP 농도가 평균 2.7 pg/mL, 24시간 소변 삼투질 농도가 766 mOsm/kg, 24시간 소변량이 0.8 L였다. 평소 물을 적게 마시는 여성이 의도적으로 물을 많이 마셨을 때(하루 평균 3.5 L) 혈장 AVP 농도는 약 1.5 pg/mL이었고 24시간 소변량은 2.2 L로 나타났다. 하지만 매번 혈액 검사로 AVP 농도를 측정하거나 소변량을 계측하는 것은 어려우므로, 조금 더 실용적인 지표에 의존해야 한다. 가장 기본적인 신체 신호는 갈증이지만, 특히 노인이나 격렬한 운동 중에는 갈증 감각이 실제 수분 필요량보다 부정확하거나 늦게 나타날 수 있어 절대적인 지표는 아니다.

AVP 분비의 대리 표지자(surrogate marker)로 중요하게 인식되는 코펩틴(copeptin)은 항이뇨호르몬인 바소프레신(arginine vasopressin, AVP, 9개 아미노산)이 생성될 때 같이 만들어지는 펩타이드(39개 아미노산)이다. AVP를 구성하는 아미노산 서열은 Cys - Tyr - Phe - Gln - Asn - Cys - Pro - Arg - Gly - NH_2(N-말단에서 C-말단 순서)이며 1번 위치의 시스테인(Cys)과 6번 위치의 시스테인(Cys) 잔기 사이에 이황화 결합(disulfide bridge)이 형성되어 있어, 앞쪽 6개의 아미노산이 고리 구조(cyclic form)를 이룬다. AVP는 시상하부에서 pre-provasopressin이라는 큰 전구체 단백질로 처음 합성되는데, 이 전구체가 처리되는 과정에서 ① 활성형 호르몬인 AVP, ② 운반 단백질인 뉴로피신 II(Neurophysin II), 그리고 ③ 전구체의 C-말단 부분인 코펩틴이라는 세 조각으로 나누어진다. AVP와 코펩틴은 동일한 생리적 자극(예: 혈장 삼투압 증가, 혈액량 감소, 스트레스 등)에 반응하여 뇌하수체 후엽에서 1:1의 몰 비율(equimolar ratio)로 함께 혈액으로 방출된다. 코펩틴은 AVP보다 반감기가 길고 혈액 안에서 비교적 안정적이므로 AVP 분비의 대리 표지자(surrogate marker)로 중요성이 인정되어, 코펩틴 농도를 측정함으로써 AVP 분비상태를 간접적으로 추정할 수 있다.[109, 110] 코펩틴 자체의 생리학적 기능은 아직 규명되지 않았으며, 이는 작은 사이즈의 펩타이드로써 사구체에서 여과되어 배설된다. 따라서 급만성 신장질환 환자와 같이 신장 기능(사구체 여과율, GFR)이 감소한 경우에는 코펩틴의 신장 청소율(clearance)이 낮아져 혈중 코펩틴 농도가 상승하는 경향을 보인다. 즉, 신장 기능이 저하된 환자에서 측정된 코펩틴 수치가 높은 경우, 이것이 반드시 바소프레신 분비 증가만을 반영하는 것이 아니라, 신기능 저하로 인한 코펩틴 제거 감소의 영향을 받았을 가능성도 함께 고려해야 한다.

4. 산-염기 대사

체내 대사과정에서 많은 산(수소이온)이 생산되나, 세포외액의 수소이온 농도 및 pH는 생리적 적정 범위(pH 7.35~7.45)에서 엄격히 유지되고 있으며, 이는 모든 세포의 정상적인 항상성 유지에 중요하다. 일반적으로 산은 수소이온을 공여하며, 염기는 수소이온을 수용하는 물질이다. 산은 용액 내에서 수소이온을 공여하며 해리상수인 Ka 수치가 높을수록 강한 산(예: H_2SO_4, HCl 등)이 되고, Ka 수치가 낮을수록 약한 산(예: H_2CO_3, NH_4^+, $H_2PO_4^-$)이 된다. 또한, pKa는 Ka 수치 역수의 로그 표현이며 다음과 같이 나타낼 수 있다.

$$Ka = ([H^+] \times [A^-])/[HA]$$

$$pKa = \log_{10}(1/Ka) = -\log_{10}Ka$$

HA라는 산이 용액 내에서 산인 수소이온과 염기인 A로 용해된다면,

$$Ka = ([H^+] \times [A^-])/[HA]$$

$$[H^+] = Ka \times [HA]/[A^-]$$

가 된다.

여기에서 양변에 음의 로그로 표시를 한다면, $-\log [H^+] = -\log Ka + \log [A^-]/[HA]$가 되며 이는 $pH = pKa + \log [A^-]/[HA]$로 표시할 수 있다. 이를 Henderson-Hasselbalch식이라고 하며, 특정 용액의 pH는 용액 내 산의 pKa 수치와 염기인 A의 농도와 산인 HA의 농도의 비에 의해 결정된다는 의미를 가진다. 화학적 완충액(chemical buffer)은 pH의 급격한 변화를 억제하는 물질이며, 약산과 염기로 구성되어 있다. 예를 들면 H_2CO_3, $H_2PO_4^-$, NH_4^+ 등의 약산에 대한 짝염기는 HCO_3^-, HPO_4^{2-}, NH_3이다.

체내 대사과정에서 산은 계속 생산되고 있다. 생리적으로 산은 크게 두 가지 형태로 나뉠 수 있다. 즉, 탄산(carbonic acid, H_2CO_3)과 같이 CO_2와 평형을 이루며 산(수소이온)을 날숨(expiration)으로 배출할 수 있는 것(비고정 산: non-fixed acid 혹은 volatile acid)과 날숨으로는 배출할 수 없는 산(고정 산: fixed acid 혹은 nonvolatile acid)으로 구분된다. 탄수화물과 지방은 완전산화를 통하여 CO_2와 H_2O로 대사되며 CO_2를 날숨으로 제거함으로써 산을 배출할 수 있게 된다. 이에 반해 탄수화물과 지방은 불완전한 산화를 통하여 각각 lactic acid와 ketone body acid를 형성하며 이런 산들은 날숨으로 제거할 수 없는, pKa 수치가 4~5인 산이다.[9] 또한, 단백질과 아미노산의 대사는 H_2SO_4와 HCl과 같은 강한 산을 생산한다. 예를 들면, 황(sulfur)이 포함된 아미노산인 methionine과 cysteine은 산화되어 H_2SO_4

9 케톤체 중 아세톤(CH_3COCH_3)은 휘발성이어서 숨으로 나올 수 있으며, 아세톤 자체는 산이 아니다. 반면, 다른 케톤체인 아세토아세트산, D-β-하이드록시부티르산은 산성을 띤다.

를 생산하며, 양성의 아미노산들인 arginine, lysine 등은 HCl을 생산한다. 이러한 고정 산(fixed acid)들이 계속 체내에서 생산되고 있음에도 불구하고 세포외액의 pH는 7.35~7.45로 유지하고 있으며 이를 위해 1) 여러 종류의 완충액의 작용, 2) 호흡의 조절로 인한 CO_2의 배출 및 3) 신장에서의 산의 배설과 염기의 재흡수 및 염기의 재생산이 필요하다.

신장은 폐와 더불어 체내의 산-염기 대사를 유지하는 기능을 지닌 중요한 장기이다. 이를 위해 신장에서는 NH_4^+, 적정산(titratable acid) 및 수소이온의 형태로 산이 제거되며, 여과된 중탄산(HCO_3^-)과 같은 염기를 재흡수하고, 완충작용으로 부족해진 중탄산(HCO_3^-)과 같은 염기를 재생산하고 있다. 암모늄 이온(NH_4^+)은 glutamine의 대사에 의해 근위세뇨관에서 생산되며 이때 같이 만들어진 중탄산은 기저외측 세포막을 통해 흡수된다. NH_4^+의 pKa 수치는 9.2이므로 정상적인 소변의 적정(titration) 범위에 포함되지 않으며(소변의 일반적인 pH 범위를 7.4에서 4.3 정도로 생각할 때), 소변 내 암모니아(NH_4^+ + NH_3)는 대부분 NH_4^+의 형태이다. 적정산의 양은 소변 pH를 7.4(사구체에서 여과될 때의 여과액의 pH는 혈장의 pH 7.4와 동일하다고 가정하여)로 회복시킬 때 사용된 강한 염기(NaOH)의 양과 같다. 즉, 소변으로 인산염 혹은 creatinine등의 완충제에 수소이온이 결합하여 나오는 수소이온의 양(적정산의 양)을 역으로 NaOH의 양으로 추정하는 값이다. 적정산의 대부분을 차지하는 것은 인산염에 수소이온이 결합한 형태인 $H_2PO_4^-$이다. 염기와 결합하지 않고 수소이온만의 형태로 산(free H^+)을 배설하는 양은 NH_4^+ 혹은 적정산의 형태로 산을 배설하는 양과 비교하면 아주 미약하다. 산-염기 대사이상은 제4장에서 자세히 다룰 것이다.

5. 막 수송의 열역학·전기화학적 기초

세뇨관 상피세포막을 가로지르는 모든 물질의 이동이 자발적으로 일어날 수 있는지, 혹은 에너지를 필요로 하는지를 판단하는 기준은 열역학 제2법칙과 깁스(Gibbs) 자유 에너지로 설명된다.

1) 깁스 자유 에너지(ΔG)와 생물학적 자발성

일정한 온도와 압력 조건에서 특정 화학 반응이나 물리적 과정의 자발성을 결정하는 핵심적인 열역학적 척도는 깁스 자유 에너지 변화량(ΔG)이다($\Delta G = \Delta H - T\Delta S$). 깁스 자유 에너지는 엔탈피(H, 시스템의 총 열에너지)와 엔트로피(S, 시스템의 무질서도)를 모두 고려한 값이며, T는 절대온도이다. 이 방정식은 한 시스템에서 유용한 일을 하는 데 사용될 수 있는 에너지의 양을 나타낸다.

① 에너지 방출 과정(Exergonic Reaction, $\Delta G < 0$): 깁스 자유 에너지 변화량이 음수인 과정은 자발적으로 일어날 수 있다. 이는 과정이 진행됨에 따라 시스템과 주위의 전체 엔트로피가 증가하는 방향이며, 별도의 에너지 투입 없이도 진행된다. 세뇨관에서 농도 구배를 따라 물질이 이동하는 수동수송(passive transport)이 여기에 해당한다. 농도

가 높은 곳에서 낮은 곳으로 용질이 확산되는 것은 시스템의 무질서도를 증가시켜 자유 에너지를 감소시키므로 자발적인 과정이다.

② 에너지 흡수 과정(Endergonic Reaction, $\Delta G > 0$): 깁스 자유 에너지 변화량이 양수인 과정은 비자발적이며, 일어나기 위해서는 외부로부터 에너지를 공급받아야 한다. 이는 국소적으로 엔트로피를 감소시켜 질서를 창출하는 과정이다. 세뇨관에서 농도 구배에 역행하여 물질을 이동시키는 능동수송(active transport)은 대표적인 에너지 흡수 과정이다. 이 과정에 필요한 에너지는 대부분 ATP의 가수분해로부터 얻는다.

③ 평형 상태(Equilibrium, $\Delta G=0$): 자유 에너지 변화량이 0인 상태는 시스템이 더 이상 순 변화를 일으키지 않는 평형 상태를 의미한다. 이 상태에서는 유용한 일을 할 수 있는 에너지 퍼텐셜(일 수행 능력)이 존재하지 않는다. 살아 있는 세포는 물질과 에너지의 끊임없는 흐름을 통해 이러한 열역학적 평형 상태를 적극적으로 회피한다.

2) 전기화학적 구배

포도당과 같은 비전하성 분자 이동은 농도 구배에 의해서만 결정되지만, Na^+, K^+, Cl^-과 같은 이온은 전하를 띠고 있기 때문에, 이들의 이동에는 세포막을 경계로 형성되는 막 전위(membrane potential)의 영향도 받는다. 특정 이온 1몰을 막의 한쪽(농도 C1)에서 다른 쪽(농도 C2)으로 옮기는 데 필요한 깁스 자유 에너지 변화량(ΔG)은 다음의 방정식으로 정량화할 수 있다: $\Delta G = RT\ln(C2/C1) + zF(V2-V1)$.

이 방정식의 각 항은 다음과 같은 물리적 의미를 가진다.

- RTln(C2/C1): 화학적 일(chemical work). 농도 구배에 역행하여 1몰의 용질을 이동시키는 데 필요한 에너지이다. R은 기체 상수, T는 절대온도
- zF(V2–V1): 전기적 일(electrical work). 전하량 z를 가진 1몰의 이온을 전위차 V에 역행하여 이동시키는 데 필요한 에너지이다. F는 패러데이 상수

예를 들어, 근위세뇨관 기저외측막의 경우 세포 안에서 기질 쪽으로 Na^+를 능동수송할 때, 세포 안(C1)이 밖(C2)보다 농도가 낮고(C2/C1 > 1), 전기적으로 음성(-)이므로 양이온인 Na^+ 이동은 농도 구배뿐만 아니라 전기적 구배에도 역행한다. 따라서 화학적 일과 전기적 일이 모두 양(+)의 값을 가져 전체 ΔG는 큰 양수가 되며, 이 과정을 위해서는 상당한 에너지가 필요함을 알 수 있다. 이 에너지는 ATP 가수분해(Na^+,K^+-ATPase)를 통해 얻는다.

6. 요약

1) 체액 항상성과 신장의 핵심 역할

세포가 최적의 환경에서 건강하게 활동하고 생명을 유지하기 위해서는 수분 및 전해질 항상성 유지가 필수적이다.[111] 세뇨관은 구조와 기능이 각기 다른 여러 부위로 분절화되어 있다. 중요한 점은 수분과 다양한 전해질의 재흡수 및 분비 양상이 세뇨관 부위별로 매

우 다르다는 것이다. 항이뇨호르몬(ADH/Vasopressin), ANG II, 알도스테론, Atrial Natriuretic Peptide(ANP), 도파민 등 다양한 호르몬, 교감신경 등 신경 신호, renin과 prostaglandin, adenosine 등 국소 인자들이 각기 다른 세뇨관 부위에 특이적으로 작용하고 재흡수와 분비를 조절하여 체액 및 전해질 항상성을 유지한다.

2) 세뇨관 연구의 발전: 거시적 현상에서 분자 기전으로

신장 세뇨관 기능에 대한 이해는 연구 기술의 발전에 따라 끊임없이 변화하고 발전해 왔다. 초기에는 미세천자술(micropuncture technique)을 이용하여 세뇨관 특정 부위의 액체를 채취하고 분석함으로써 소변의 농축 및 희석과 같은 전반적인 생리 현상을 규명하였다. 이후 세뇨관 미세절단(microdissection) 및 미세관류(microperfusion) 기법이 도입되면서 각 세뇨관 분절의 고유한 수송 기능을 더욱 직접적으로 연구할 수 있게 되었다. 20세기 후반, 분자생물학의 눈부신 발전은 세뇨관 연구에 혁신을 가져왔다. 세포막 단백질인 수분통로단백과 각종 전해질 운반체들의 유전자가 클로닝되고 그 기능이 밝혀지면서, 세뇨관의 수분 및 전해질 이동을 정밀한 분자 수준에서 설명할 수 있게 되었다. 즉, 고전적인 신장 생리학이 분자세포생물학과 긴밀하게 융합되었고, 신장질환의 병태생리 이해에 중요한 기반을 제공하였다.

3) 최신 연구 동향(표 3)

① 오믹스와 단일 세포 분석의 시대: 유전체학(genomics), 단백체학

표 3. 기초 및 임상 신장학 연구에서 추진해야 할 연구 분야

분야	연구 필요성	기초 연구 예시	임상 연구 예시
신장-면역 상호작용 및 염증 섬유화 억제	급만성 신손상의 진행을 결정하는 주요 병태 기전	- 단일세포 공간전사체로 면역세포 시공간 분포 규명 - 세뇨관 사이세포의 면역 센서 기능 연구	- 항염증 항섬유화 표적 약물(JAK/STAT, NLRP3 등) 임상시험 - 면역표적치료 안전성 효과 검증
대사 미토콘드리아 기능과 신장질환	세포 에너지 대사 장애가 질환 감수성과 회복능에 직접 영향	- 지방산 산화(CPT1A), 글루타민 대사, 미토콘드리아 역동학(DRP1, MFN) 기전 규명(융합, 분열) - 대사 재프로그래밍 표적 발굴	- SGLT2i, GLP-1 RA의 대사 및 에너지 효과 장기 분석 - 대사 표적 신약(FAO 촉진제, 미토콘드리아 보호제) 임상
재생의학, 오가노이드 바이오프린팅	말기 신부전 치료 한계 극복, 신약 개발 플랫폼 확보	- iPSC 유래 네프론 오가노이드 성숙도 향상 혈관화 구현 - 3D 바이오프린팅으로 사구체 및 세뇨관 복합 구조 제작	- 오가노이드 기반 약물 독성효능 예측 모델 검증 - 부분적 세포 및 조직 이식의 안전성, 면역거부 억제
정밀의학, 멀티오믹스 기반 예측맞춤치료	질환 이질성으로 치료 반응 예후 차이가 큼	- 유전체, 전사체, 단백체, 대사체, 미생물군 통합 분석 - AI 기반 바이오마커 예측 알고리즘 개발	- 고위험군 조기 선별 약물 반응 예측 다기관 검증 - 바이오마커 기반 임상시험 디자인
필수의료 영역(중증AKI, 희귀유전질환, 소아신장)	근거 부족으로 표준치료 확립 어려움	- 유전성 사구체 및 세뇨관 질환 원인 유전자 발굴 및 기능 분석 - 희귀 변이의 in vitro/in vivo 모델링	- 중증 AKI에서 CRRT·신대체요법 최적화 - 소아 희귀질환 코호트 레지스트리 구축 - 유전자·RNA 치료 초기 임상

(proteomics), 대사체학(metabolomics) 등을 통합적으로 분석하는 다중 오믹스(multi-omics) 기법과 개별 세포 단위로 유전 정보를 분석하는 단일 세포 분석(single-cell analysis) 기술 및 인공지능(AI) 기반 예측 모델이 획기적으로 발전하였다.[112] 이러한 기술들은 단순히 세포 집단의 평균적인 특성을 이해하는 것을 넘어, 신장 내 다양한 세포 유형의 이질성(heterogeneity)과 각 세포가 질병 발생 및 진행에 어떻게 선택적으로 기여하는지를 심층적으로 알 수 있게 한다.[113, 114]

② SGLT2 억제제 등장혁명과 세뇨관 연구: SGLT2 억제제는 근위 세뇨관에서 포도당의 재흡수를 막아 소변으로 포도당을 배출시키는 인슐린 비의존적 기전으로 작용하는데, 이로 인해 혈당과 체중이 감소하고, 신체 에너지 대사가 포도당 중심에서 지방 및 케톤체를 일부 활용하는 방식으로 전환된다. 이러한 다면적 효과에 기반하여 핵심적인 이점은 강력한 심혈관 및 신장 보호 기능이다.[115] 이 외에도, 인슐린이나 인크레틴 수용체 작용제(GLP-1R agonist, DPP4 억제제)가 세뇨관 수송에 미치는 영향에 관해 추가 연구가 필요하다.[116]

③ 유전성 희귀 세뇨관 질환 및 새로운 치료법 개발: 다낭성 신증(Polycystic Kidney Disease, PKD), 지텔만 증후군(Gitelman syndrome), 원위 신세뇨관 산증(distal Renal Tubular Acidosis, dRTA) 등 유전성 세뇨관 질환의 발병 기전에 대한 분자 수준의 연구도 꾸준히 진행되어야 한다. 특히 PKD에서는 이온 채널 및 수분통로단백의 발현 이상과 일차섬모(primary cilia)의 기능 장애가 낭종 형성에 미치는 영향에 대한 연구 및 치료 표적을 발굴하고 치료법을 개발하려는 연구는 중요한 분야로 여겨진다.

④ 혁신적 연구 모델(오가노이드와 칩 위의 세뇨관) 등장: 전통적인 세포 배양이나 동물 모델의 한계를 극복하기 위해, 인간 줄기세포를 이용해 신장 세뇨관 구조를 3차원으로 재현한 tubuloid나 미세유체 칩 위에 세뇨관 세포를 배양하는 tubule-on-a-chip 기술이 주목받고 있다.

⑤ 임상적으로는 고령화 사회에 따른 노인 신장 질환 증가, 암 치료 관련 신장 합병증 대응, 디지털 헬스케어와 정밀의료 도입, 만성

콩팥병 조기 발견과 인공지능과 머신러닝 기반 예측 모델 개발 등이 크게 대두하고 있다. 유전자 기반 예측 모델은 DUSP1, GADD45B, IFI44L, IFI30, ATF3, LYZ의 6개 핵심 유전자를 활용하여 91.18%의 정확도로 만성 콩팥병을 예측할 수 있다고 보고되었다.[117] 다만 이 예측 모델은 신장 조직 유전자 발현 데이터를 이용한 연구 단계의 알고리즘으로, 아직 일반적인 임상검사로 사용되지는 않는다. 또한, DNA methylation(메틸화)은 DNA 염기 특히 CpG 위치의 cyosine에 메틸기(-CH_3)가 붙어 유전자 염기서열을 바꾸지 않고도 발현을 켜고/끄는 대표적인 후성유전학적 조절 기전이다. 최근 한 연구에서는 신장 섬유화 정도와 만성 콩팥병 심각도에 따라 특정 CpG들의 메틸화 패턴이 체계적으로 달라진다는 것과 이를 이용한 메틸화 점수(methylation risk score)가 섬유화 정도와 향후 신기능 악화를 보다 정확히 예측하는 유망한 바이오마커임을 제시하였다.[118] 특히 만성 콩팥병 관련 메틸화 변화(differentially methylated positions, DMPs)가 근위세뇨관 세포의 수송체 유전자(주로 solute carrier family)에 집중된 것으로 확인되었다. 예를 들면, SLC6A19(중성 아미노산 수송체)와 SLC22A13(유기 음이온 수송체)의 메틸화 증가는 유전자 발현을 억제하며 섬유화를 촉진할 수 있다.[118]

⑥ 무서울 정도로 발전하고 있는 의료인공지능의 시대가 도래하였다. 의료인공지능은 특히 정밀 진단과 임상 치료 영역에서 크게 기여할 것으로 생각되며, 하나의 예로 최근 연구에 의하면, GEMORNA 라는 생성형 RNA 모델을 이용하여 만든 치료용 mRNA를 사용하여 인간 EPO 발현을 최대 15배 높였고, COVID

백신의 항체 역가도 유의하게 증가시켰다.[119] 또한, 생성형 AI인 Delphi-2M은 대규모 의료 데이터로 1,000종 이상 질병 진행을 예측하고, 개인 맞춤형 정밀 의료를 지원할 수 있다.[120] 앞으로 진단, 신약개발 및 맞춤치료 등에서 크게 기대가 된다.

4) 신장연구를 위한 데이터베이스

유전체학, 전사체학, 단백체학, 대사체학 등 다양한 오믹스(omics) 기술의 발전과 임상 정보, 영상 데이터의 디지털화는 신장의 정상 생리 기능과 질병 기전을 이해하는 데 필요한 정보의 양을 획기적으로 증가시켰다. 이러한 방대한 데이터를 효과적으로 관리, 통합, 해석하기 위해 전문화된 데이터베이스가 구축되었고, 이들은 신장학 연구자들에게 필수적인 도구로 자리잡게 되었다. 몇 가지 데이터베이스 및 웹사이트를 소개하면 다음과 같다.

① Kidney Precision Medicine Project(KPMP) & Kidney Tissue Atlas
https://www.kpmp.org/
https://atlas.kpmp.org
https://www.niddk.nih.gov/research-funding/research-programs/kidney-precision-medicine-project-kpmp

② NCBI Gene Expression Omnibus(GEO)
https://www.ncbi.nlm.nih.gov/geo/

③ Human Protein Atlas(HPA)
https://www.proteinatlas.org/

④ Epithelial Systems Biology Laboratory Database: 미국 NIH, Mark Knepper 실험실(표 4)

https://esbl.nhlbi.nih.gov/Databases/KSBP2/

⑤ UniProt

https://www.uniprot.org/

⑥ PRIDE Archive

https://www.ebi.ac.uk/pride/archive

⑦ KEGG PATHWAY Database

https://www.genome.jp/kegg/pathway.html

⑧ Nephroseq: 미시간 대학교 O'Brien Kidney Translational Core Center(MKTC)의 신장 질환 유전체 데이터베이스

https://www.nephroseq.org

⑨ Nephrocell: Nephroseq와 연계되어 제공되는 단일세포 유전체 분석 데이터 플랫폼

http://nephrocell.miktmc.org

⑩ UCSC genome brower

https://genome.ucsc.edu

⑪ Protein Post-translational Modification

https://www.phosphosite.org/homeAction.action

⑫ G-protein coupled receptor(GPCR)

https://gpcrdb.org

⑬ The Human Gene Mutation Database

https://www.hgmd.cf.ac.uk/ac/index.php

표 4. 세뇨관 분절의 주요 수송체 및 채널(요약)

세뇨관 분절	위치(세포막)	단백질	유전자
근위세뇨관 (PCT, PST)	내강막	Sodium-Glucose Cotransporter 1/2(SGLT1/2)	SLC5A1 / SLC5A2
		Sodium-Hydrogen Exchanger 3(NHE3)	SLC9A3
		Sodium-Phosphate Cotransporter(NaPi-IIa, NaPi-IIc)	SLC34A1, SLC34A3
		Sodium-dicarboxylate cotransporter 1(NaDC1)	SLC13A2
		Urate Transporter 1(URAT1)	SLC22A12
		Sodium-dependent Amino Acid Transporters	SLC1A1, SLC7A9 등
		Efflux Pumps(MATE1, MRP2/4)	SLC47A1, ABCC2/4
		Megalin & Cubilin	LRP2 & CUBN
		CFEX/PAT1	SLC26A6
		Aquaporin-1(AQP1) / Aquaporin-7 (AQP7)	AQP1 / AQP7
	기저외측막	Na^+,K^+-ATPase Pump*	ATP1A1
		Glucose Transporter 1/2(GLUT1/2)	SLC2A1 / SLC2A2
		Na^+-Bicarbonate Cotransporter(NBCe1-A)	SLC4A4
		Aquaporin-1(AQP1)	AQP1
		Organic Anion Transporter 1/3(OAT1/3)	SLC22A6 / SLC22A8
		Organic Cation Transporter 2(OCT2)	SLC22A2
		Na^+-independent neutral amino-acid exchanger(LAT2)	SLC7A8
		Urate Transporter(GLUT9/URATv1)	SLC2A9
헨레고리 - 내림가는다리 (DTH)	내강막 & 기저외측막	Aquaporin-1(AQP1)#	AQP1
		Urea Transporter A2(UT-A2)$	SLC14A2
헨레고리 - 굵은오름다리 (TAL)	내강막	Na^+-K^+-$2Cl^-$ Cotransporter 2(NKCC2)	SLC12A1
		Renal Outer Medullary K^+ Channel(ROMK)	KCNJ1
		Sodium-Hydrogen Exchanger 3(NHE3)	SLC9A3
	기저외측막	Chloride Channel Kb(ClC-Kb), Barttin	CLCNKB, BSND
		K^+-Cl^- Cotransporter 4(KCC4)	SLC12A7
		Calcium-Sensing Receptor(CaSR)	CASR
		Na^+-Bicarbonate Cotransporter(NBCn1)	SLC4A7
		Cl^-/HCO_3^- exchanger(AE2)	SLC4A2
	세포사이	Claudin-16, 19(Paracellin-1)	CLDN16, CLDN19
원위곡세뇨관 (DCT)	내강막	Na^+-Cl^- Cotransporter(NCC)	SLC12A3
		Epithelial Calcium Channel(TRPV5)	TRPV5
		K^+ Channels(ROMK, Kv1.1)	KCNJ1, KCNA1
		Magnesium Channel(TRPM6)	TRPM6

계속 ≫

세뇨관 분절	위치(세포막)	단백질	유전자
	기저외측막	Na^+/Ca^{2+} Exchanger 1(NCX1)	SLC8A1
		PMCA1b	ATP2B1
		K^+ Channels Kir4.1 / Kir5.1	KCNJ10 / KCNJ16
		Chloride Channel Kb(ClC-Kb)	CLCNKB
연결세관(CNT) 및 집합관(CD)	내강막	Epithelial Na^+ Channel(ENaC)-α, -β, -γ	SCNN1A,B,G
		Aquaporin-2(AQP2)	AQP2
		K^+ Channels(ROMK, BK)	KCNJ1, KCNMA1
		H^+-ATPase(V-ATPase)	ATP6V1B1 등
		H^+-K^+-ATPase	ATP12A
		Pendrin	SLC26A4
		Urea Transporter A1(UT-A1)	SLC14A2
		Rhcg	SLC42A3
	기저외측막	Aquaporin-3, -4(AQP3, AQP4)	AQP3, AQP4
		Cl^-/HCO_3^- Exchanger 1(kAE1)	SLC4A1
		Rhbg, Rhcg	SLC42A2, SLC42A3
		Urea Transporter A1(UT-A3)	SLC14A2

*Na^+,K^+-ATPase Pump는 신세뇨관의 거의 모든 세포의 기저외측막에서 발현한다. 다만, 집합관 사이세포(intercalated cell)에서 Na^+,K^+-ATPase 발현은 없거나 매우 약하다.
#긴고리 네프론의 내림가는다리에서 주로 발현하며, 짧은고리 네프론의 내림가는다리에서는 발현하지 않는다.
$짧은고리 네프론 내림가는다리의 말단부(제1형 상피세포)에서 주로 발현한다.

⑭ Single Cell Expression Atlas
https://www.ebi.ac.uk/gxa/sc/home

5) 신장과 장기 간 상호작용(Inter-Organ Crosstalk)

최근 연구들은 신장이 단순히 수동적인 표적 장기가 아니라, 다른 장기와 능동적으로 신호를 주고받는 장기 간 상호작용(Inter-Organ Crosstalk)에서 중요한 역할을 담당하고 있음을 보여준다. 만성 콩팥병이 진행되면 요독소(uremic toxins), 특히 장내 미생물 유래 indoxyl sulfate와 p-cresyl sulfate가 축적되며, 이 독소들은 전신 염증과

산화 스트레스를 통한 심장 섬유화와 혈관 석회화를 촉진하며, 이는 심신 증후군(Cardiorenal Syndrome)의 주요 병인으로 작용한다. 또한, 손상된 신장은 FGF23를 과다 분비하고, 신장 보호 물질인 Klotho의 발현은 감소시켜 심근 비대와 혈관 내피세포 기능 장애를 직접 유발하기도 한다. 신장과 장의 상호작용인 Gut-Kidney Axis에서, 신장 기능의 저하는 장벽 투과성을 증가시켜 장내 독소의 전신 유입을 허용하고 전신 염증을 악화시켜 신장 손상을 가속하는 악순환을 만들 수 있다. 또한, 경구로 섭취된 포타슘은 혈중 포타슘 농도가 뚜렷이 상승하지 않더라도 Gut-Kidney Axis에 의해 감지되어, 원위곡세뇨관에서 NCC의 탈인산화를 유도함으로써 집합관으로의 Na^+ 전달과 세뇨관 유량을 증가시키고, 이에 따라 ENaC, ROMK, BK의 활성이 증가하여 K^+ 분비가 촉진되는 것으로 알려져 있다. 더 나아가, 급성 신손상 시 신장에서 분비되는 염증성 사이토카인이 폐나 뇌와 같은 다른 장기의 손상을 유발할 수 있으며, 최근에는 신장 세포에서 유래한 세포 외 소포체(Extracellular Vesicles, Exosome)가 손상 신호를 전달하는 새로운 매개체로 주목받고 있다. 여기에 더해 최근 리뷰는 Salt-Immune-Kidney 축을 통해 ENaC이 면역세포의 소금 감지자로 작동하여 신장-혈관-면역 간 상호작용으로 소금 민감성 고혈압과 혈관 및 신장 손상에 관여한다고 보고한다.[121]

제 2 장

사구체 여과

제2장 | 사구체 여과

사구체 여과(glomerular filtration)는 신장에서 혈액을 처리하는 첫 단계로서, 소변 형성으로 이어진다. 또한 신장이 기능을 시작하는 첫 단계로서, 신체 항상성 유지에 필수적인 과정이다. 사구체의 복잡한 구조는 선택적 여과를 가능하게 하며, 세뇨관에서는 여과액으로부터 수분, 전해질, 산-염기의 재흡수와 분비 과정을 통해 신체 항상성을 유지하고, 노폐물과 과잉 물질을 분비하여 최종적으로 소변으로 배설되도록 한다. 당뇨병, 고혈압, 신염 등 사구체 여과에 영향을 미치는 질환은 적절히 관리되지 않으면 급만성 신부전으로 이어질 수 있다.

1. 사구체 여과 기전

제1장에서 전술한 바와 같이, 사구체 여과를 조절하는 인자들은 관류압 혹은 정수압(renal perfusion pressure 혹은 hydrostatic pressure),

혈류양(renal plasma flow), 구심성 및 원심성 소동맥 긴장도(afferent and efferent arteriolar tone), 그리고 혈장 교질삼투압(plasma oncotic pressure) 등이다. 사구체 여과율은 다음과 같이 나타낼 수 있다.

$$GFR = Kf \times [(Pgc + \pi bc) - (Pbc + \pi gc)]$$

Pgc: 사구체 모세혈관압 혹은 정수압

πbc: Bowman 주머니 내 교질삼투압(거의 0으로 간주함)

Pbc: Bowman 주머니의 정수압

πgc: 사구체 모세혈관의 교질삼투압

Kf: 여과상수(filtration coefficient: 사구체 모세혈관의 총 표면적과 단위면적당 투과도의 곱으로 정의함)

이와 같이 사구체 여과에 관여하는 힘의 인자들은 Starling force라고 알려진 것들인데, 사구체 여과에서 몇 가지 중요하게 고려해야 할 다음과 같다.

사구체 여과는 신장의 핵심 기능으로, 사구체 여과율(GFR)은 단위 시간당 사구체에서 Bowman 주머니로 여과되는 혈장의 양을 의미한다. 사구체 여과율(GFR)은 사구체 내 압력과 혈류량에 좌우되며, 구심성 세동맥(혹은 수입세동맥, afferent arteriole)과 원심성 세동맥(혹은 수출세동맥, efferent arteriole)의 수축/이완에 따라 변화된다. 먼저 구심성과 원심성 세동맥의 긴장도 변화는 사구체 내 혈류와 압력에 직접적인 영향을 미친다.(표 5) 구심성 세동맥이 수축하면 사구체로의 혈류량이 감소하여 사구체 압력과 여과율이 낮아진다. 반면 원심성 세동맥이 수축하면 사구체 내부의 압력이 증가하여 초기에는 여과율이 증가하지만, 과도한 수축 시 혈류량이 감소하여 결과적으로 여과율을 떨어뜨릴 수 있다. 또한, 신혈장류량(renal plasma flow, RPF)은 사구체 내부 압력과 여과율에 중요한 영향을 미친다. RPF가 감소하면 사구체 모세혈관 내부 압력이 떨어져 사구체 여과율이 감소한다. 또한, RPF가 감소하면, 사구체를 통과하는 혈장량이 줄어든 상태에서 여과가 일어나므로 혈장 단백질이 모세혈관을 따라 더 빠르게 농축된다. 이는 πgc를 상승시켜 순여과압(Net Filtration Pressure)을 효과적으로 감소시키고 GFR을 더욱 감소시키는 기전이 된다.

표 5. 수입세동맥 및 수출세동맥 변화가 GFR 및 신혈류량에 미치는 영향

세동맥 변화	사구체 모세혈관 수압	사구체여과율	신혈류량	여과분획
수입세동맥 수축	감소	감소	감소	약간 감소
수입세동맥 이완	증가	증가	증가	약간 증가
수출세동맥 수축 (경도)	증가	증가	감소	증가
수출세동맥 수축 (심함)	증가(높게 유지)	감소	감소	증가(높게 유지)
수출세동맥 이완	감소	감소	증가	감소

사구체 여과율은 다양한 약물의 영향을 받기도 한다. 특히, 비스테로이드성 소염제(NSAIDs)는 프로스타글란딘 생성을 억제하여 구심성 세동맥을 수축시키며 GFR을 감소시킬 수 있는데, 탈수나 심부전과 같이 신장이 혈관확장성 프로스타글란딘에 의존적인 상태에서는 NSAIDs의 이러한 효과가 더욱 두드러질 수 있다. 따라서 고령자나 기존 신장 질환이 있는 환자의 경우, NSAIDs 사용은 GFR 감소

및 급성 신부전의 위험을 높일 수 있으므로 주의가 필요하다. 안지오텐신 전환 효소 억제제(ACE inhibitors)와 안지오텐신 수용체 차단제(ARBs)는 원심성 세동맥을 이완시켜 사구체 내압을 낮추고 GFR을 약간 감소시킬 수 있다. 이러한 약물들은 레닌-안지오텐신-알도스테론 시스템을 억제하여 혈압을 낮추고 단백뇨를 감소시키는 효과가 있어 신장 질환 환자에게 유리할 수 있지만, 초기 투여 시 GFR이 일시적으로 감소하고 혈청 크레아티닌 수치가 상승할 수 있다. 이뇨제는 Na^+ 이온과 수분 배설을 촉진하여 혈류량을 감소시키고, GFR 감소로 이어질 수 있으며, 특히 기존에 신장 기능이 저하된 환자에게 고용량 루프 이뇨제(loop diuretics: furosemide 혹은 bumetanide 등)를 투여할 경우 이러한 혈역학적 악화가 두드러질 수 있다. 약제의 영향 등에 관하여 아래에 상세하게 기술하였다.

신장은 전신 혈압 변화에도 불구하고 GFR을 비교적 일정하게 유지하기 위한 자가 조절(autoregulation) 기전을 갖추고 있으며, 이 기능을 통해 GFR을 일정 범위 내에서 안정적으로 유지한다. 이는 근인성 반응(myogenic response)과 세뇨관-사구체 되먹임(tubuloglomerular feedback, TGF)을 통해 이루어진다. 근인성 반응은 혈압 상승 시 구심성 세동맥이 수축하여 혈류를 제한하고, 반대로 혈압이 감소하면 확장하여 혈류를 증가시키는 방식으로 GFR을 안정화한다. 즉, 근인성 반응은 혈관 평활근, 특히 수입세동맥(afferent arteriole) 평활근이 혈압 변화에 따른 기계적 신장(mechanical stretch)에 직접 반응하여 수축하거나 이완하는 고유한 특성을 보여준다.

1) 혈압 상승 시(ΔP 증가)

- 전신 혈압이 상승하면 수입세동맥에 가해지는 압력(ΔP)이 증가한다.
- Q=ΔP/R 공식에 따르면, 만약 혈관 저항(R)이 일정하다면 혈류량(Q)은 압력 증가에 따라 크게 증가할 것이다.
- 근인성 반응: 증가된 압력은 수입세동맥 벽의 평활근을 신장시킨다. 이 신장은 평활근 세포 내 칼슘 채널을 열어 칼슘 유입을 증가시키고, 이는 혈관 평활근의 수축(vasoconstriction)을 유발한다.
- 혈관 수축은 혈관의 반경을 감소시켜 혈관 저항(R)을 증가시킨다.
- 결과: Q=↑ΔP/↑R. 즉, 압력(ΔP)이 증가했지만, 근인성 반응에 의해 저항(R)도 비례적으로 증가하여 혈류량(Q)의 급격한 증가를 막고 비교적 일정하게 유지시킨다.

2) 혈압 하강 시(ΔP 감소)

- 전신 혈압이 하강하면 수입세동맥에 가해지는 압력(ΔP)이 감소한다.
- Q=ΔP/R 공식에 따르면, 만약 저항(R)이 일정하다면 혈류량(Q)은 압력 감소에 따라 크게 감소할 것이다.
- 근인성 반응: 감소된 압력은 수입세동맥 벽의 평활근에 가해지는 신장을 감소시킨다. 이는 칼슘 유입 감소로 이어져 혈관 평활근의 이완(vasodilation)을 유발한다.
- 혈관 이완은 혈관의 반경을 증가시켜 혈관 저항(R)을 감소시킨다.
- 결과: Q=↓ΔP/↓R. 즉, 압력(ΔP)이 감소했지만, 근인성 반응에

의해 저항(R)도 비례적으로 감소하여 혈류량(Q)의 급격한 감소를 막고 비교적 일정하게 유지시킨다.

세뇨관-사구체 되먹임 기전은 헨레고리관 굵은오름다리의 치밀반(macula densa)이 내강의 염화나트륨(NaCl)의 농도 변화에 반응하고 사구체로의 혈류량을 증감하여 GFR을 조절하는 역할을 한다. GFR이 증가하면 치밀반으로 전달되는 NaCl 농도가 높아지고, 이는 구심성 세동맥의 수축을 유도하여 GFR을 감소시키며, 반대로 GFR이 감소하면 치밀반으로 전달되는 NaCl 농도가 낮아져 구심성 세동맥이 이완되고 GFR이 증가한다.

2. 메산지움 세포(mesangial cell)의 역할

메산지움 세포는 사구체 내부(사구체 내 메산지움, intraglomerular mesangium)와 사구체 인접 부위(사구체 외 메산지움, extraglomerular mesangium, Goormaghtigh 세포)에 위치한다.[1, 2] 사구체 내 메산지움 세포는 사구체 모세혈관 다발 중심부에 위치하며 모세혈관 루프(loop)에 부분적으로 부착되어[10] 구조적 지지 기능을 수행한다.[3] 메산지움 세포의 중요성은 당뇨병성 신증(말기 신부전의 가장 흔한 단일 원인

10 메산지움 세포는 모세혈관 내강이나 내피에 직접 붙는 것이 아니라, 사구체 기저막의 laminin α5 G-도메인에 인테그린으로 고정된다.

으로, 메산지움 세포 증식 및 세포 외 기질 과다 생산이 특징임)이나 IgA 신병증(메산지움 세포 증식 및 기능 조절 장애)과 같은 사구체 질환 상태에서 명확히 드러난다.[4-6]

이처럼 메산지움은 단순한 구조적 지지 외에도 사구체 모세혈관 혈류 및 여과 표면적 조절, 면역 반응 매개, 대사산물 및 면역 복합체 등 잔여물 제거(탐식 작용), 세포 외 기질 항상성 유지 등을 통해 사구체 기능을 유지하는 데 필수적인 역할을 수행한다. 메산지움 세포의 비정상적인 증식이나 기능 변화는 여과율 감소 및 사구체 경화증을 유발할 수 있다. 따라서 메산지움은 구조 및 기능적 기전을 통해 GFR 조절에 중요한 역할을 한다.[7] 이런 사실을 뒷받침하는 연구 결과로는, 메산지움 세포들이 ANG II 제1형(AT1) 수용체를 발현하여 ANG II와 같은 수축 유발 물질에 반응하는 수축성 표현형을 가진다는 것[8-10]과 메산지움 세포가 사구체 모세혈관 혈역학을 조절하여 단일 네프론 사구체 여과율(SNGFR)을 조절한다는 것이다.[11, 12] 메산지움 세포들의 주요 기능을 정리하면 다음과 같다.

1) 구조적 지지 및 모세혈관 네트워크 유지

메산지움 세포와 이들이 생산하는 메산지움 기질은 사구체 모세혈관 다발의 복잡한 구조를 물리적으로 지지한다.[7] PDGF-B 또는 그 수용체(PDGFRβ)가 결여되어 메산지움 세포 발달이 이루어지지 않은 마우스 모델에서는 정상적인 사구체 모세혈관 네트워크가 형성되지 않고 단일 확장 혈관이 나타나며 표면적이 크게 감소하는 것이 관찰되었다. 이는 메산지움 세포가 모세혈관 네트워크 형성과 유지

에 필수적임을 시사한다.[7, 13]

2) 사구체 혈역학 및 여과 표면적 조절

메산지움 세포는 혈관 평활근 세포와 유사한 수축과 이완 능력을 가지며, 이를 통해 사구체 모세혈관의 긴장도와 유효 여과 표면적을 조절함으로써 SNGFR에 영향을 미친다.[7, 14]

- 수축 반응: ANG II와 같은 혈관 수축 물질에 반응하여 메산지움 세포가 수축하면, 모세혈관 루프가 변형되고 내강 직경이 감소하여 여과에 사용될 수 있는 모세혈관 표면적이 감소한다. 이는 여과 계수(Kf)의 표면적 요소를 감소시켜 GFR을 낮춘다.[12, 15]
- 혈류 재분배: 메산지움 세포는 모세혈관을 둘러싸며 수축하여 특정 모세혈관 루프로의 혈류를 감소시키거나 차단하고 다른 루프로 혈류를 재분배할 수 있다. 혈류가 크게 감소한 모세혈관은 조기에 여과 평형에 도달하여 여과 효율이 떨어지게 된다.[7, 16]
- 생체 내 증거: 생체 내 다광자 현미경(intravital multiphoton microscopy) 연구에서 Thy1.1 항체로 메산지움 세포를 제거한 쥐는 기저 SNGFR이 감소했으며, ANG II 투여 시 정상 쥐에서 관찰되는 SNGFR 감소 반응이 현저히 약화되었다. 이는 메산지움 세포가 생체 내에서 ANG II에 의한 GFR 조절에 중요한 역할을 함을 시사한다.[12]

3) 탐식 작용 및 세포 외 기질(ECM) 조절

메산지움 세포는 탐식 능력(phagocytosis)을 가지고 있어, 사구체 여과 과정에서 걸러지거나 침착된 거대 분자, 면역 복합체, 세포자멸소체 등을 제거하여 여과 장벽을 기능적으로 유지한다. 또한, 메산지움 세포는 세포 외 기질(extracellular matrix, ECM, 메산지움 매트릭스 - 주로 제4형과 제5형 콜라겐, laminin, fibronectin, proteoglycan, entactin/nidogen 등으로 구성됨) 성분들을 합성하고 분해하며 세포 외 기질의 양과 구성을 조절한다. 이 기능의 조절 장애는 당뇨병성 신증이나 IgA 신병증 등에서 관찰되는 기질 축적과 사구체 손상을 유발할 수 있다. 예를 들어, 당뇨병성 신증에서는 고혈당 환경과 여러 성장인자(TGF-β 등)의 영향으로 메산지움 세포의 세포 외 기질 합성이 과도하게 증가하고 분해는 상대적으로 감소하여 메산지움 매트릭스가 축적되고 메산지움 영역이 확장된다. IgA 신병증에서도 침착된 IgA 면역 복합체가 메산지움 세포를 자극하여 염증 반응 및 과도한 ECM 생산을 유도한다. 이러한 기질 축적은 결국 사구체 구조를 변형시키고 사구체경화(glomerulosclerosis)를 유발하여 GFR의 감소와 신부전으로 진행하게 한다.

4) 이온 채널을 통한 수축과 이완 조절

메산지움 세포는 신장의 수축성 주변세포(pericyte)로서, 사구체 모세혈관의 표면적과 혈류를 조절하여 GFR에 중요한 영향을 미친다. 메산지움 세포가 수축하면 사구체 모세혈관 다발이 수축하여 여과에 참여하는 총 표면적이 감소할 수 있음으로 GFR을 감소시키는 중요한 요인이 된다. 반대로 이완 시에는 GFR이 증가할 수 있다. 이러한 메산지움 세포의 수축과 이완은 주로 세포막 전위의 변화와 세포

내 Ca^{2+} 농도 조절에 의해 매개된다.[14]

혈관 평활근과 유사하게, 메산지움 세포의 수축은 ANG II, endothelin-1 등 Gq-연결 수용체 자극이 PLC를 매개로 IP_3 신호를 활성화하여 소포체(ER)에서 Ca^{2+}를 방출한다. 이어서 STIM1이 ER 내 Ca^{2+} 감소를 감지하여 Orai 채널과 결합하면서 store-operated Ca^{2+} entry(SOCE)를 유도하며, 비선택성 양이온 통로(Non-Selective Cation Channel, NSCC; 예: TRPC)를 통한 추가 Ca^{2+} 유입이 발생한다. 또한, Ca^{2+}-활성화 Cl^- 채널(예: TMEM16A)을 통한 Cl^- 이온의 세포 밖 유출 및 NSCC 활성화는 막을 탈분극시켜 전압 의존성 Ca^{2+} 채널(VGCC)을 열어 Ca^{2+} 유입을 증폭한다. 메산지움 세포의 휴지 막 전위는 -40~-60 mV로 보고되나, 이러한 채널 활성화로 인해 막전위가 양의 방향으로 이동(탈분극)한다. 세포 내에서 증가된 Ca^{2+}는 calmodulin과 결합하여 myosin light chain kinase(MLCK)를 활성화하고, MLCK는 myosin light chain를 인산화하여 actin과 결합하도록 유도한다. 이후 ATP 소모를 통해 actin 필라멘트를 끌어당겨 세포 수축을 일으킨다.

반대로, 메산지움 세포의 이완은 칼슘 유입을 억제하는 방향으로 조절되는데, 특히 칼슘 의존성 포타슘(K^+) 채널(예: BKCa 채널) 활성화는 세포 안의 양이온인 K^+가 농도 기울기에 따라 세포 밖으로 유출되면서 세포막 안쪽을 더욱 음전하 상태로 만들어 안정 막 전위보다 더 낮은 전위 상태인 과분극(hyperpolarization)을 유도하며, VGCCs를 비활성화하여 전압 의존성 칼슘 유입을 억제하여 이완을 유도하는 음성 피드백 기전으로 작용한다.[14] 이와 같이 메산지움 세포의 수축과 이완은 Cl^- 채널, NSCCs, VGCCs, 그리고 BKCa 채널과 같은 다양한 이온 채널들의 정교한 전기생리학적 조절 네트워크를 통해 이루어진다. 이러한 조절 기전의 이상은 당뇨병성 신증과 같은 신장 질환에서 사구체 기능 장애의 중요한 원인 중 하나가 된다.

5) 사구체 여과 장벽의 구조적 유지 기여

메산지움 세포는 내피세포 및 족세포와도 상호작용하며 사구체 기능 단위를 형성하고 여과 장벽의 구조적 완전성 유지에 기여한다.[12] 최근 연구에 따르면 메산지움 세포가 사구체 기저막(GBM) 두께 조절에도 관여할 수 있는데, 메산지움 세포 제거 모델에서 사구체 기저막 두께가 증가하는 것이 관찰되었다. 이는 메산지움 세포가 사구체 기저막 구성 및 대사에 관여한다는 가능성을 제시한다.[12]

6) 전신 및 국소 신호 인자에 대한 반응

메산지움 세포는 다양한 호르몬과 국소 인자들에 반응하여 기능을 조절한다. 예를 들어, 심방 나트륨 이뇨 펩타이드(atrial natriuretic peptide, ANP)는 메산지움 세포 이완을 유도하여 사구체 여과율을 증가시키며, 산화질소(nitric oxide, NO) 또한 ANP와 같이 cGMP 경로를 통해 세포 긴장도를 조절하여 이완을 유도한다.[14] ANG II 외에도 endothelin, platelet-derived growth factor(PDGF), 사이토카인(예: IL-1, TNF-α, TGF-β) 등 많은 물질들이 메산지움 세포의 수축, 증식, 기질 생산 등에 영향을 미친다.

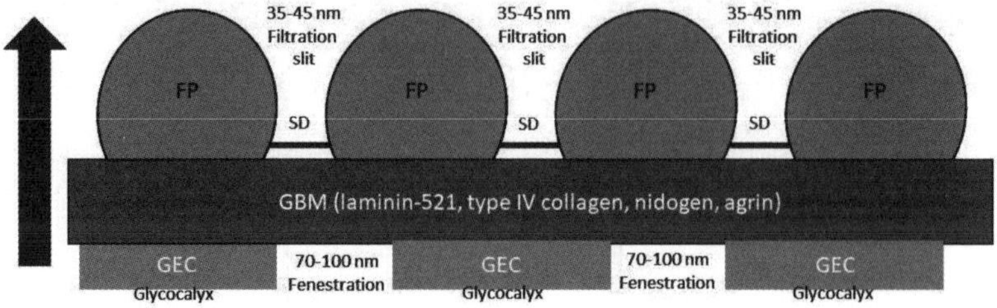

그림 4. 세포막을 경계로 전기화학적 구배 형성

3. 사구체 기저막 등 사구체 여과 장벽이 띠는 음전하

1) 사구체 기저막(glomerular basement membrane, GBM)

사구체 여과 장벽의 주요 구성 요소로서, 모세혈관을 둘러싸는 사구체 내피세포(GEC)와 바깥쪽에 위치한 족세포(FP) 사이에 존재하는 특수한 세포 외 기질이다.(그림 4)

신장 발달 과정에서 사구체 기저막은 족세포가 합성한 기저막과 내피세포가 합성한 기저막이 융합하여 형성되기 때문에 구조적으로 독특하며, 체내 다른 대부분의 기저막보다 훨씬 두껍다. 전자현미경으로 관찰하면, 사구체 기저막은 내피세포와 족세포의 가지돌기 사이에 리본 모양의 세포 외 기질로 나타난다. 초미세 구조적으로는 3중 구조를 보이며, 중심에 위치한 전자밀도가 높은 lamina densa층과 이보다 밀도가 낮은 두 개의 층, 즉 내피세포 쪽의 lamina rara interna와 족세포 쪽의 lamina rara externa로 구성된다. 일반적으로 건강한 성인의 경우 사구체 기저막의 두께는 300~350 nm이며, 250 nm 이하로 얇아지는 경우 비막 기저막 신증(Thin

Basement Membrane Nephropathy)을 생각해 볼 수 있다.[11]

주요 구성 성분으로는 laminin-521(α5β2γ1), IV형 콜라젠(α3α4α5), nidogen, 그리고 agrin과 같은 헤파란 황산 프로테오글리칸(heparan sulfate proteoglycan: HSPG)이 있다.[17] 족세포와 내피세포도 이러한 구성 성분을 합성하고 분비하여 사구체 기저막의 형성과 유지에 기여한다.[12] 특히 agrin과 perlecan 같은 HSPG는 음전하를 지닌 황산화 글리코사미노글리칸(sulfated glycosaminoglycan) 측쇄 혹은 사슬(side chain)을 가지고 있어서 사구체 기저막의 주요 음전하를 형성한다. 이러한 음전하로 인해 음전하를 띠는 혈장 단백질(예: 알부민)의 통과(여과)가 제한된다. 전자현미경 관찰에서 음전하 부위는 연속적이지 않고 점상으로 보이며 lamina rara interna와 externa에서 규칙적인 간격으로 존재한다.[18] 즉, GBM은 단순한 균일 막이 아니라, 층별로 기능적으로 구분된 구조를 가지고 있음을 의미한다.

사구체 여과 장벽의 전하 선택성 개념은 초기 연구에서 전기적 전하를 가진 다양한 추적자(tracer)를 이용한 실험에서 유래하였다. 동물 모델에서 음전하를 띤 추적자가 같은 크기의 중성 추적자에 비해 사구체 모세혈관벽을 덜 투과하는 반면, 양전하를 띤 추적자는 더 쉽게 투과하는 현상이 관찰되었다.[19] 이러한 결과는 사구체 모세혈관벽이 고정된 음전하를 가지고 있어, 알부민과 같은 음이온 혈장 단백질의 통과를 막는 정전기적 장벽 역할을 한다는 것을

11 연령·성별·측정법에 따라 GBM 두께가 달라진다.

12 콜라젠 IV α3α4α5 네트워크는 족세포가 합성 및 분비하며, 내피세포는 주로 α1α2 네트워크를 발현한다.

보여주었다. 또한, 기저막에서 HSPG를 제거하면 음이온 거대분자(예: albumin, ferritin)에 대한 투과성이 증가한다는 결과도 이를 뒷받침했다.

그러나 최근 연구에 따르면, 외부로 분리된 사구체 기저막만을 이용한 실험에서는 음이온성 거대분자의 투과가 생체 내 관찰 결과에 비해 전하 선택성이 상당히 떨어지는 것으로 나타나는데, 이는 사구체 기저막 자체만으로 생체 내에서 관찰되는 전체 전하 선택성을 충분히 설명할 수 없음을 시사한다. 실제로 유전자 변형 마우스를 이용한 연구에서, 기저막 내 주요 HSPG인 agrin이나 perlecan이 결핍된 경우에도 사구체 여과 기능은 정상적으로 유지되었다.[20, 21] 이와 같은 결과는 사구체 여과 장벽의 전하 선택성 유지에 있어 agrin과 같은 특정 HSPG의 역할이 이전에 생각된 것보다 중요성이 적을 수 있음을 의미하며, 그 대신 내피세포와 족세포와 같은 세포성 요소들이 전체 전하 장벽 형성에 조금 더 중요한 역할을 수행할 가능성이 있다.

2) 사구체 내피세포(glomerular endothelial cell)

사구체 내피세포의 창(fenestrae)은 직경이 약 70~100 nm이므로, 알부민과 같은 혈장 단백질(직경 약 7nm)이 물리적으로 통과할 수 있다. 따라서 이 창 자체가 크기 선택성의 주된 장벽은 아니다.[22] 그러나 내피세포의 내강 표면은 음전하를 띤 프로테오글리칸(proteoglycan) 등으로 구성된 당질층(glycocalyx)으로 덮여 있다. 이 당질층이 내피세포의 창부위까지 확장되어 선택적 투과층을 형성함으로써 내피세포 수준에서 중요한 전하 장벽을 구성한다. 실제로 내피세포의 glycocalyx가 효소 처리 등으로 파괴될 경우, 알부민의 여과와 단백뇨가 현저히 증가하는 것으로 나타났다.[23] 당뇨병과 같은 질환에서 glycocalyx의 손상이 미세알부민뇨의 발생과 연관된다는 것은 임상적으로 중요하다.[24] 혈장 단백질이 처음 접촉하는 층인 내피세포 glycocalyx는 알부민과 같은 음전하 분자의 투과를 막는 중요한 역할을 수행한다.

3) 족세포(podocyte)

사구체 여과 장벽의 가장 바깥쪽 층을 구성하는 족세포 또한 전하 선택성에 기여한다. 족세포의 가지돌기는 podocalyxin과 같은 시알로글리코단백질(sialoglycoprotein)과 HSPG을 포함한 음전하 glycocalyx로 덮여 있다. 이러한 음전하 층은 음이온을 띤 알부민 등 혈장 단백질의 여과를 제한하는 추가적인 장벽을 형성한다. 특히, 인접한 족세포 가지돌기 사이를 연결하는 슬릿 격막(slit diaphragm)도 음전하를 가지며, 이는 알부민과 같은 음이온 단백질의 투과성을 제한하는 데 기여한다.

슬릿 격막 자체는 매우 촘촘한 단백질 복합체로서 크기 선택성에 중요한 역할을 하며, 구성 단백질 자체나 주변 환경이 음전하를 띠어 전하 선택성에도 일부 기여한다.[13] 슬릿 격막의 주요 단백질과 음

---

13 슬릿 격막 자체의 음전하에 대한 직접 증거는 제한적이며, 슬릿 격막은 주로 크기 선택성의 핵심이라고 여겨진다(그림 4에서 SD, 35~45 nm).

전하 관련성은 다음과 같다.

① Nephrin: 당단백질(glycoprotein)로서 단백질에 당 사슬이 결합되어 있으며, 당 사슬 말단에 음전하를 띤 시알산(sialic acid)이 부착될 수 있다.

② Podocin: 직접적으로 강한 음전하를 띠는 주요 분자는 아니지만, Nephrin 등 음전하를 띨 수 있는 단백질의 기능 및 위치 유지에 필수적이다.

③ Neph1(KIRREL1): Nephrin과 유사한 당단백질이므로, 당 사슬의 시알산을 통해 음전하를 띨 수 있다.

앞으로 사구체-온-칩(glomerulus-on-a-chip) 기법을 이용하여 내피세포와 족세포 간 협력적 상호작용이 전하 장벽 유지와 여과 장벽의 완전성에 미치는 영향을 보다 명확히 규명할 필요가 있다.[25]

4. 신장 질환에서 사구체 여과 장벽의 전하

사구체 기저막(GBM)의 음전하 변화는 단백뇨가 발생하는 다양한 신장 질환의 병태생리에 중요한 역할을 한다. 당뇨병의 주요 합병증 중 하나인 당뇨병성 신증(diabetic nephropathy)은 알부민뇨가 점진적으로 증가하고 사구체 여과 장벽의 선택성이 손상되는 질환이다. 당뇨병성 신증에서 사구체 기저막의 특징적인 변화는 음전하를 띠는 헤파란 황산(heparan sulfate)의 함량 감소이다.[26, 27] Heparan sulfate가 감소하면 기저막이 알부민과 같은 음이온성 거대분자를 반발하는 능력이 떨어져 단백뇨를 유발할 수 있다.[17] 이러한 Heparan sulfate의 감소는 고혈당 환경에서 활성화되는 헤파라나아제(heparanase) 효소의 증가와 관련된다고 알려져 있다.[28-30]

그러나 당뇨병성 신증에서 사구체 기저막(GBM) 음전하 감소가 단백뇨를 직접 유발하는지에 대해서는 일관되지 않다.[17, 31, 32] 일부 연구는 GBM과 족세포 전하 장벽 손상이 단백뇨의 주된 원인이 아닐 수 있음을 시사하는 반면,[17] 다른 연구들은 당뇨병 신장에서 GBM 비후와 함께 음이온 부위 재분포를 보고해 단순한 전하 밀도 저하를 넘어선 복합 변화를 암시한다. 특히 사구체의 전하 선택성이 손상되는 것은 질병 진행 과정에서 새로운 거대분자 여과 경로 형성과도 연관되므로, 전하 변화가 질병 초기 단계부터 중요한 역할을 할 수 있음을 시사한다. 따라서 당뇨병성 신증에서 사구체 기저막 음전하 변화의 불일치는 이 질환의 복잡성을 반영하며, 음전하 변화 외에도 기저막의 구조적 변화와 족세포 기능 장애 등 다양한 요인이 함께 작용할 가능성이 있다.[33]

미세변화형 신증(minimal change disease, MCD)은 소아 신 증후군의 가장 흔한 병리적 형태로서,[34] 선택적 알부민뇨를 특징으로 한다. MCD의 특징적인 병리소견은 전자 현미경에서 관찰되는 광범위한 족세포 가지돌기 소실(foot process effacement)이다. 이로 인해 족세포 표면의 음전하 당질층(glycocalyx)이 소실되고 슬릿 격막의 구조가 훼

손되면서, 사구체 여과 장벽의 전하 및 크기 선택성이 모두 손상되어 선택적 알부민뇨가 발생한다.[35-37]

5. 사구체 여과율에 영향을 미치는 약물과 기전

1) 비스테로이드성 소염진통제(NSAIDs)

NSAIDs는 Cyclooxygenase(COX) 효소를 억제하여 아라키돈산으로부터 프로스타글란딘(Prostaglandins, PGs) 합성을 차단한다. 신장에서 생성되는 혈관 확장성 프로스타글란딘(PGE_2, PGI_2)은 특히 구심성 세동맥(afferent arteriole)을 확장시켜 신혈류량(RBF)과 사구체 내압을 유지하는 데 중요한 역할을 한다. NSAIDs는 이러한 프로스타글란딘 생성을 억제함으로써 구심성 세동맥의 혈관 확장 효과를 차단하고 상대적인 혈관 수축을 유발한다. 이로 인해 신혈류량과 사구체 여과압이 감소하여 GFR이 저하된다.

2) 레닌-안지오텐신계(RAS) 억제제(ACEi/ARB)

Angiotensin converting enzyme inhibitor(ACEi)는 안지오텐신 전환 효소 1(ACE1)을 억제하여 ANG I이 강력한 혈관 수축 물질인 ANG II로 전환되는 것을 막는다. 또한, ACE1는 혈관 확장 물질인 브라디키닌(Bradykinin)의 분해에도 관여하므로, ACEi는 브라디키닌 수치를 높여 혈관 확장에 추가적으로 기여할 수 있다. Angiotensin II AT1 receptor blocker(ARB)는 ANG II가 주로 혈관 수축 및 염분 재흡수 효과를 매개하는 AT1 수용체에 결합하는 것을 선택적으로 차단한다. ANG II는 전신 혈관을 수축시키지만, 신장에서 특히 원심성 세동맥 혹은 수출세동맥(efferent arteriole)을 구심성 세동맥 혹은 수입세동맥(afferent arteriole)보다 더 우세하게 수축시키는 작용을 한다. 이러한 원심성 세동맥 수축은 사구체 모세혈관 내 정수압을 높여 GFR을 유지하는 중요한 생리적 기전이다. 따라서 ACEi와 ARB는 ANG II의 생성 또는 작용을 차단함으로써 원심성 세동맥의 수축 효과를 억제하고 혈관을 확장시키므로 결과적으로 사구체 내압이 감소하고 다소 GFR이 저하될 수 있다.[38, 39] 임상에서 흔히 사용하는 ARB는 Losartan, Candesartan, Telmisartan 등으로, Telmisartan의 반감기는 약 24시간으로 제일 길다.

ARB는 혈압 강하 및 사구체 혈역학 개선 효과 외에도 독립적인 기전을 통해 신장 보호 효과를 보인다. ANG II에 의한 사구체 족세포 손상, 염증, 세포 증식 등을 직접 억제하여 단백뇨를 줄이는 효과가 있으며, 근위세뇨관의 안지오텐시노겐 및 집합관의 레닌 생성을 감소시켜 신장 조직 내의 국소적 ANG II 농도를 낮추는 데 기여한다.[40] ARB가 AT1 수용체를 차단하면 보상적으로 증가한 ANG II가 AT2 수용체를 자극하게 되는데, 활성화된 AT2 수용체는 혈관 확장, 항증식 및 세포 사멸 촉진 등 AT1 수용체의 작용과 반대되는 효과를 나타내어 추가적인 신보호 작용이 가능하다. 더불어 ARB는 ANG II에 의해 유도되는 ACE2(angiotensin converting enzyme 2)의 감소를 막을 수 있어서[14] 레닌-안지오텐신 시스템의 균형을 유지하는 역할을 한다.[38] ACE2는 ACE1에 의해 생성된 ANG II를 혈관을 확장시키는 ANG(1-7)로 분해하는 역할을 하는 효소이다. 즉, ANG II는 AT1 수용체 신호를 통해 ACE2 발현을 억제하여, 자신의 분해를 저해하고 농도를 유지하는 악순환을 초래한다. ARB는 AT1 수용체를 선택적으로 차단하여 ANG II에 의한 ACE2 발현 억제를 막음으로써 ACE2의 수준을 유지하고 ANG II의 분해과정이 지속되도록 한다.

3) 방사선 조영제(Radiocontrast Media)

방사선 조영제는 영상 진단 검사(주로 CT, 혈관 조영술)의 정확도를 높이기 위해 사용되지만, 투여 후 급성 신기능 저하를 유발할 수 있다(조영제 유발 신병증, Contrast-Induced Nephropathy, CIN). 발생 기전은 다음의 여러 요인이 복합적으로 작용하는 것으로 생각된다.[41-45]

① 신혈관 수축 및 신수질 저산소증: 조영제는 신혈관 수축을 유발하는데, 특히 신수질에 혈액을 공급하는 곧은혈관(vasa recta)을 강하게 수축시킨다. 이로 인해 신수질로의 산소 공급이 급격히 감소하는 동시에, 조영제의 삼투 효과로 인한 이뇨 작용이 세뇨관의 산소 소모량을 증가시킨다. 이러한 산소 공급-수요의 불균형은 심각한 신수질 저산소증(medullary hypoxia)을 초래하며, 이것이 세뇨관 세포

---

14 ARB/ACEi가 ACE2 발현을 높여 코로나19 바이러스 감염의 위험성을 증가시킬 수 있다는 가설이 초기에 제기되었으나, 그 후 대규모 역학연구를 통해 ACEI/ARB 사용과 감염 위험 또는 중증도 사이에 유의한 연관성이 없음이 밝혀졌다(N Engl J Med 2020;382:2431-2440).

손상과 급성 신기능 저하를 일으키는 중요한 혈역학적 기전이다.

② 직접적 세뇨관 세포 독성: 조영제는 세뇨관 상피세포, 특히 근위세뇨관 세포에 직접적인 독성 효과를 나타내어 세포 공포화(vacuolization), 세포 사멸(apoptosis), 괴사(necrosis) 등을 유발할 수 있다.

③ 산화 스트레스 증가: 활성산소종(Reactive Oxygen Species, ROS) 생성이 증가하여 세포 손상 및 염증 반응을 유발하고 혈관 기능을 저하시킬 수 있다.

④ 혈액학적 변화: 혈액 점도를 증가시키고 적혈구의 변형 능력을 감소시켜 미세혈관 순환 장애 및 국소 허혈을 유발할 수 있다.

⑤ 삼투성 효과: 세뇨관 내 삼투압을 증가시켜 삼투성 이뇨를 유발하여 세뇨관 내 압력 증가 및 세뇨관 세포 손상을 초래할 수 있다. 또한, TGF를 통해 구심성 세동맥 수축을 유발할 수도 있다.

4) 아미노글리코사이드계 항생제(Aminoglycoside Antibiotics)

아미노글리코사이드(Aminoglycosides, AGs) 계열 항생제(예: Gentamicin, Tobramycin, Amikacin)는 신독성이 잘 알려진 주요 부작용 중 하나이다. AG 신독성은 주로 근위세뇨관 세포에 대한 직접적인 손상으로 인해 발생하며, GFR 감소는 이러한 세뇨관 손상과 관련되거나 별도의 사구체 기전이 관여할 수 있다. 특히 AGs는 사구체 내 메산지움 세포(mesangial cells)의 수축을 유발하여 사구체 모세혈관의 여과 표면적과 여과 계수(ultrafiltration coefficient, Kf)를 감소시킴으로써 GFR을 직접적으로 저하시킬 수 있다. 또한, AGs는 신혈관 수축을 유발하여 신혈류량을 감소시켜 GFR 감소에 추가적으로 기여

할 수 있다.[46-48]

5) 그 외 사구체여과율을 감소시킬 수 있는 약물

① Calcineurin Inhibitors: Cyclosporin, Tacrolimus

② Vancomycin, Amphotericin B

③ Cisplatin

④ 항바이러스제제: Tenofovir disoproxil fumarate

⑤ Immune Checkpoint Inhibitors 등 다수

6. 혈액 내 크레아티닌 농도 측정의 역사 및 사구체 여과율 측정

사구체 여과율(glomerular filtration rate, GFR)은 콩팥의 여과 기능을 정량화한 지표로, 단위 시간당 사구체에서 걸러지는 혈장량을 의미한다.[49] 1920년대 초, Arthur R. Cushny(1866~1926)는 여과-재흡수 이론을 제창했지만, 당시 기술적 한계로 GFR을 실제로 측정하는 방법까지는 제시하지 못하였다.[50]

크레아티닌(creatinine)은 신체 근육 내 creatine과 phosphocreatine이 비효소적 과정을 통해 분해되어 생성되는 근육 대사의 최종 산물이다. 독일의 약리학자 Max Jaffé(1841~1911)는 1886년경에 알칼리 환경에서 크레아티닌이 피크르산(picric acid)과 반응하는 현상을 발견하였다(Jaffe M. Ueber den Niederschlag welchen Pikrinsäure in normalen Harn erzeugt und über eine neue reaction des Kreatinins. Z

Physiol Chem 1886;10:391-400). 그 후, 하버드대 Otto Folin(1867~1934) 교수는 생체액 내 극소량의 크레아티닌을 탐지하고 측정하는 새로운 방법을 고안하였다(J Biol Chem 1914;17:487-91). 그러나 이 발견 직후 여러 연구자들이 이 측정법을 시도했지만 결과는 일관되지 않았다. Stanley Benedict(1884~1936)는 혈액 내의 'Jaffé 반응 물질'에 관한 광범위한 관찰 결과를 발표했는데, 순수 크레아티닌과 혈액 여과물 속 발색 물질(chromogen) 사이에 현저한 차이가 생기므로, 그는 당시 방법으로는 혈액 내에 유의미한 양의 크레아티닌이 존재한다고 보기 어렵다는 결론을 지었다(J Biol Chem 1922;62:11-33).

그 후에도 많은 학자들이 이 문제를 해결하려고 하였는데, 이탈리아의 Giovanni Ferro-Luzzi(1903~2000)는 Somogyi의 혈액 여과물 제조법을 변형하여(J Biol Chem 1930;87:339-44) 혈청 내에서 복잡한 침전 기술로 발색 물질(chromogen)을 제거하고 크레아티닌만 선택적으로 남기는 방법을 고안하였다. 이를 통해 그는 인간 혈액 속에 크레아티닌이 실제로 존재하며 정확하게 측정할 수 있음을 증명하였다(Ferro-Luzzi G. Ueber das sogenannte wahre Kreatinin des Blutes. Biochem Zschr 1935;275:422-9). 특히, 그가 얻은 혈액 내 크레아티닌 농도치(0.6~1.4 mg/dL)는 이후 현대적 방법으로 측정된 값들과 매우 잘 일치하며, 더 나아가 그는 혈장 크레아티닌 수치를 단지 신장 기능의 지표로만 보지 않고 임상 예후를 판단하는 지표로도 제시하였다(Ferro-Luzzi G. Il comportamento' della creatininemia in varie affezioni morbose. Gior Clin Med 1934;15:163-78.). 이 크레아티닌 측정을 둘러싼 논쟁은 이후 Dubos와 Miller가 도입한 특이적인 효소법으로 인해 최종적으로 해결되었다(J Biol Chem 1937;121:437–55).

1926년 덴마크 생리학자였던 Poul Brandt Rehberg(1895~1989)는 인체에서 크레아티닌(creatinine)을 이용한 최초의 GFR 측정 실험을 보고하였다. 그는 경구로 외인성 크레아티닌 약 5 g을 투여하여 혈중 크레아티닌 농도를 높인 뒤 시간당 소변을 채집하여, 혈장과 소변의 크레아티닌 농도로 여과율을 계산하였다.[50] 이 방법은 고용량 크레아티닌 투여로 인한 세뇨관 분비 과대평가 문제가 있었지만, 청소율(clearance) 개념의 초기 모델로 평가할 수 있다.

크레아티닌 청소율$(C_{Cr}) = (U_{vol} \times U_{Cr})/P_{Cr}$

크레아티닌 측정법의 고안과 더불어 GFR의 다른 측정 방법도 발전하였다. 1935년에 James. A. Shannon과 Homer W. Smith 등이 외인성 지표인 inulin을 이용하여 GFR을 측정하면서, 내인성 크레아티닌 청소율과의 차이를 비교하였다. 이 연구에서 정상인에게서 inulin 청소율이 크레아티닌 청소율보다 유의하게 낮다는 사실이 밝혀져, 크레아티닌이 단순 여과뿐 아니라 세뇨관 분비에 의해 추가로 배설됨을 입증하였다. 따라서 GFR 측정에는 크레아티닌보다 inulin이 보다 정확한 지표임이 처음으로 제시되었으며, 그 후 inulin 청소율은 GFR 연구의 표준으로 자리 잡게 되었다.

한편, 임상에서는 외인성 지표인 inulin을 계속해서 사용하기에는 어려움이 많았기에 보다 간편한 대체 지표들이 모색되었다. 1950년대에는 내인성 크레아티닌을 활용한 크레아티닌 청소율 검사가 임상에 도입되어 만성 신부전 환자의 신기능 평가에 활용되기 시작하였다. 1970년대 후반에는 Cystatin C라는 새로운 내인성 저분자량 단백질(약 13 kDa)이 신기능 지표로 제안되었는데, 1979년 Löfberg와 Grubb는 말기 신부전 환자에서 시스타틴 C의 혈중 농도가 증가함을 보고하고 이 물질이 사구체에서 여과된 후 세뇨관에서 대사·분해됨을 추정하였다. 1990년대에 들어 Cystatin C를 정량할 수 있는 자동화 면역측정법이 개발되면서 크레아티닌에 이어 시스타틴 C 청소율도 유망한 GFR 대체 지표로 부상하였다. 또한, Iohexol 청소율은 비방사성 요오드 조영제인 iohexol을 정맥 주입한 후 혈중 농도가 감소하는 속도를 분석하여 계산한다. 방사선 노출 없이 높은 정확도를 보이며, 소량의 혈액으로 측정이 가능해 임상과 연구 분야에서 자주 활용된다.

그 후 크레아티닌 청소율을 추정하는 계산식이 아래와 같이 개발되었다.

1) Cockcroft-Gault 공식

계산식: C_{Cr}(mL/min) = [(140 - 나이) × 체중(kg)] / [72 × 혈청 크레아티닌(mg/dL)]

여성의 경우 결과에 0.85를 곱함

1976년 Cockcroft-Gault 공식이 제시되어 혈청 크레아티닌만으로 크레아티닌 청소율(Ccr)을 추정하는 계산식이 개발되었다. Ccr은 실제 GFR보다 다소 높은 경향이 있으나, 당시에는 GFR을 간편하게 추정하는 지표로 널리 활용되었다. Cockcroft-Gault 공식은 다양한 신기능을 가진 249명의 백인 남성을 대상으로 개발되었기 때문에, 다양한 인종 및 성별에 대한 적용에 한계가 있으며, 체표면적을 고려하지 않아서 정확도는 떨어질 수 있다. 그러나 MDRD(Modification of Diet in Renal Disease) 공식이나 CKD-EPI(Chronic Kidney Disease Epidemiology Collaboration) 공식이 개발되기 전까지 가장 널리 사용되어왔다.

2) MDRD 공식

$$\text{eGFR}(\text{mL/min/1.73m}^2) = 175 \times (\text{혈청크레아티닌})^{-1.154} \times (\text{연령})^{-0.203} \times (0.742\ \text{여성인 경우}) \times (1.212\ \text{흑인인 경우})$$

1999년에는 방대한 임상자료를 바탕으로 한 GFR 추정식인 MDRD 공식이 발표되어 주목받았다. 결과는 표준 체표면적인 1.73m^2로 보정된 값(mL/min/1.73m^2)으로 제시된다. 이 공식은 혈청 크레아티닌, 연령, 성별, 인종 등을 변수로 하여 GFR을 계산하며, 기존의 24시간 소변 크레아티닌 청소율(Ccr) 측정값보다 실제 GFR(이눌린 청소율 등 표준검사 기준)을 더 정확하게 반영하나, 현재는 권장되지 않는다.

3) 새로운 2021년 CKD-EPI 크레아티닌 공식

$$eGFR = 142 \times \min\left(\frac{S_{Cr}}{\kappa}, 1\right)^{a} \times \max\left(\frac{S_{Cr}}{\kappa}, 1\right)^{-1.200} \times 0.9938^{Age} \times 1.012^{\text{if } female}$$

S_{Cr} = 표준화된 혈청 크레아티닌(mg/dL)

κ = 여성 0.7, 남성 0.9

a = 여성 -0.241, 남성 -0.302

$\min(S_{Cr}/\kappa, 1)$ = S_{Cr}/κ와 1 중 작은 값

$\max(S_{Cr}/\kappa, 1)$ = S_{Cr}/κ와 1 중 큰 값

Age = 나이(년)

이어 2009년에는 CKD-EPI(Chronic Kidney Disease Epidemiology Collaboration) 공식이 등장하여, 보다 다양한 인종과 임상집단을 포함한 데이터로 GFR 추정의 정확성을 향상시켰다. 2021년 이후 미국신장재단(NKF)과 미국신장학회(ASN)에서는 MDRD 공식 대신, 더욱 정확한 CKD-EPI 공식 사용을 권장하고 있다. 특히 CKD-EPI 공식은 정상 범위에서 정확도가 높고, 위에서 제시한 공식처럼 인종 보정이 없는 새로운 버전이 발표되어 임상에서 MDRD를 대체하고 있다.[51] 크레아티닌뿐만 아니라 시스타틴 C를 함께 사용해서 GFR을 추정하는 2021년 CKD-EPI 크레아티닌-시스타틴 C 병합 방정식도 있는데 이 병합 방정식은 크레아티닌만 사용하는 것보다 더 정확하다고 알려져 있다.(표 6)

표 6. 주요 GFR 추정 표지자 비교

표지자	공식 명칭	개발 연도	주요 특징/개선점	주요 한계/논란	KDIGO 2024 권고 사용
크레아티닌(S_{Cr})	MDRD	1999	CKD 환자 대상 개발, 널리 사용됨	GFR > 60에서 부정확, 과소추정 경향, 인종/민족 다양성 부족	권장되지 않음(CKD-EPI로 대체)
크레아티닌(S_{Cr})	CKD-EPI 2009	2009	MDRD 대비 전반적 정확도 향상, 특히 GFR > 60에서 개선	인종 계수 사용 논란	권장되지 않음(2021 공식으로 대체)
크레아티닌(S_{Cr})	CKD-EPI 2021(인종 제외)	2021	인종 계수 제거로 형평성 개선 목표	일부 비흑인 인구에서 정확도 다소 저하 가능성(과대평가), 지역/인종별 성능 차이	초기 평가에 사용. 시스타틴 C 가능 시 병합 공식 우선
시스타틴 C(CysC)	CKD-EPI 2012	2012	근육량 영향 적음, 특정 집단(소아, 노인)에서 유용	염증, 갑상선 기능 등 비-GFR 요인 영향,* 검사 비용/접근성 제한	단독 사용은 병합 공식보다 덜 선호됨
크레아티닌 + 시스타틴 C	CKD-EPI 2012	2012	단일 표지자 공식보다 정확도 우수	시스타틴 C 검사 필요(비용/접근성)	사용은 가능하나, 권장되지 않음(2021 공식으로 대체)
크레아티닌 + 시스타틴 C	CKD-EPI 2021(인종 제외)	2021	인종 계수 없음, 현재 가장 정확한 추정법으로 간주, 인종/민족 간 편향 최소화	시스타틴 C 검사 필요(비용/접근성)	시스타틴 C 검사 가능 시 가장 권장되는 방법
B2M, BTP#	실험적 공식	2016 ~	인종 영향 적음, 예후 예측 가능성	B2M은 세포 교체율 영향, 검사 표준화 미흡(특히 BTP), 병합 공식 성능 개선 미미	임상 적용 시기상조, 연구 단계

*시스타틴 C는 CRP, IL-6, TNF-α 등 염증 표지자와 유의한 양의 상관관계가 있으며, 갑상선기능항진증 및 스테로드이드 투여 시에 증가한다.
#β2-microglobulin(B2M), β-trace protein(BTP)

7. 사구체-세뇨관 균형 및 세뇨관-사구체 되먹임

1) 사구체-세뇨관 균형(Glomerulotubular Balance, GTB)

사구체-세뇨관 균형(GTB)은 개별 네프론에서 사구체 여과율(GFR)이 일시적으로 변해도 근위세뇨관의 분획 재흡수(fractional reabsorption)가 비교적 일정하게 유지되도록 하는 신장의 고유 기전이다.[52] 일반적으로 근위세뇨관은 여과된 소듐과 물의 약 65% 정도를 재흡수하는데, GTB로 인해 사구체 여과량이 일시적으로 증가하거나 감소하더라도 이 분율이 크게 변하지 않아 원위부로 전달되는 양의 변동이 완충된다. 그 결과, 원위부가 과부하에 노출되는 것을 억제한다. 예를 들면 다음과 같다.

(1) 정상상태

GFR = 120 mL/min

근위세뇨관 재흡수율 = 65%

근위세뇨관 재흡수량 = 120 × 0.65 = 78 mL/min

원위부 전달량 = 120 − 78 = 42 mL/min

원위부 전달 분율 = 42 ÷ 120 = 35%

(2) GFR이 증가한 상태(예: 140 mL/min)

GFR = 140 mL/min

GTB 작동으로 근위세뇨관 재흡수율은 여전히 65%를 유지함

근위세뇨관 재흡수량 = 140 × 0.65 = 91 mL/min

원위부 전달량 = 140 − 91 = 49 mL/min

원위부 전달 분율 = 49 ÷ 140 = 35%

이는 호르몬이나 신경 입력에 좌우되지 않는 본태적인 자율 조절로, 하나의 네프론 내에서 여과와 재흡수의 균형을 맞춤으로써 원

위부 세뇨관이 갑작스러운 부하 변화로 과부하 되는 것을 방지하는 중요한 역할을 한다. GTB의 작동 기전에는 사구체 여과의 변화가 근위세뇨관의 재흡수를 물리화학적으로 변화시키는 여러 요인이 관여한다. 예를 들어 신혈장류량(RPF)이 거의 일정한 상태에서 수출세동맥 수축 등으로 사구체 여과율이 증가하면 여과분획(filtration fraction)이 증가하여 사구체에서 여과되고 남은 혈장 단백질의 농도가 높아지므로, 세뇨관 주변 모세혈관의 교질삼투압이 상승하고 모세혈관 내 정수압은 상대적으로 감소하여 Starling 힘에 의해 근위세뇨관에서의 수분 재흡수가 촉진된다. 또한, GFR 증가로 세뇨관 내로 유입되는 NaCl 등 용질 부하가 늘어나면 근위세뇨관 상피세포의 운반체에 공급되는 기질량이 증가하여 재흡수도 증가하는데, 이러한 유량 의존성 재흡수 현상이 GTB를 뒷받침하는 기전으로 작용한다.[53] 지속적인 유량 증가는 내강막에서 Na^+-H^+ 교환수송체(NHE3)와 수분통로단백 aquaporin-1의 발현을 향상시켜 유량 증가와 함께 재흡수 능력을 높인다.[54-56] 이는 온전한 액틴 세포골격(actin cytoskeleton) 및 미세소관(microtubule)을 필요로 한다.

결국 GFR의 변화에 따라 근위세뇨관의 재흡수율은 이에 비례하여 증감함으로써 재흡수 분율은 거의 일정하게 유지된다. GTB는 근위세뇨관의 물리적 특성과 운반 기전에 의해 자동으로 달성되지만, 생리적 상태나 호르몬 환경에 따라 그 효과가 달라질 수 있다. 예를 들어 유효순환혈액량이 감소할 때는 교감신경 활성과 레닌-안지오텐신-알도스테론 체계가 항진되어 근위세뇨관의 Na^+ 재흡수가 증가하므로, GTB의 설정 값이 커져 여과된 Na^+의 분획 재흡수율이 평소보다 상승한다. 반대로 체액량 증가 상태에서는 신장에서 도파민이 국소적으로 분비되어 근위세뇨관의 Na^+-H^+ 교환수송체(NHE3)와 Na^+,K^+-ATPase의 활성을 억제함으로써 NaCl 재흡수를 감소시켜 GTB 효과를 둔화시킨다.[53] 실제로 급성으로 체액량이 팽창할 때에는 근위세뇨관의 분획 재흡수가 저하되어 더 많은 NaCl이 원위부에 전달되고 배설이 촉진되는데, 이는 평소 강하게 작동하던 GTB 기전이 완화되어 발생하는 생리적 현상이다.[57] 이러한 GTB의 조절은 몸의 Na^+ 균형과 혈액량 조절에 기여하며, 근위세뇨관의 기능 이상이나 호르몬 조절의 장애가 있을 경우 분획 재흡수의 변화로 인해 원위부 세뇨관의 부하 처리에 문제가 생겨 체액 및 전해질 불균형을 초래할 수 있다.

2) 세뇨관-사구체 되먹임(Tubuloglomerular Feedback, TGF)

세뇨관-사구체 되먹임(TGF)은 개별 네프론에서 원위부 세뇨관의 화학적 신호를 토대로 사구체의 여과기능을 조절하여 여과-재흡수의 균형을 맞추는 음성 되먹임 기전이다.[58] 헨레고리관 굵은오름다리(thick ascending limb) 말단부에 위치한 치밀반(macula densa) 세포들이 여과액의 NaCl 농도를 감지한 뒤 해당 네프론의 수입세동맥을 수축 또는 이완시켜 사구체 여과율을 조절한다.[58] 예를 들어, GFR 증가로 치밀반에 도달하는 NaCl 농도가 높아지면 치밀반 세포에서 ATP의 분해산물인 아데노신이 세포 기저막 쪽으로 분비되고, 이는 주변 과립세포와 수입세동맥 평활근의 아데노신 A1 수용체를 자극

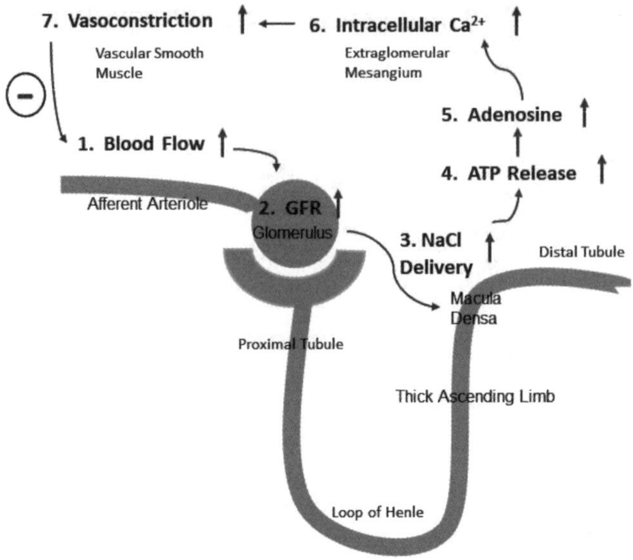

그림 5. 세뇨관-사구체 되먹임(Tubuloglomerular Feedback)

하여 수입세동맥을 수축시킴으로써[15] 사구체 모세혈관 내 압력과 여과율이 감소하게 된다.(그림 5)[58]

반대로 원위부에 도달하는 NaCl 농도가 감소하면 치밀반 세포의 아데노신 분비 자극이 줄어들고 대신 국소적으로 산화질소(nitric oxide, NO)와 프로스타글란딘 생성이 촉진되어 수입세동맥을 이완시키며, 동시에 과립세포의 레닌 분비를 증가시켜 ANG II 생성과 수출세동맥 수축을 유도함으로써 여과압과 GFR을 높이게 된다. 한 연

15 최근 연구에 따르면 ATP 자체, P2X/P2Y 수용체, 20-HETE 등도 수입세동맥 수축 신호에 관여한다.

구에 따르면, 수신증(hydronephrosis) 동물 모델에서 발생하는 소금민감성 고혈압(salt-sensitive hypertension)의 주요 기전은 신장의 산화질소(NO) 결핍과 이로 인한 세뇨관-사구체 되먹임(TGF)의 비정상적 재설정이다.[59] 즉, 수신증 신장 조직 내 산화질소 합성효소(nNOS, eNOS) 단백질 발현이 감소하고, 혈중 내인성 NO 억제제(asymmetric dimethylarginine, ADMA) 농도는 증가하여 전반적인 NO 결핍 상태를 보이므로, 이러한 NO 결핍은 치밀반에서 TGF 기전이 비정상적으로 과민(hypersensitive) 상태로 재설정되는 결과를 초래한다.[59]

이러한 TGF 작용을 통해 각 네프론은 자기 관할하에 있는 세뇨관으로의 여과액 유량과 조성을 모니터링하며, 필요에 따라 실시간으로 사구체의 여과 기능을 조절할 수 있다. TGF는 동맥혈압 등의 변화에 대해 신장의 여과율을 단기적으로 안정화하는 자가조절(autoregulation) 기전의 핵심 요소로, GFR이 과도하게 증가하거나 감소함으로써 신체 항상성이 흐트러지지 않도록 막아준다. 최근 문헌에 따르면, 세뇨관-사구체 되먹임(TGF)은 정적인 시스템이 아니라, 신장 혈관과 세뇨관 요소들이 함께 만들어내는 동적인 진동 시스템으로 이해하는 것이 더 정확하다는 관점을 제시한다.[56] 이러한 진동은 근위세뇨관의 압력과 유속 변동이 원위부 치밀반에 도달하는 Cl^-이온 농도의 주기적인 변화를 유발함으로써 시작된다. 특히, 치밀반에 도달하는 신호의 강도는 상류 세뇨관 분절, 특히 굵은오름다리에 의해 능동적으로 조절된다.[56] 치밀반 세포는 세뇨관 내 NaCl 농도가 약 10 mM 이하에서 거의 반응하지 않다가, 농도가 10~15 mM 정도로 증가하면 TGF 반응을 시작하고 60 mM 정도에서 반응이 포화된다는 보고가 있다. 따라서 이 범위를 넘어서면 TGF는 더 강해지지 않으며, 민감도는 10~60 mM 범위에서 가장 높다.

TGF와 더불어 수입세동맥 평활근의 근인성(myogenic) 반응이 신장 자가조절의 두 축을 이루며, 이들 기전은 수십 초 이내의 빠른 시간 범위에서 작동하여 신혈류량과 사구체 여과압을 일정 범위로 유지한다.[60] 한편 TGF 반응의 민감도와 기준점(setpoint)은 생리적 상태에 따라 조절되는데, ANG II는 수입세동맥의 수축 반응을 증강시켜 TGF의 혈류 조절 효과를 높이는 반면 치밀반 세포 및 혈관 내피에서 생성되는 NO와 프로스타글란딘은 수입세동맥을 이완시키고 과도한 수축 신호를 억제하여 TGF 민감도를 낮춘다.[58] 이러한 국소 조절을 통해 신장은 체내 NaCl 상태나 전신 혈압 변화에 따라 TGF 기전을 미세 조정하므로 TGF 반응에 이상이 생길 경우 사구체 여과율의 부조화나 조절 장애가 초래될 수 있다.

초기 당뇨병에서는 혈당 상승에 따른 SGLT2 발현 증가로 근위세뇨관에서 소듐(Na^+)과 포도당의 공동 재흡수가 비정상적으로 증가한다. 이로 인해 원위세뇨관, 특히 치밀반(macula densa)에 도달하는 소듐과 염소이온의 농도가 감소한다.[61-63] 치밀반은 이를 GFR 감소로 오인하고, 아데노신 농도 감소 및 산화질소(NO) 증가 등의 신호를 통해 수입세동맥(afferent arteriole)을 이완시키는 TGF 신호를 보낸다. 그 결과 수입세동맥이 적절히 수축하지 못하고, 개별 네프론 단위에서 사구체 여과율이 비정상적으로 증가하는 사구체 과여과(glomerular hyperfiltration) 현상이 나타난다.(표 7) 이 과여과 상태는 사구체 모세혈관 내 정수압을 지속적으로 상승시키며, 이는 사구체의 기계적 스트레스 증가, 족세포 손상, 기저막 두꺼워짐, 단백뇨 및 점진적인 사구체 경화(glomerulosclerosis)로 이어진다. 이러한 변화는 당뇨병성 신증의 초기 발생 및 진행에 중요한 병태생리 기전으로 작용한다.

반대로, TGF 반응이 비정상적으로 과민해지는 경우도 중요한데, 예를 들어, 일부 고혈압 환자, 특히 소금 민감성 고혈압(salt-sensitive hypertension) 환자에서는 고염식이 상태에서 치밀반이 세뇨관 내 NaCl 증가에 과도하게 반응하면 수입세동맥을 강하게 수축시킨다. 정상적인 경우에는 GFR이 일정하게 유지되거나 경미하게 증가해 소듐 배설이 촉진되어야 하지만, 과도한 TGF 반응은 오히려 GFR을 과도하게 억제하고, 소듐 배설을 저하시켜 체내 소듐 및 수분이 저류될 수 있다. 이는 체액량 증가 및 혈압 상승을 유발하며, 고혈압을 악화시킬 수 있다.(표 7)

만성 콩팥병에서는 점진적인 네프론 손실이 진행된다. 이때 생존한 건강한 네프론들은 여과 기능을 보존하기 위해 개별 네프론의 사구체 여과율(Single Nephron GFR, SNGFR)을 증가시키는 방향으로 적응한다. 이를 위해 TGF 기전의 작동점(operating point)을 재설정하는 변화가 나타난다. 구체적으로는, 치밀반 세포가 세뇨관 내 NaCl 농도에 덜 민감하게 반응하도록 조절되며, 이로 인해 수입세동맥의 수축 반응은 더 높은 NaCl 농도에서야 유도되거나 둔화된다. 이러한 TGF의 감도 저하는 사구체로 더 많은 혈류가 공급되도록 해 SNGFR을 높이고, 전체 GFR의 급격한 감소를 어느 정도 보상한다. 그러나 이와 같은 TGF 재설정 및 과여과(hyperfiltration) 상태는 장기적으로 남은 사구체에 지속적인 혈역학적 부담을 가중시키며, 그 결과 사구체 비대, 모세혈관압 상승, 단백뇨 악화, 산화 스트레스 및 염증 반응 증가가 나타난다. 이는 결국 사구체 경화와 간질 섬유화(interstitial fibrosis)를 유발하므로, 초기에 적응적(adaptive)이었던 TGF 재설정이 시간이 지남에 따라 오히려 신장 손상을 악화시키는 부적응적(maladaptive) 기전으로 전환된다.(표 7) 이처럼 사구체-세뇨관 균형과 세뇨관-사구체 되먹임은 신장의 여과 및 재흡수 기능의 항상성을 유지하는 데 중요한 역할을 하며, 이들 기전의 적응적 또는 병적 변화는 당뇨병성 신증, 고혈압, 만성 콩팥병 등의 진행에 핵심적인 병태생리적 의미를 가진다.

표 7. 질환에 따른 세뇨관-사구체 되먹임의 병태생리적 변화

질환	TGF 반응의 특징	주요 기전	결과
당뇨병 초기	신호 왜곡 (부적절한 활성화)	① 고혈당 → ② 근위세뇨관 SGLT2 발현 증가 → ③ Na^+/포도당 재흡수 증가 → ④ 치밀반 도달 NaCl 농도 감소	수입세동맥 이완 →사구체 과여과(Glomerular Hyperfiltration)발생
고혈압	과민 반응 (Hypersensitivity)	① 신장 내 산화질소(NO) 결핍 등 → ② 고염식 시 치밀반이 NaCl 증가에 과도하게 반응	수입세동맥의 과도한 수축 → GFR 감소
만성 콩팥병	민감도 저하 (작동점 재설정)	① 네프론 손실 → ② 남은 네프론의 기능 보상 필요 → ③ 치밀반이 높은 NaCl 농도에만 반응하도록 둔감해짐	(보상적) 수입세동맥 이완 → 개별 네프론의 GFR 증가(보상적 과여과)

[표 7]의 초기 당뇨병에서 고혈당이 SGLT2에 미치는 영향은 발현 증가이다. 그 기전을 간단히 요약하면, 간질의 고혈당은 GLUT2를 통해 세포 내로 들어온 뒤 importin-α1에 의해 hepatic nuclear factor-1α(HNF-1α)의 핵 내 이동을 촉진하여 SGLT2 유전자의 전사를 증가시킨다. SGLT2 유전자의 프로모터에는 HNF-1α 결합 부위

가 존재하며, 당뇨에서 HNF-1α 활성이 높아지는 것이 SGLT2 과발현의 중요한 요인이다. 다른 기전으로는 고인슐린혈증이 산화 스트레스를 통해 SGLT2 발현을 촉진하는 것과 ANG II가 근위세뇨관세포(HK-2)에서 SGLT2 mRNA와 단백질을 증가시킨다는 보고 등이 있다.

8. 요약 및 최신 연구 동향

1) 만성 콩팥병과 사구체 여과율 측정

사구체 여과 장벽은 분자의 크기와 전하에 따라 물질의 투과도를 정밀하게 제어한다. 사구체 여과율(Glomerular Filtration Rate, GFR)은 신장 기능을 평가하는 중요한 지표이다. 초기 크레아티닌 기반 공식(MDRD, CKD-EPI 2009)은 근육량 등 비-GFR 요인의 영향을 받는 한계가 있었으나, 시스타틴 C(cystatin C)는 이러한 한계를 보완하는 표지자로 제안되었다. 최근에는 크레아티닌과 시스타틴 C를 모두 사용하는 병합 공식(CKD-EPI 2021)이 정확도를 높였으며, 특히 2021년 공식은 인종 변수를 제외했으나, 특정 인구 집단에서의 정확도 저하 논란은 여전히 있다. β2-microglobulin(B2M)과 β-trace-protein(BTP) 같은 새로운 표지자도 제안되지만, 아직 임상 적용에는 더 많은 연구가 필요하다.[64] 정확한 GFR 평가는 특히 소아, 노인, 암 환자 등 특정 군에서 중요하며, 상황에 맞는 표지자와 공식 선택, 그리고 필요할 경우에는 직접 측정 등이 요구된다.

2) 사구체 여과 장벽의 분자생물학적 기전

사구체 여과 장벽의 핵심 구성 요소인 족세포는 복잡한 가지돌기(foot process)와 슬릿 격막(slit diaphragm) 구조를 통해 여과 장벽을 형성하며, actin 세포 골격과 integrin 부착 복합체를 통해 GBM에 부착하여 기계적 스트레스를 견딘다.[65] 슬릿 격막은 nephrin 등의 단백질로 구성되며, 이러한 구성 단백질들은 지속적으로 세포 내로 들어갔다가(endocytosis) 다시 세포 표면으로 나오는 recycling 과정을 반복하면서 슬릿 격막의 구조를 유지하고 혈액 여과 과정 중 격막이 막히는 것을 방지한다.[66] 족세포는 재생 능력이 제한적이어서 손상(가지돌기 소실, 세포 사멸 등) 시 단백뇨와 사구체 경화증을 유발하며, 이는 다양한 신장 질환의 공통 경로가 된다.

GBM은 제4형 collagen, laminin, heparan sulfate proteoglycan (HSPG) 등으로 구성되어 크기/전하 선택성을 부여하는데, 구성 성분별 교체 속도가 달라(collagen/laminin은 느림, HSPG는 빠름) 질병 발생(GBM 비후) 및 기능 유지(막힘 방지)에 영향을 미친다.[67] 신장 혈류와 GFR은 수입/수출 세동맥 저항 조절과 자가 조절 기전[근인성 반응, 세뇨관-사구체 되먹임(TGF)]을 통해 혈압 변동에도 일정하게 유지되며, 레닌-안지오텐신 시스템, 교감신경계 등이 이를 조절한다. 다양한 질환들은 사구체 여과 기능에 심각한 영향을 미친다. 당뇨병성 신증은 고혈당, 최종 당화 산물(AGEs), 혈역학적 스트레스(초기 과여과), RAAS 활성화 등이 복합적으로 작용하여 GBM 비후, 메산지움 확장, 족세포 손상을 일으켜 알부민뇨와 GFR 감소를 유발하는 가장 흔한 만성 콩팥병의 원인이다. 고혈압성 신증은 만성적인 압력 부하가 자가 조절 기전을 손상시켜 사구체에 압력 손상을 가하고 혈관 손상, 세뇨관 간질 섬유화를 초래하여 점진적인 GFR 감소를 일으키며, 신장 손상 자체가 고혈압을 악화시키는 악순환을 형성한다. 사구체 신염은 주로 면역 매개 기전(면역 복합체 침착, 보체 활성화, 염증 세포 침윤)에 의해 사구체에 염증이 발생하여 여과 장벽 구조를 파괴하고 GFR을 감소시키는 질환군이다.

3) 만성 콩팥병의 다인성 원인과 최신 연구 동향

사구체 여과 기능과 만성 콩팥병 발병 및 진행에는 유전적, 후성유전학적, 환경적 요인이 복합적으로 관여한다.

① 전장 유전체 연관 분석(GWAS)을 통해 만성 콩팥병 관련 유전자좌를 다수 발굴하였으며,[68] 특히 아프리카계 조상 인구에서 APOL1 고위험 유전자형은 FSGS, 고혈압성 신증 등의 위험을 현저히 높이며, 이를 표적하는 치료제 개발을 진행하고 있다.[69, 70]

② DNA 메틸화, 히스톤 변형과 같은 후성유전학적 조절은 유전자 발현을 제어하여 환경적 요인과 질병 발생을 잇는 핵심 기전이다. 이는 고혈당이나 저산소증 같은 일시적 자극에 노출된 후에도 질병 위험이 지속되는 후성유전학적 기억(epigenetic memory) 현상을 설명하며, 새로운 치료 표적으로서의 가능성을 제시하려는 시도가 진행되고 있다.[71-74]

③ 대기 오염(PM2.5), 고염 식이, 독소 노출 등 환경적 요인 역시 만성 콩팥병의 위험을 증가시키며, 이들은 예방이 가능한 요소이다.[75]

4) 신장 섬유화: 질병 진행의 공통 경로

초기 원인(당뇨, 고혈압, 요로폐쇄, 신염 등)이 무엇이든 관계없이, 만성 콩팥병이 진행되면 대부분 신장 섬유화(renal fibrosis)라는 공통 경로를 거치게 된다.[76, 77] 이때 사구체-세뇨관 간 상호연결(crosstalk)이 섬유화를 가속하는 핵심 축으로 작용한다. 사구체 손상에서 유래한 여과 단백 및 보체, 지질, 사이토카인이 세뇨관 상피세포에 독성 자극을 가하며, 반대로 손상된 세뇨관은 다양한 매개물질을 분비하여 사구체 손상을 악화시킨다. 예를 들어, 손상된 세뇨관 세포와 염증 세포에서 분비되는 TGF-β 등의 성장 인자가 근섬유아세포(myofibroblast)를 활성화시켜 세포 외 기질의 과도한 축적을 유발하고, 이는 신장 구조를 파괴하여 비가역적인 기능 상실을 초래한다. 따라서 섬유화 과정을 억제하는 것이 만성 콩팥병 치료의 핵심 목표이다.[76-78] 이를 위해 단일세포 전사체 분석(Single-cell RNA Sequencing)을 통한 새로운 기전이나 바이오마커 발굴 연구가 주목받고 있다. 단일 세포 RNA 시퀀싱은 신장 세뇨관을 구성하는 미세한 세포 유형들을 식별하고, 질병 상태에서의 각 유형별 유전자 발현 패턴 변화를 밝혀내는 데 핵심적인 도구로 활용된다. 또한, 공간 전사체(spatial transcriptomics)와 공간 대사체(spatial metabolomics) 분석은 조직 내에서 특정 유전자나 대사 물질이 어디에 위치하며 어떤 세포와 상호작용하는지, 그리고 세뇨관의 손상 회복 및 실패에서 이들의 변화를 공간적인 맥락에서 파악할 수 있게 한다.

최근에는 신장 섬유화가 섬유화 미세환경(fibrogenic niche) 내에서 다양한 세포들의 상호작용을 통해 진행된다는 점을 강조하고 있다.

이 미세환경은 활성화된 근섬유아세포, 지속적인 염증세포 침윤, 그리고 모세혈관 감소(microvascular rarefaction)를 특징으로 한다. 특히 손상된 근위세뇨관 상피세포가 중요한 역할을 수행하는데, 이들 세포는 탈분화하여 VCAM1, KIM-1과 같은 손상 표지자를 발현하고, 염증세포를 유도하며, 섬유아세포를 활성화시키는 표현형으로 변환된다. 만성 염증 단계에서는 혈액에서 신장으로 이동한 대식세포(macrophages)가 중요한 역할을 하는데, 초기에는 염증 유발성 M1 대식세포가 우세하다가, 시간이 지남에 따라 섬유화 유발성 M2 대식세포가 두드러진다. 또한, effector memory T세포, B세포, 형질세포 등이 섬유화 악화에 기여할 수 있는 반면, regulatory T세포는 회복에 기여하는 등 복잡한 양상을 보인다.[79, 80]

근섬유아세포는 주로 간질 상주 섬유아세포(resident interstitial fibroblasts)의 증식과 골수 유래 세포(bone marrow-derived cells)에서 기원하며, 상피세포-간엽세포 전환(EMT)의 직접적인 기여는 제한적이나, 부분 EMT(pEMT)와 내피세포-간엽세포 전환(EndoMT)은 상황에 따라 간접적으로 기여할 수 있다. 이러한 복잡한 섬유화 미세환경의 분자적 기전을 밝히기 위해 최근에는 공간 멀티오믹스(spatial multiomics) 등의 기술을 활용하여 특정 병리적 특징과 연관된 대사경로를 직접 시각화하고 분석하려는 노력이 최근 활발히 이루어지고 있다.[81]

제 3 장

근위세뇨관

제3장 | 근위세뇨관

1. 개요

1) 위치, 주요 역할 및 구조적 특성

근위세뇨관(Proximal Tubule)은 신장의 네프론에서 사구체 바로 다음에 이어지는 첫 번째 세뇨관 분절이다. 사구체에서 혈액이 여과되어 만들어진 원뇨로부터 물과 용질의 약 65~70%를 재흡수하는 중요한 역할을 수행하여 체내 수분 및 전해질 균형 유지에 필수적인 역할을 한다. 근위세뇨관 상피세포는 높은 재흡수 효율을 위해 다음과 같은 특화된 구조를 가진다.

① 솔가장자리(Brush Border): 세뇨관 내강과 접하는 세포 표면에 무수히 많은 미세융모(microvilli)가 빽빽하게 배열되어 솔(brush) 모양을 만든다. 따라서 이 구조는 물과 용질이 통과할 수 있는 표면적을 일반 세포보다 약 10~20배 넓혀 주므로 대량의 수분과 물질 재흡수를 가능하게 하는 구조이다.[1]

② 풍부한 미토콘드리아: 근위세뇨관 세포 내에는 에너지(ATP)를

생성하는 미토콘드리아가 매우 많이 존재한다. 이는 특히 세포의 기저외측막에 위치한 Na^+,K^+-ATPase처럼 일차 능동 수송(primary active transport)을 담당하는 능동수송체(active transporter)가 지속적으로 작동하는데 필요한 에너지를 공급한다.

③ 사람의 근위세뇨관에 가해지는 전단응력(shear stress)은 분당 약 57.5 nl/min의 유속에 해당하며, 이는 분당 약 115 ml/1.73m^2의 사구체 여과율에 상응하는 수치이다.[2, 3] 전체 GFR과 단일 네프론의 유속 관계를 역으로 계산해 보면 확인할 수 있다.

- 전체 사구체 여과율(Total GFR): 약 115 ml/min
- 한쪽 신장의 네프론 수: 약 100만 개 (양쪽 신장 합계 약 200만 개)
- 계산
  - i. 전체 GFR을 ml에서 nl로 변환: 115 ml/min = 115,000,000 nl/min
  - ii. 전체 유량을 네프론 수로 나눔: 115,000,000 nl/min ÷ 2,000,000 nephrons = 57.5 nl/min/nephron

④ 신세뇨관 분절 중 근위세뇨관 내강 유속이 가장 빠르다. 생체 내(in vivo) 미세관류(microperfusion) 실험에서는 생리학적 조건을 재현하기 위해 5~40 nl/min 범위의 유속을 이용한다.[4]

2) 재흡수 기능의 개략적 소개

① 소듐(Na^+) 재흡수: 근위세뇨관의 재흡수 과정을 매개하는 중심 동력이다.[5] Na^+,K^+-ATPase 펌프가 세포 내 Na^+를 기저외측막에서 세포 밖(혈액 쪽)으로 능동 수송하면, 세포 내 Na^+ 농도가 낮아지므

로, 이 농도 기울기 때문에 세뇨관 내강의 Na^+가 세포 안으로 이동하게 되며, 이때 다른 물질들이 함께 이동하거나 교환된다. 예를 들어, Na^+/H^+ 교환체(Na^+-H^+ exchanger, NHE3)를 통해 Na^+가 재흡수되면서 수소 이온(H^+)이 분비되고, 중탄산염(HCO_3^-)이 Na^+-HCO_3^- 공동수송체를 통해 재흡수되어 체내 산-염기 균형 조절에 기여한다. 또한, Na^+-포도당 공동수송체(sodium-glucose cotransporter, SGLT1, SGLT2)를 통해 포도당이 Na^+와 함께 세포 내로 들여온다.(그림 6)

② 물(H_2O) 재흡수: Na^+를 비롯한 여러 용질이 재흡수되면 세뇨관 내강보다 세포 주변(간질액)의 삼투압이 높아진다. 이 삼투압 차이에 의해 물이 수동적으로 세포막에 발현하는 수분통로단백(aquaporin-1)을 통해 이동하여 재흡수된다.(그림 6) 근위세뇨관의 모든 부분(S1, S2, S3 분절)에서 용질과 물이 함께 재흡수되어, 근위세뇨관 내강의 삼투질 농도는 혈액과 같으며, 이를 등장성 재흡수(isosmotic water reabsorption)라고 한다.[6, 7] 수분통로단백인 aquaporin-1은 근위세뇨관 세포의 내강막과 기저외측막 모두에서 발현된다.[8, 9]

③ 포도당 및 아미노산 재흡수: 포도당과 아미노산은 소듐 이온과 함께 이동하는 공동수송체(cotransporter)를 통해 재흡수되며, 따라서 정상인의 소변에서는 포도당이나 아미노산이 검출되지 않는다.[10]

④ 포타슘(K^+), 칼슘(Ca^{2+}), 인산염(PO_4^-) 등 기타 전해질 재흡수

- K^+: 약 65%가 주로 물의 이동에 따른 용매 끌림(solvent drag)과 전기화학적 기울기에 의한 세포사이 경로로 재흡수된다.
- Ca^{2+}: 약 60~70%가 K^+와 유사하게 용매 끌림과 세포사이 경로

로 재흡수된다.

- PO_4^-: 약 80%가 내강막의 Na^+-인산염 공동수송체(sodium-phosphate cotransporter)를 통해 재흡수된다. 이 과정은 부갑상선 호르몬(parathyroid hormone)에 의해 억제된다. 부갑상선 호르몬은 Na^+-인산염 공동수송체의 내강막 발현을 감소시키며 이들의 단백 분해를 증가시키므로, 인산염 재흡수는 감소되고 소변으로 인산염의 배출은 증가된다.[11, 12]

3) 분비 기능의 개략적 소개

재흡수 외에도 근위세뇨관은 혈액 내의 특정 노폐물, 약물, 독소 등을 세뇨관 내강으로 분비한다. 특정 유기 음이온 수송체(OAT)나 유기 양이온 수송체(OCT) 등을 통해 이러한 물질들을 혈액에서 제거하여 소변으로 배출시키는 중요한 배설 경로이다.(그림 6) 근위세뇨관에서 분비되는 주요 이뇨제는 루프 이뇨제(loop diuretics: furosemide, bumetanide), 티아지드(thiazide), 포타슘 보존 이뇨제(amiloride, triamterene), 탄산탈수효소 억제제(acetazolamide) 등이다.

이들은 근위세뇨관의 수송체를 통해 분비되지만, 이들의 실제 작용 세뇨관 분절은 상이하다. 따라서 신부전으로 근위세뇨관의 분비 기능이 저하되면 이들 이뇨제의 효과는 감소한다. 특히, 티아지드는 일반적으로 GFR이 30 mL/min/1.73m^2 미만으로 감소하면 효과가 거의 없어지는 것으로 알려져 있고, 루프 이뇨제(loop diuretics)는 티아지드보다는 낮은 GFR에서도 효과를 나타낼 수 있지만, GFR 감소에 따라 효과가 많이 감소한다.

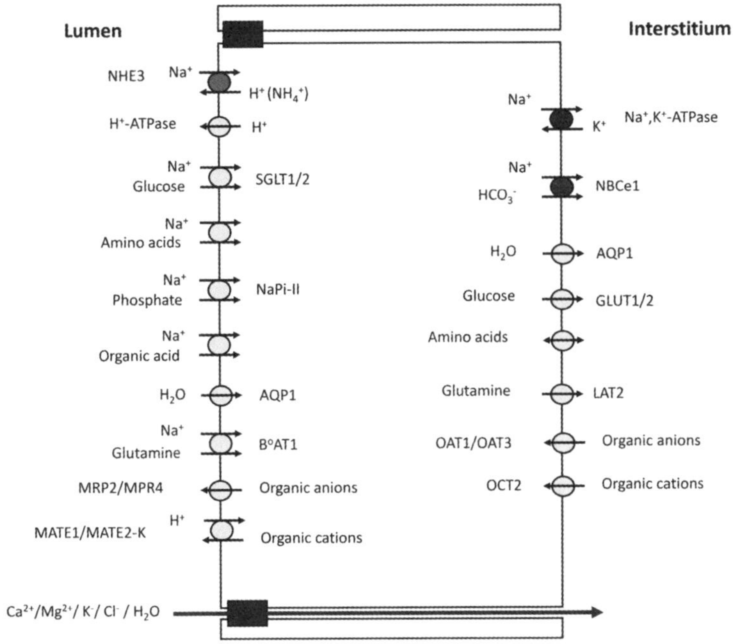

그림 6. 근위세뇨관 주요 수송체

4) 임상적 중요성

유전적 원인(예: 시스틴 축적증, 윌슨병)이나 후천적 원인(예: 중금속 중독, 특정 약물, 다발성 골수종 등)에 동반되어 근위세뇨관 기능 이상이 초래되면 판코니 증후군(Fanconi syndrome)이 발생한다. 이 경우 포도당, 아미노산, 중탄산염, 인산염 등이 근위세뇨관에서 제대로 재흡수되지 못하고 소변으로 과도하게 배출되어 다음(polydipsia), 다뇨(polyuria), 전해질 불균형, 대사성 산증, 성장장애 등 다양한 대사 이상을 초래한다. 또한, 여러 가지 원인으로 인해 근위 신세뇨관 산증(Proximal Renal Tubular Acidosis 또는 Type 2 RTA)이 발생하며, 이는 중탄산염

(HCO_3^-) 재흡수 능력에 결함이 생긴 상태로서 중탄산염 재흡수 역치가 정상보다 낮아져서 초기 단계에서는 중탄산염뇨(bicarbonaturia)가 발생한다.

2. 재흡수 및 분비 기전

1) 근위세뇨관의 구조적 특징과 기능적 중요성

근위세뇨관(Proximal Tubule)은 신장의 피질(S1, S2분절)과 외수질(S3 분절)에 위치하며, 사구체에서 여과된 여과액이 가장 먼저 통과하는 신세뇨관의 첫 분절이다. 이는 전체 네프론 길이의 상당 부분을 차지하며, 구조적으로 초기 곡선부(pars convoluta, S1 및 S2 분절 일부 포함)와 후기 직선부(pars recta, S2 분절 말단 및 S3 분절 포함)로 구분된다. 가장 초기 부분인 S1 분절이 가장 발달된 솔가장자리(더 넓고 더 많은 미세융모)를 가지며 결과적으로 가장 높은 수송 능력을 가진다. 근위세뇨관은 세 개의 분절[segment 1(S1), segment 2(S2), segment 3(S3)]로 나뉘며, 복잡성은 S1 > S2 > S3 순으로 감소한다. S1의 이러한 구조적 특징은 근위세뇨관 분절 중 가장 높은 소듐, 용질, 아미노산 및 체액 수송 능력과 연관되어 있다.

1950년대 전자현미경 기술의 등장은 세포생물학과 신장학 연구에 큰 변화를 가져왔다. 높은 배율과 해상도로 세포 내부 미세소기관을 직접 관찰할 수 있게 되면서 구조와 기능의 연관성을 규명하는 새로운 시대가 열렸다.[13] 하지만 연약한 신장 조직에 전자현미경 기술을 적용하는 데는 조직 고정과 초박절편(40~90 nm) 제작 등 많은 기술적 난관이 있었다. 덴마크 오후스 대학교의 Arvid B. Maunsbach(1937~2023) 교수는 신장 조직 전자현미경 연구의 선구자였다.[12, 15, 16] 그는 고해상도 미세구조 연구를 통해 근위세뇨관의 대규모 재흡수, 알부민 내재화, 분절별 기능 차이 등을 이해하는 데 필수적인 형태학적 연구 성과를 이루었다.[17] 솔가장자리의 넓은 표면적, 세포 내 이입 기구와 리소좀 발달, 미토콘드리아와 기저부 주름의 연관성 등 그가 밝힌 구조적 특징들은 근위세뇨관 각 분절(S1, S2, S3)의 특정 생리 기능과 직접 연결되었다.

특히 1966년 Journal of Ultrastructure Research에 발표한 논문들에서 그는 다양한 관류고정 방법과 고정액(글루타르알데하이드, 포름알데하이드, 오스뮴산)의 효과, 삼투압 및 이온 강도 변화가 쥐 신장 근위세뇨관 세포 미세구조에 미치는 영향을 체계적으로 분석하여 최적의 고정 방법을 확립했다.[18, 19] 그의 연구 기반 위에서 면역전자현미경법 등 발전된 기술을 활용한 후속 연구를 통해 신장 생리학 분야가 더욱 발전할 수 있었다.[20-22]

Maunsbach는 근위세뇨관 유속이 세포의 초미세구조와 재흡수 기능에 미치는 영향을 관찰했다.[2] 근위세뇨관(S2 분절)을 저유속(5 nl/min)과 고유속(45 nl/min)으로 관류시킨 후 전자현미경 분석한 결과, 유속 변화가 세뇨관 상피 형태를 현저히 변화시켰다. 고유속에서는 내강 직경이 증가하고 세포 높이가 감소했으며, 저유속에서는 반대 현상을 보였다. 특히 증가된 유속은 경상피 수압 경사를 변화시켜 미세융모 사이 거리를 증가시켰으며, 이는 용질과 수분 재흡수 증강에 기여한다고 제안하였다. 이러한 고유속 상태의 구조 변화는 사구체 여과율 증가에 따른 근위세뇨관의 비례적 재흡수 증가 현상(사구체-세뇨관 균형, GTB)을 부분적으로 설명할 수 있다.

따라서 근위세뇨관은 체액 및 전해질 항상성 유지에 있어 핵심적인 역할을 수행하며, 이는 특징적인 세포 구조와 밀접하게 연관되어 있다고 할 수 있다. 근위세뇨관 상피세포의 가장 두드러진 특징은 내강막에 매우 발달한 미세융모(microvilli)가 솔가장자리(brush border)를 형성하여 막 표면적을 극대화하는 것으로 이렇게 넓은 표면적은 대량의 물질 재흡수 및 분비가 효율적으로 일어날 수 있는 기반을 제공한다. 또한, 세포질 내에는 능동 수송에 필요한 에너지를 공급하기 위해 미토콘드리아가 많이 존재한다. 기저외측막(basolateral plasma membrane, 혈액 쪽)은 복잡하게 주름진 기저부 주름(basal infoldings 혹은 basal invagination) 구조를 가지며, 이는 Na^+,K^+-ATPase 펌프가 발현하여 세포 밖(간질 쪽)으로 효율적인 Na^+ 배출을 가능하게 한다.

세포사이를 연결하는 치밀이음(tight junction)은 근위세뇨관에서 다른 네프론 분절에 비해 상대적으로 이온과 물에 대한 투과성이 높은 느슨한(leaky) 특성을 보인다. 이러한 높은 투과성의 분자적 기초는 치밀이음을 구성하는 핵심 단백질인 클라우딘(claudin)과 관련이 있으며, 특히 클라우딘-2(claudin-2)가 근위세뇨관의 치밀이음에 주로 발현한다.[23, 24] 클라우딘-2 유전자 결손 마우스 실험에서 신장 근위세뇨관을 분리 관류하여 측정한 결과, 양이온 투과성이 감소했으며 염화나트륨(NaCl)과 물의 재흡수 역시 줄어들었다. 생체에서 실제로 측정해보면, 정상 조건에서 claudin-2 유전자 결손 마우스의 Na^+ 및 Cl^- 분획 배설률은 정상 마우스와 비슷한 수준이었으나, 2% NaCl 정맥 투여 시 유전자 결손 마우스의 Na^+ 및 Cl^- 분획 배설률이 정상 마우스보다 현저하게 증가하였다.[25] 한편, K^+ 대사에는 뚜렷한 변화를 보이지 않았고, 고칼슘뇨증(hypercalciuria)이 동반되어 claudin-2가 양이온인 Ca^{2+} 재흡수 과정에도 관여함을 시사하였다.[25] 이러한 근위세뇨관의 구조적 특징들은 근위세뇨관이 수행하는 대량 수송(bulk transport) 기능, 즉 여과된 물과 용질의 약 2/3이상을 재흡수하고 특정 노폐물을 분비하는 역할을 최적화하기 위해 필요하다.

그러나 근위세뇨관은 높은 대사 활동과 독성 물질 처리 역할로 인해 다양한 손상 요인에 취약하다.[26] 주요 손상 원인은 크게 허혈성/저산소성 손상과 신독성 물질에 의한 손상으로 나눌 수 있다. 근위세뇨관, 특히 외수질의 피질과 수질 경계부(corticomedullary junction)에 위치한 S3 분절(pars recta)은 허혈 및 저산소 상태에 가장 취약한 부위이다.[27, 28] 이러한 취약성은 몇 가지 요인에 기인한다. 첫째, 근위세뇨관 세포는 막대한 재흡수 기능을 수행하기 위해 다량의 ATP를 필요로 하며, 이를 주로 산화적 인산화 및 지방산 산화에 의존한다. 둘째, S3 분절이 위치한 외수질은 신장 내에서도 상대적으로 혈류 공급이 적고 산소 분압이 낮은 환경이다. 따라서 전신적인 혈압 저하나 신혈류량 감소 시 이 부위는 산소 공급 부족에 가장 먼저 노출된다.

2) 재흡수 및 분비 과정의 개요

근위세뇨관에서의 재흡수와 분비는 서로 긴밀하게 연관되어 작동한다. 제1장에서 전술한 것처럼 재흡수(reabsorption)는 세뇨관 내강(tubular lumen) 내의 여과액에 포함된 물과 용질이 상피세포를 거치거나(세포경유 경로, transcellular route) 상피세포 사이를 통해(세포사이 경로, paracellular route) 간질액(interstitium)으로 이동한 후, 최종적으로 세뇨관 주위 모세혈관(peritubular capillaries), 즉 혈액으로 되돌아가는 과정이다. 이는 신체가 생존에 필수적인 물, 전해질, 영양소 등을 보존하는 중요한 기전이다. 반면, 분비(secretion)는 반대로 세뇨관 주위 모세혈관의 혈액으로부터 특정 물질이 상피세포를 통과하거나 세포사이를 통과하여 세뇨관 내강 내로 수송되는 과정이다. 이 과정은 사구체에서 충분히 여과되지 않았거나 체내에서 신속하게 제거되어야 하는 대사 노폐물, 외부에서 유입된 독소 및 약물 등을 효과적으로 배설하는 경로를 제공한다.

3. 재흡수

1) 등장성 재흡수

근위세뇨관 재흡수의 특징 중 하나는 등장성(isosmotic)으로 일어나는 점이다. 이는 사구체 여과액이 근위세뇨관을 따라 이동하는 동안, 세뇨관 내강액의 삼투질 농도가 혈장과 거의 동일하게(약 290 mOsm/kgH_2O) 유지됨을 의미한다.[6] 등장성 재흡수가 가능한 이유는 물의 이동이 용질, 특히 소듐(Na^+) 이온 및 동반되는 음이온(주로 Cl^-, HCO_3^-)의 재흡수에 따라 즉각적으로 유발되기 때문이다. 용질이 먼저 세뇨관 내강에서 세뇨관 주변 간질액으로 재흡수되면, 그 주변(세뇨관 세포 바깥의 간질액, 특히 기저외측막에 인접한 간질 공간)에 국소적으로 삼투 농도가 미세하게 높아져 삼투질 기울기가 형성된다. 근위세뇨관 상피세포는 물에 대한 투과성이 매우 높기 때문에(높은 수분통로단백 aquaporin-1 발현), 용질과 물이 거의 비례적으로 함께 재흡수되므로 여과액은 근위세뇨관 내강에서 삼투질 농도에 큰 변화가 발생하지 않는다. 이처럼 용질과 물 수송이 긴밀하게 연계된 등장성 재흡수 방식은, 근위세뇨관이 전체 여과액의 약 65%라는 막대한 양을 재흡수하면서도 큰 삼투압 기울기를 형성하거나 유지하는 데 드는 에너지를 절약할 수 있게 하는 효율적인 기전이다.

세뇨관 내강의 소듐(Na^+) 농도(약 145 mM/L)는 세포 내부의 Na^+ 농도(약 12 mM/L)보다 훨씬 높다. 그러나 물은 특정 이온(Na^+) 농도 차이가 아니라, 총 용질 농도(즉, 삼투질 농도) 차이에 따라 이동하므로 세포 내에 소듐(Na^+) 농도는 낮지만, 대신 포타슘(K^+) 이온, 단백질, 유기 음이온 등의 다른 용질 농도가 높아 전체적인 삼투 농도는 내강액과 비슷하게 유지된다. 따라서 물의 이동을 결정하는 주된 동력은 상피세포 전체를 가로지르는 삼투압 구배이다. 전술한 대로 Na^+가 세포를 거쳐 간질액으로 능동 수송이 일어나면, 세포 바깥의 간질액이 세뇨관 내강 및 세포 내부보다 약간 더 높은 삼투질 농도를 가지게 된다. 이것이 물을 내강에서 세포를 거쳐 간질액으로 이동시키는 주된 구동력이 된다. 내강막과 기저외측막 양측 모두에서 발현하는 수분통로단백인 aquaporin-1(AQP1)은 이 과정을 매우 효율적으로 매개한다(촉진 확산, facilitated diffusion).[29]

2) 수송 경로

물질 이동은 두 가지 주요 경로, 즉 세포경유 경로와 세포사이 경로를 통해 이루어진다.(그림 3) 세포경유 경로는 주로 특정 막 수송 단백질(채널, 운반체)의 매개가 필요하며, 능동 수송(ATP 직접 소모 또는 이온 기울기 이용)이나 확산(simple diffusion) 및 촉진 확산(facilitated diffusion)과 같은 기전을 통해 일어난다. 포도당, 아미노산, Na^+, 인산염 등이 이 경로를 이용한다. 그에 반해, 세포사이 경로는 물질이 세포와 세포사이의 공간, 특히 치밀이음(tight junction)을 통과하여 직접 간질액으로 이동하는 경로이다. 근위세뇨관의 치밀이음은 다른 세뇨관 분절보다 상대적으로 투과성이 높아, 상당량의 물과 이온들이 이 경로를 통해 이동할 수 있다.[30] 이 경로는 주로 수동적인 힘, 즉 전기화학적 기울기 또는 용매 끌림(solvent drag, 물의 이동에 따라 용질이 휩쓸려 가는 현상)에 의해 구동된다. 근위세뇨관에서는 물과 Na^+의 재흡수 일부, 그리고 K^+, Cl^-, Ca^{2+}, Mg^{2+} 이온들은 주로 이 경로를 통해 재흡수된다.[30]

치밀이음의 구성은 막 단백질(예: Claudin, Occludin), 세포질의 구조를 지지하는 지지 단백질(scaffolding proteins, 예: Zonula Occludens proteins), 그리고 신호 전달 단백질을 포함하는 다수의 다양한 단백질(예: Protein kinases, Phosphatases, small GTPases)들로 이루어져 있다. 이 중에서 막 단백질은 세포사이 경로의 투과성을 결정하는 데 주요한 역할을 하는데, 그 이유는 이 단백질들의 세포 외 도메인이 세포 옆 공간으로 돌출되어 있어 세포 옆으로 이동하는 용질에 영향을 줄 수 있기 때문이다. 클라우딘(Claudins)은 치밀이음부 막 단백질

중 하나로, 1998년 일본 교토대학 Tsukita 교수 연구진에 의해 처음으로 발견되었다.[31] 1999년에는 미국 예일대학 Lifton 교수 연구진이 이 계열의 새로운 구성원인 클라우딘-16(paracellin)을 발견하였는데, 이 단백질은 가족성 고칼슘뇨성 저마그네슘혈증 및 신석회화증(familial hypercalciuric hypomagnesemia with nephrocalcinosis, FHHNC)이라는 유전 질환 환자에게서 돌연변이가 확인되었다.[32] FHHNC 질환이 헨레고리 굵은오름다리에서의 Ca^{2+} 및 Mg^{2+}의 세포사이 경로 재흡수 결함 때문에 발생하는 것으로 이해하였기에, 이 발견은 클라우딘-16, 그리고 다른 클라우딘 단백질이 신장 세뇨관에서 세포사이 용질 투과성에 중요한 역할을 할 수 있다는 것을 시사하는 첫 번째 증거가 되었다. 그 후 많은 연구를 통해 클라우딘은 작은 용질에 대한 세포사이 경로 투과성의 주요 결정인자이며, 세포사이 경로의 장벽(barrier)인 동시에 통로(pore) 역할을 한다는 것을 알게 되었다.[23, 33]

3) 주요 동력(Na$^+$ 기울기와 Na$^+$,K$^+$-ATPase)

근위세뇨관 재흡수 및 분비 과정 대부분의 근본적인 주요 동력(driving force)은 기저외측막에 풍부하게 발현하는 Na^+,K^+-ATPase 펌프에 의해 생성되고 유지되는 전기화학적 Na^+ 기울기이다.(그림 6) 이 펌프는 ATP 가수분해로부터 얻는 에너지를 이용하여 세포 내 Na^+ 3개를 세포 밖 간질액으로 수송시키며, 세포 밖 K^+ 2개를 세포 안으로 들여오는 일차 능동 수송(primary active transport)을 수행한다. Na^+,K^+-ATPase는 세포질에서 3개의 Na^+ 과 결합한 후 ATP를 소모하여(3 Na^+/ATP) 스스로 인산화되면 구조가 변형되어 세포 바깥쪽으로 열리고 Na^+를 방출한다. 이어서 세포 밖의 K^+ 2개가 펌프에 결합하면 탈인산화가 일어나면서 펌프는 원래 구조로 돌아와 세포질 쪽으로 열리고 K^+를 세포 안으로 들여보내는 과정을 반복하며 이온 농도 기울기를 형성하고 유지한다. 이 작용의 결과로 세포 내 Na^+ 농도는 약 12 mM 정도 수준(10~20 mM)으로 매우 낮게 유지되는 반면, 세포 외액(간질액)의 Na^+ 농도는 약 145 mM(140~150 mM)로 높게 유지된다. 덴마크 오후스 대학교(Aarhus University)의 Jens C. Skou 교수가 Na^+,K^+-ATPase 펌프 발견의 공로로 1997년에 노벨화학상을 수상하였다.

근위세뇨관 내강액은 사구체에서 여과된 액체로서 등장성 재흡수이므로 Na^+ 농도는 혈장과 같은 145 mM(140~150 mM)이며, 세포 내액의 Na^+ 농도는 기저외측막에서 발현하는 Na^+,K^+-ATPase의 작용으로 인해 10~15 mM 정도이므로, 내강액과 세포 내부 사이에 화학적 경사 혹은 농도 구배가 유지된다. K^+ 채널을 통한 K^+의 유출은 세포 내부를 세포 외부에 비해 음성(-)으로 만드는 막 전위(약 -50~-65 mV) 형성에 주된 기여를 한다. 특히 기저외측막에 발현하는 Kir 채널[Inwardly Rectifying K^+ channels, 예: Kir4.2(KCNJ15) / Kir5.1(KCNJ16)]과 TASK 채널[TWIK-related acid-sensitive K^+ channels, 예: TASK-2(KCNK5)]이 세포의 음(-)의 막 전위 형성에 중요하게 관여하고 있다.[16] 다만,

16 Kir4.2/Kir5.1 이합체는 마우스 근위세뇨관 기저외측막의 주된 내향정류성 K^+ 채널(약 50 pS)로서 막전위를 규정한다. Kir4.2·Kir5.1 어느 하나의 결손만으로도 세포막이 탈분극(막전위가 덜 음성)되며, 그 결과 electrogenic NBCe1을 통한 HCO_3^- 기저외측막 유출의 구동력

Kir4.2/Kir5.1 및 TASK-2 채널은 근위세뇨관에만 국한되어 있지 않고, 세뇨관 상피세포뿐만 아니라 신체 여러 곳에서 발현하고 있다. 이렇게 형성된 강력한 세포 내외 Na^+ 농도 기울기와 세포 내 음전위는 내강막을 가로지르는 Na^+의 세포 내 유입을 촉진하는 강력한 전기화학적 구동력(electrochemical gradient)을 제공한다.

근위세뇨관 세포는 이 에너지를 활용하여 다양한 이차 능동 수송(secondary active transport)을 작동시킨다.(그림 6) 즉, 내강막에서는 Na^+가 전기화학적 기울기를 따라 세포 내로 유입될 때 방출되는 에너지를 이용하여 다른 용질(포도당, 아미노산, 인산염, 유기산 등)을 농도 기울기에 순응 혹은 역행하여 세포 내로 함께 수송하거나(공동수송, cotransport, symport), H^+와 같은 이온을 세포 밖으로 내보내는(역수송, countertransport, antiport) 것이다.(표 8) 따라서 Na^+,K^+-ATPase는 단순히 Na^+를 세포 외로 수송하는 펌프가 아니라, 세뇨관에서 일어나는 광범위한 물질 수송의 주된 엔진 역할을 수행하며, 이 펌프의 지속적인 작동은 근위세뇨관 기능 유지에 절대적이다.

근위세뇨관과 집합관은 각기 다른 기능과 에너지 요구량에 따라 산소 의존 대사에서 뚜렷한 차이를 보인다. 전체 사구체 여과액의 약 2/3에 달하는 수분과 물질을 재흡수하는 근위세뇨관은 능동수송을 위해 많은 에너지를 필요로 한다. 신세뇨관의 각 부위별 Na^+ 재흡수 과정에서의 에너지 효율성을 살펴보면, 부위별로 Na^+

이 약화되어 HCO_3^- 재흡수가 감소한다. TASK-2(KCNK5) 역시 기저외측에서 HCO_3^- 재흡수 안정화에 기여하며, 결손 시 Proximal RTA가 나타난다.

재흡수 비율과 기전이 다르며, 이에 따른 에너지 소비 효율에도 차이가 있다. 제1장에서도 수송경로 사이에 정량적 기여도의 불확실성에 관해 언급하였으나 아직도 불확실성은 남아 있으며, 초기 연구에서는 근위세뇨관 Na^+ 재흡수의 약 1/3이 능동적 세포경유 경로를 통해 일어나며, 나머지 약 2/3는 수동적 세포사이 경로[전기확산(electrodiffusion) + 용매 끌림(solvent drag), 각각 ~1/3]를 통해 이루어진다고 보고하였다. 이는 근위세뇨관의 느슨한 치밀 이음과 높은 투과성 때문이며, 근위세뇨관에서는 Na^+ 1몰을 재흡수하는 데 필요한 ATP와 산소 요구량이 낮아 에너지 효율이 매우 높다. 이에 반해 헨레고리의 굵은오름다리는 약 20~25%의 Na^+ 재흡수를 담당하며 NKCC2 공동수송체와 Na^+/H^+ 교환체를 통한 능동적 세포경유 경로가 주를 이룬다. 또한, 원위곡세뇨관은 약 5% 내외의 Na^+를 능동적으로 재흡수하는데, NCC 공동수송체에 의해 이루어지며, 세포사이 경로를 통한 Na^+ 재흡수는 미미하다. 이러한 세뇨관 부위별 수송기전의 차이는 ATP 소모 대비 Na^+ 재흡수 효율의 차이로 이어지는데, 예를 들어 근위세뇨관은 1 ATP당 약 9개의 Na^+를 재흡수할 만큼 효율이 높은 반면,[ATP 소비 = (세포경유 1/3) / 3 Na^+/ATP = 1/9 ATP per Na^+ unit, 즉 9 Na^+/ATP)][17] 굵은오름다리에서는 약 6 Na^+/ATP, 원위부와 집합관에서는 약 3 Na^+/ATP 수준으로 효율이 떨어진다. 전체적으로 세뇨관은 평균적으로 대략 ATP 1몰당 5몰의 Na^+를 재흡수하

---

17 1 ATP당 9 Na^+라는 추정은 세포사이 경로가 2/3라고 가정해 산출한 값으로, 현재 연구는 4-6 Na^+/ATP로 생각한다. 즉, 능동 : 수동 = 1 : 1~2 정도이며 불확실성은 남아 있다.

는 것으로 추정된다.

근위세뇨관 세포는 높은 에너지 요구량을 충족하기 위해 주로 유산소성 대사(aerobic metabolism)를 통해 ATP를 생성하며, 이는 미토콘드리아에서 이루어진다. 지방산 산화(β-oxidation)는 주요 에너지원 중 하나로, 특히 근위세뇨관에서 중요한 역할을 하며, 반면에 포도당 산화(glucose oxidation)와 같은 다른 유산소성 대사 경로는 거의 이용하지 않는다.[34, 35] 그 결과, 근위세뇨관 세포는 미토콘드리아 밀도가 매우 높고, 산소 공급이 조금만 부족해져도 세포 손상 및 기능 부전이 발생할 정도로 저산소증(hypoxia)에 취약하다. 반면 내수질 집합관(IMCD)은 상대적으로 희박한 산소 환경(PO_2 10~20 mmHg)에 노출되어 있다. IMCD 세포는 요소 재흡수(UT-A1/UT-A3), 수분 재흡수(AQP2), 산-염기 조절(V-ATPase) 등 정교한 조절 기능을 수행하지만, 처리하는 물질의 절대량은 근위세뇨관보다 훨씬 적어 ATP 수요도 낮다. 또한, IMCD는 무산소성 해당(anaerobic glycolysis) 의존성이 커서, 포도당을 빠르게 젖산으로 전환해 ATP를 얻고 NAD^+를 재생한다. 이러한 대사 유연성은 산소 공급이 제한될 때에도 세포 기능을 유지하게 한다. 결과적으로 IMCD는 근위세뇨관에 비해 저산소 손상에 상대적으로 강하며, 신장의 내수질이라는 극한 환경에 최적화된 대사과정을 갖춘다.

4) 주요 물질의 재흡수 기전 – 소듐(Na^+) 이온

- 재흡수율: 여과된 Na^+의 약 65~70%가 근위세뇨관에서 재흡수된다.(표 8)

• 기전: 근위세뇨관 Na^+ 재흡수의 약 40~70%는 세포경유 경로를 통해 일어나며, 내강막과 기저외측막에 위치한 여러 소듐 수송체들의 작용으로 이루어진다. 세포사이 경로는 약 30~60%의 Na^+ 재흡수를 담당하는 것으로 추정된다.

표 8. 근위세뇨관에서 재흡수되는 주요 물질과 그 비율, 그리고 주요 기전

물질	여과량 대비 재흡수율(%)	주요 재흡수 기전
물(Water)	~65~70%	용질 재흡수에 따른 삼투압 기울기, AQP1(세포경유); 용매 끌림(세포사이)
소듐(Na^+)	~65~70%	세포경유: NHE3, Na^+-용질 공동수송체(SGLTs, Na^+-Amino acid, NaPi-II 등)(내강막, 이차 능동 수송), Na^+,K^+-ATPase(기저외측막, 일차 능동 수송) 세포사이: 전기화학적 구배 및 용매 끌림
포타슘(K^+)	~65%	용매 끌림, 전기화학적 기울기(주로 세포사이, 수동)
염소(Cl^-)	~65%	농도/전기화학적 기울기, 용매 끌림(주로 세포사이, 수동), 일부 경세포 교환수송체
중탄산염(HCO_3^-)	~80~90%	간접 재흡수: H^+ 분비(NHE3, H^+-ATPase), 탄산탈수효소(CA-IV, CA-II), CO_2 확산, NBCe1(기저외측막)
포도당(Glucose)	~100%	SGLT1/2(내강막, 이차 능동 수송), GLUT1/2(기저외측막, 촉진 확산)
아미노산(Amino Acids)	~100%	다양한 Na^+-아미노산 공동수송체(내강막, 이차 능동), 촉진 확산/교환수송체(기저외측막)
인산염(Phosphate, Pi)	~80%	NaPi-IIa/c(내강막, 이차 능동), PTH/FGF23에 의한 조절
칼슘(Ca^{2+})	~65%	용매 끌림, 전기화학적 기울기(주로 세포사이, 수동)
마그네슘(Mg^{2+})	~15~25%	용매 끌림, 전기화학적 기울기(주로 세포사이, 수동)
요소(Urea)	~50%	물 재흡수에 따른 농도 기울기(세포사이, 수동 확산), 용매 끌림

① 내강막

• Na^+/H^+ 교환수송체 3(Na^+-H^+ exchanger type 3, NHE3): 근위세뇨관 세포경유 Na^+ 재흡수를 담당하는 주요 경로이다. 면역골드 전자현미경 관찰 결과, NHE3의 근위세뇨관에서 발현 위치

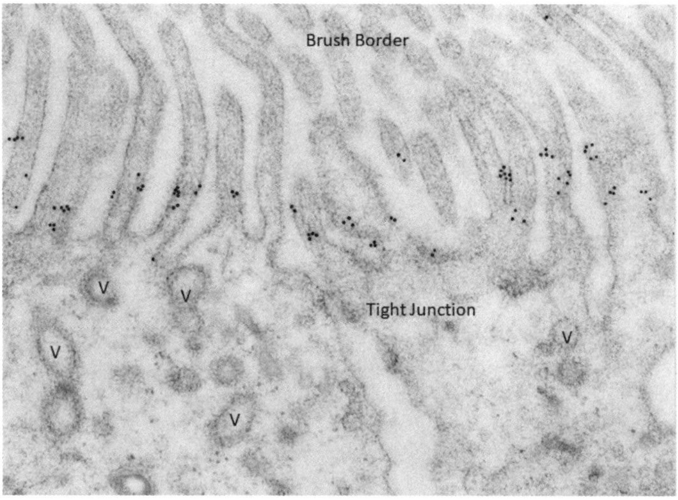

그림 7. Na^+/H^+ exchanger NHE3의 면역골드 전자현미경 관찰(immunoelectron microscopy)

는 솔가장자리 직하부 및 솔가장자리이다.(그림 7) NHERF-1/2와 ezrin 스캐폴드는 cAMP/PKA 신호에 따른 NHE3의 기능적 억제(내재화 포함)에 중요하다. NHE3의 기능은 내강 내 Na^+ 1개와 세포 내 H^+ 1개를 교환하여 Na^+를 세포 안으로 이동하고 H^+를 내강으로 분비한다. 이 과정(내강 산성화)은 중탄산 이온(HCO_3^-) 재흡수와 밀접하게 연관되어 있다. NHE3는 주로 S1과 S2 분절에 풍부하게 발현하며, 발현 조절 주요 호르몬을 요약하면, ANG II와 glucocorticoid는 NHE3를 촉진하여 Na^+ 재흡수를 증가시키는 반면, 도파민과 부갑상선 호르몬은 NHE3를 억제하여 Na^+ 재흡수를 감소시킨다. 이러한 조절은 주로 단백질의 막 이동 및 인산화(단기적 조절), 그리고 유전자 발현(장기적 조절)을 통해 이루어지며, 체액 균형 및 혈압 유지에 중요하다. 사람의 근위세뇨관에서 ANG II는 AT1 수용체 매개 경로를 통해 NHE3를 활성화하며, 이는 농도 의존적으로 증가시키는 것으로 보고되어 있다(10^{-10}~10^{-6} M에서 효과, 10^{-6} M 부근에서 포화). 그러나 설치류에서는 고농도(약 10^{-8} M 이상, 병태생리적 범위)에서 오히려 억제 효과가 확인되며, 이는 주로 NO/cGMP/cGKII 또는 PLA_2/아라키돈산/5,6-EET 경로로 매개된다. 아밀로라이드(amiloride)는 NHE1과 NHE2를 억제하나 NHE3는 상대적으로 둔감하여 임상에서 사용하는 농도(ENaC 표적)로는 NHE3를 유의하게 억제하지 못한다.

- Na^+-용질 공동수송체(sodium-dependent cotransporter): Na^+가 세포 내로 들어오는 전기화학적 기울기를 이용하여 다른 용질을 함께 수송한다. 예를 들면 다음과 같다.
  - i. Na^+-포도당 공동수송체(sodium-glucose cotransporter, SGLT1, SGLT2): 포도당과 Na^+를 함께 세포 내로 들여온다.
  - ii. Na^+-아미노산 공동수송체(sodium-amino acid cotransporter): 다양한 종류의 아미노산과 Na^+를 함께 수송한다.
  - iii. Na^+-인산염 공동수송체(sodium-phosphate cotransporter, NaPi-IIa, NaPi-IIc): 인산염과 Na^+를 함께 수송한다.
  - iv. Na^+-유기산염 공동수송체(sodium-organic acid cotransporter, 예: NaDC1): 구연산염과 같은 다이카복실산염과 Na^+를 함께 수송한다.

② 기저외측막

- Na^+,K^+-ATPase: 모든 Na^+ 재흡수의 가장 중요한 동력원으로서, 내강막을 통해 세포 내로 들어온 Na^+를, 가수분해를 통해 획득한 ATP 에너지를 사용하여, 능동적으로 간질액으로 수송한다.
- Na^+-HCO_3^- 공동수송체(electrogenic sodium-bicarbonate cotransporter, NBCe1): 재흡수된 중탄산 이온(HCO_3^-)과 함께 Na^+를 간질액으로 이동시킨다. 1개의 Na^+와 3개의 HCO_3^-를 함께 수송하여 전기발생적(electrogenic) 특성을 가진다.

이처럼 Na^+ 재흡수는 단일 수송이 아닌, H^+ 교환 및 포도당, 아미노산, 인산염 등 다양한 용질과의 연계 수송을 포함하는 복합적인 과정을 통해 이루어진다. 이러한 수송 기전의 다양성은 여러 가지 생리적 조건에서도 안정적인 Na^+ 재흡수를 보장하며, Na^+ 수송이 다른 물질의 보존 및 산-염기 균형과 얼마나 밀접하게 연결되어 있는지를 보여준다.

5) 주요 물질의 재흡수 기전 – 물(H_2O)

- 재흡수율: 여과된 물의 약 65~70%가 Na^+ 재흡수와 거의 비례하여 근위세뇨관에서 재흡수된다.
- 기전: 물의 재흡수는 용질(주로 Na^+ 및 동반 음이온) 재흡수에 의해 생성된 국소적 삼투압 기울기를 따라 수동적으로 일어난다. 물은 다음 두 가지 경로를 통한다.

① 내강막과 기저외측막

- 세포경유 경로: 내강막과 기저외측막에 모두 풍부하게 발현되는 수분통로단백인 aquaporin-1(AQP1)을 통해 물 분자가 빠르게 이동한다. AQP1은 물에 대한 선택적인 투과성을 제공하여, 전술한 것과 같이 작은 삼투압 차이에도 불구하고 대량의 물이 효율적으로 세포를 경유하여 재흡수될 수 있도록 한다. AQP1의 발현으로 인해 등장성 재흡수가 가능하며 근위세뇨관의 수분의 재흡수는 세포경유 경로가 주된 경로임이 Aqp1 유전자 결손 마우스 모델에서도 밝혀졌다.[29]
- 세포사이 경로: 근위세뇨관의 느슨한 치밀이음을 통해 상당량의 물이 용질 이동에 따른 용매 끌림(solvent drag) 현상과 함께 이동한다. AQP1/claudin-2 이중 유전자 결손 마우스 모델에서 세포사이 경로는 근위세뇨관 전체 물 재흡수의 25~30%를 담당한다는 보고가 있다.[30]

6) 주요 물질의 재흡수 기전 – 포도당 및 아미노산

- 재흡수율: 정상 혈장 농도에서 사구체에서 여과된 포도당과 아미노산은 근위세뇨관에서 거의 100% 재흡수된다. 예를 들어, 혈당이 100 mg/dL(1 mg/ml)이고 사구체 여과율이 100 ml/분인 경우, 분당 여과되는 포도당은 100 ml/분 × 1 mg/ml = 100 mg/분이다. 하루 동안 여과되는 총 포도당을 계산하면, 100 mg/분 × 1,440분(하루) = 144,000 mg/하루, 즉 144 g이 된다.

신장의 근위세뇨관 내강막에는 포도당을 재흡수하는 두 가지 주요 수송체인 SGLT2와 SGLT1이 있다. SGLT2는 사구체에서 여과되는 포도당의 약 80~90%를 재흡수하며, 나머지 10~20%는 SGLT1이 담당한다. SGLT2 억제제를 사용하면 SGLT1의 보상작용이 일어나기 때문에, 실제로 소변으로 배출되는 포도당의 양은 SGLT2를 통해 평상시 재흡수되는 양보다 적다. 실제로 SGLT2 억제제는 여과된 포도당 부하의 약 30~50%를 차단하며, 따라서 여과되는 포도당 144 g 중 약 43~72 g(144g × 30~50%)이 소변으로 배출된다. 이는 약 172~288 kcal에 해당하는 열량으로 체중감소에 기여할 수 있다. 혈당 수준이 높은 당뇨환자의 경우를 살펴보면, 평균 혈당이 180 mg/dL이고 사구체 여과율이 80 ml/분인 환자에서는 하루 동안 여과되는 총 당의 양이 약 207 g이다. 이런 환자가 SGLT2 억제제를 복용하면 이론적으로는 많은 포도당 배출이 예상되지만, 실제 임상 연구에 따르면 SGLT2 억제제를 복용하는 환자들은 하루에 약 60~90 g의 포도당을 소변으로 배출한다고 알려져 있다(240~360 kcal에 해당하는 열량).

- 기전: 포도당과 아미노산 재흡수는 세포경유 경로를 통해 이루어진다.

① 내강막

- 포도당: Na^+-포도당 공동수송체(SGLTs)를 통해 Na^+의 전기화학적 기울기를 이용하여 포도당을 농도 기울기에 역행(내강액보다 세포 내부 포도당 농도가 높음)하여 세포 내로 능동 수송한다(이차 능동 수송).

  i. SGLT2(sodium-glucose cotransporter 2, SLC5A2): 포도당에 대한

낮은 친화도(low affinity)를 가지지만 수송 용량(high capacity)이 크다. 주로 초기 근위세뇨관(S1,S2 분절)에 위치한다. SGLT2는 저친화도(Km= ~5 mM)·고용량, 1 Na^+:1 포도당, 그리고 SGLT1는 고친화도(Km= 0.4~2 mM)·저용량, 2 Na^+:1 포도당이며, 여과 포도당의 대략 80~90%는 SGLT2, 잔여분은 SGLT1이 재흡수한다.[36, 37] SLC5A2 유전자 돌연변이는 familial renal glycosuria를 일으킨다.[38]

ii. SGLT1(sodium-glucose cotransporter 1, SLC5A1): 포도당에 대한 높은 친화도(high affinity)를 가지지만 수송 용량(low capacity)은 작다. 주로 후기 근위세뇨관(S2 및 주로 S3 분절)에 위치하며, S1 분절에서 재흡수되지 않고 남은 소량의 포도당을 거의 완전히 재흡수한다. 2개의 Na^+와 1개의 포도당을 함께 수송한다.[36, 39] SLC5A1 유전자 돌연변이는 glucose-galactose malabsorption를 일으킨다.[38, 40]

- 아미노산: 다양한 종류의 Na^+-아미노산 공동수송체(sodium-amino acid cotransporter)가 존재하며 아미노산 재흡수도 포도당과 유사하게 세포경유 경로를 통한다. 예를 들면 다음과 같다.[41-45]

i. System B^0[중성 아미노산 수송 시스템, SLC6A19(B^0AT1)]: 기질은 중성 아미노산이며 leucine, isoleucine, valine, methionine, phenylalanine, tryptophan, glutamine, asparagine 등이다. SLC6A19 유전자 돌연변이는 Hartnup disease를 유발하는데, 이 질환은 소변으로 중성 아미노산이 과도하게 배출(neutral aminoaciduria)되는 것이 특징이다.

ii. System IMINO[이민산 수송 시스템, SLC6A20(SIT1)]: 기질은 이민산(Imino acids: proline, hydroxyproline)이며 중성 아미노산인 glycine도 포함된다. SLC6A20 유전자 돌연변이는 Iminoglycinuria를 유발한다.

iii. System X-AG[산성 아미노산 수송 시스템, SLC1A1(EAAT3)]: 기질은 산성 아미노산인 glutamate와 aspartate이다.

iv. System ASC[작은 중성 아미노산 수송 시스템, SLC1A4(ASCT1)]: 기질은 alanine, serine, cysteine, threonine; SLC1A5(ASCT2) 기질은 glutamine이다.

v. System A[작은 중성 아미노산 수송 시스템, SLC38A2(SNAT2)]: 기질은 alanine, serine, proline, glycine, glutamine, asparagine, histidine. 특히 SNAT2는 glutamine 수송에 중요하다.

vi. System N[질소 함유 아미노산 수송 시스템, SLC38A3(SNAT3) 및 SLC38A5(SNAT5)]: 기질은 질소함량이 높은 glutamine, histidine, asparagine이다.

② 기저외측막(basolateral plasma membrane)

- 포도당: 내강막의 SGLT를 통해 세포 내로 들어온 포도당은 세포 안의 높은 농도에서 간질액의 낮은 농도로, 농도 기울기에 따라 기저외측막에 발현하는 포도당 수송체(GLUTs)를 통해 촉진 확산(facilitated diffusion)되어 간질액으로 이동한다.

  i. GLUT2: 낮은 친화도, 높은 용량. 주로 S1 및 S2 분절에 위치한다. 대량의 포도당을 재흡수한다.

ii. GLUT1: 높은 친화도, 낮은 용량. 주로 S2, S3 분절에 위치한다.

- 아미노산: 세포 내로(내강막의 다양한 수송체를 통해) 들어온 아미노산은 세포 내 높은 농도에서 간질액의 낮은 농도로, 농도 기울기에 따라 다음과 같은 촉진 확산 수송체(Facilitated diffusion transporters)와 교환 수송체(Exchange transporters, Antiporters)를 통해 간질액으로 이동한다.[41, 42, 46]

  i. 촉진확산 수송체(주로 중성 및 방향족 아미노산): SLC43 family[예: LAT3(SLC43A1), LAT4(SLC43A2)], SLC16 family[예: TAT1(SLC16A10)]

  ii. 교환 수송체(주로 염기성 및 중성 아미노산 교환): 특정 아미노산을 세포 밖으로 내보내는 동시에 다른 아미노산이나 이온을 세포 안으로 들여오는 방식으로 작동한다. 주로 SLC7 family 계열이 SLC3A2(4F2hc) 단백질과 복합체를 이루어 작용한다. 다음과 같은 종류가 있다.

    a. y^+LAT1(SLC7A7): 세포 내의 염기성(양전하) 아미노산(lysine, arginine 등)을 세포 밖으로 내 보내고, 세포 밖 중성 아미노산을 세포 안으로 들여온다. 이 기능의 결함은 라이신뇨성 단백불내증(Lysinuric Protein Intolerance, LPI = hyperdibasic aminoaciduria type II)을 초래한다.[47]

    b. y^+LAT2(SLC7A6): y^+LAT1과 유사하게 염기성/중성 아미노산 교환에 관여한다.

    c. LAT1(SLC7A5): 주로 큰 중성 아미노산(류신 등)을 세포 밖으로 내보내고 다른 중성 아미노산을 안으로 들여오는 교환을 한다.

d. LAT2(SLC7A8): 작은 중성 아미노산부터 큰 중성 아미노산까지 광범위한 중성 아미노산의 교환 수송을 담당한다. 특히 촉진확산 수송체인 TAT1과 협력하여 아미노산의 배출에 중요한 역할을 한다.[48]

- 참고로 y^{+}LAT1에서 y^{+}는 해당 아미노산 수송체가 양이온성(positively charged, cationic, 예: lysine, arginine, ornithine) 아미노산을 수송하는 특성을 가진다는 의미이다. LAT(L-type Amino acid Transporter)는 해당 수송체가 System L 수송체를 의미하는데, System L 수송체는 주로 크고 중성인 아미노산(예: leucine, isoleucine, valine 등)을 수송한다. 다만, y^{+}LAT1/2(SLC7A7/ SLC7A6)은 System L(주로 큰 중성 아미노산 수송)이 아니라 system y^{+}L(양이온과 중성 아미노산의 소듐 의존적 교환)을 뜻한다. 유전체학이 발전하면서 오늘날에는 대부분 수송체를 유전자 기반의 SLC(Solute Carrier) 분류법으로 명명하지만, 아직도 아미노산의 막 수송에는 오랜 기간 사용해 왔던 System 분류법(Halvor N. Christensen 등이 1960~1970년대에 정립함)이 병용된다.
- Halvor N. Christensen(1915~2003) 교수는 당시에는 수송체를 유전자를 이용하여 분류할 수 없었기에, Na^{+} 이온 의존성이나 기질 선호도 등 순수한 기능적 특성만으로 수송체를 체계적으로 나누었으며, 이는 현대 막 수송 연구의 기초가 되었다. 또한, 그는 아미노산 수송이 단순히 농도 차에 따른 확산이 아니라, Na^{+}와 같은 이온의 농도 기울기를 이용해 아미노산을 농도가 낮은 곳에서 높은 곳으로 운반하는 이차 능동 수송(secondary active

transport)임을 밝히는 데 크게 기여하였다.[49, 50]

③ 수송 최대치(Tm), 신장 역치(Renal Threshold) 및 스플레이(Splay)

포도당과 아미노산 수송체는 특정 수송 능력을 초과하면 포화될 수 있다(Transport maximum, Tm). 혈당이 매우 높거나(예: 당뇨병) 혈중에 특정 아미노산 농도가 비정상적으로 증가하면, 사구체에서 여과되는 양이 근위세뇨관의 재흡수 능력을 초과하게 되어 재흡수되지 못한 포도당이나 아미노산이 소변으로 배출될 수 있다.

- 포화(Saturation) 및 Tm의 정의: 혈장 포도당 농도가 높아져서 사구체에서 여과되는 포도당의 양(filtered load)이 세뇨관의 모든 SGLT 수송체의 수송 능력을 합한 것보다 많아지면, 수송체는 포화 상태가 된다. 이처럼 모든 수송체가 포화되어 더 이상 포도당을 재흡수할 수 없는 최대 속도를 수송 최대치(Tmax 혹은 Tm)라고 한다. 건강한 성인의 포도당 Tm(TmG)은 평균적으로 약 375 mg/min 정도이다. 다른 자료에서는 260~350 mg/1.73m^2/min 범위로 제시하기도 한다.[51] Tm 값 375 mg/min이 나타나는 혈장 포도당 농도는 사구체 여과율(GFR)에 따라 결정되며, 평균 GFR(125 mL/min)을 가정하면 약 300 mg/dL(375 mg/min÷1.25 dL/min)에 해당한다.(그림 8)
- 신장 역치(Renal Threshold): 이론적으로는 혈장 포도당 농도가 Tm에 해당하는 수준까지 올라가기 전까지는 소변에서 포도당이 검출되지 않아야 하나, 실제로는 Tm에 도달하기 전에 특정 혈장 포도당 농도 수준부터 소변에서 포도당이 나타나기 시작하는데,

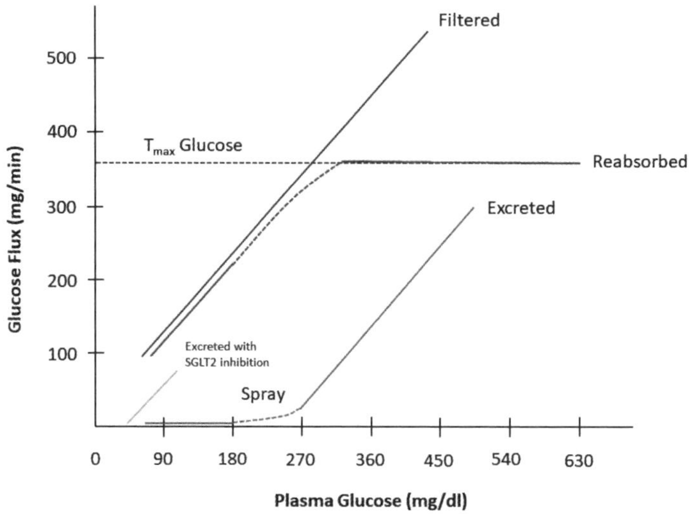

그림 8. 근위세뇨관에서 포도당 수송 최대치, 역치 및 스플레이

이 지점을 '신장 역치'라고 한다. 건강한 성인의 포도당 신장 역치는 약 180~200 mg/dL이다.[51] 신장 역치는 소변에서 포도당이 검출되기 시작하는 혈당 수치이므로, 소변 검사를 통한 당뇨병의 선별 및 혈당 조절 상태를 평가에 중요한 기준이 된다.[18]

- 스플레이(Splay): 신장 역치(약 180~200 mg/dL)에서 Tm(약 375 mg/min의 혈당 농도에 해당)에 도달하기까지의 구간에서는, 혈장 포도당 농도가 증가함에 따라 소변으로 배출되는 포도당의 양이 점진적으로 증가한다. 스플레이는 개별 네프론 간의 기능 차이로 인해 신장 역치와 Tm 사이 구간에서 포도당 배설이 점진적으로 증가

18 SGLT2 억제제를 사용하면 신장 포도당 역치가 40~70 mg/dL의 낮은 수준으로 떨어진다.

하는 현상을 말한다. 스플레이 현상이 나타나는 주된 이유는 개별 네프론의 사구체 여과율과 포도당 재흡수 능력(Tm)이 서로 조금씩 다르기 때문이다. 즉, 모든 네프론이 동시에 포화 상태에 도달하는 것이 아니라, 일부 네프론은 다른 네프론보다 낮은 혈장 포도당 농도에서도 먼저 포화되어 포도당을 소변으로 내보내기 시작하므로 이로 인해 전체 신장 기능으로 볼 때 포도당 배설은 점진적으로 증가하게 된다. 따라서 스플레이 현상은 개별 네프론의 기능적 비균일성(heterogeneity)을 반영하므로, 신장 질환으로 인해 이러한 비균일성이 심화될 경우 포도당 배설 양상이 변할 수 있음을 의미한다.

7) 주요 물질의 재흡수 기전 – 중탄산 이온(HCO_3^-)

- 재흡수율: 여과된 중탄산염의 약 80~90%가 근위세뇨관에서 재흡수된다. 이는 주요 완충 물질인 HCO_3^-를 보존하여 산–염기 균형을 유지하는 데 매우 중요하다.
- 기전: HCO_3^-는 직접적으로 내강막을 통하지 않고, H^+ 분비와 탄산탈수효소(Carbonic Anhydrase, CA)의 작용을 이용한 간접적인 방식으로 재흡수된다.

  i. H^+ 분비: 내강막 NHE3(주요 경로)와 H^+–ATPase가 세포 내 H^+를 내강 내로 분비한다.

  ii. 내강 내 반응: 분비된 H^+는 여과된 HCO_3^-와 결합하여 탄산(H_2CO_3)을 형성한다.

  iii. CO_2 생성: 내강막 솔가장자리에 고정된 막 결합형 탄산탈수

효소 IV(carbonic anhydrase type IV, CA-IV)가 H_2CO_3를 CO_2와 H_2O로 빠르게 분해한다.

iv. CO_2 확산: 생성된 CO_2는 쉽게 세포막을 통과하여 근위세뇨관 세포 내로 확산된다.

v. 세포 내 반응: 세포질 내에 존재하는 탄산탈수효소 II(CA-II)가 확산해 들어온 CO_2와 세포 내 H_2O를 이용하여 다시 H_2CO_3를 생성한다.

vi. H^+와 HCO_3^- 생성: 세포 내 H_2CO_3는 CA-II에 의해 H^+와 HCO_3^-로 해리된다.

vii. H^+ 재활용 및 HCO_3^- 재흡수: 여기서 생성된 H^+는 다시 내강막의 NHE3나 H^+-ATPase를 통해 내강으로 분비되어 재활용된다(H^+ 순환). 생성된 HCO_3^-는 기저외측막을 통해 혈액으로 재흡수된다. 이 과정의 주요 경로는 Na^+-HCO_3^- 공동수송체(electrogenic Na^+-HCO_3^- cotransporter 1, NBCe1)이며, 이는 1개의 Na^+와 3개의 HCO_3^-를 함께 수송한다.

그러나 ATP를 직접 사용하지 않는 NBCe1(electrogenic Na^+-HCO_3^- cotransporter 1)이 어떻게 Na^+ 농도 기울기에 역행하면서 HCO_3^-의 세포 밖 이동을 매개하는가? 이 질문에 대한 답변은 다음과 같다.

i. NBCe1은 ATP를 직접 가수분해하여 에너지를 얻는 일차 능동수송체(primary active transporter)가 아니다. 이는 이차 능동수송체(secondary active transporter)의 한 형태이며, 이온들의 전기화학적 기울기(electrochemical gradient)를 이용하여 작동한다.

ii. 이동 방향은 순수 전기화학적 기울기에 의해 결정된다. 수동수송 및 이차 능동수송의 경우, 수송체를 통한 이온 이동 방향은 관련된 모든 이온의 순수 전기화학적 기울기(net electrochemical gradient)에 의해 결정된다. NBCe1은 1개의 Na^+와 3개의 HCO_3^-를 같은 방향(세포 밖)으로 이동시킨다. 따라서 이 이동을 구동하는 힘은 Na^+와 HCO_3^- 각각의 전기화학적 기울기를 합한 값에 따라 결정된 것이다.

iii. 세포 내 HCO_3^- 농도: 근위세뇨관 세포 내에서는 탄산탈수효소 II(CA-II)가 CO_2와 H_2O로부터 H^+와 HCO_3^-가 지속적으로 생성된다. 정상 생리 조건에서 세포 내 pH는 대개 혈장보다 약간 낮아 세포 내 $[HCO_3^-]$는 ≈ 13~20 mM 범위로 보고되며, 혈장과 간질 $[HCO_3^-]$인 24~25 mM보다 낮은 경우가 흔하다. 따라서 HCO_3^-의 화학적 농도 기울기는 오히려 세포 내 유입 방향인 것이 일반적이다.

iv. 세포 내 Na^+ 농도: Na^+,K^+-ATPase에 의해 세포 내 Na^+ 농도는 매우 낮게 유지된다(세포 내 ~12 mM, 세포 외 ~145 mM). 따라서 Na^+의 화학적 농도 기울기는 세포 안으로의 이동에는 유리하게, 그러나 NBCe1을 통한 Na^+의 세포 밖으로의 이동에는 매우 불리하게 작용한다.

v. 막 전위: 세포막을 경계로 세포 내부와 외부 사이에 전하 차이가 존재한다. 근위세뇨관 세포의 경우, 세포 내부가 외부(간질액)에 비해 상대적으로 음전하를 띠며, 이 전위차는 대략 −50~−65 mV 정도이다(즉, 세포 외부를 0 mV 기준으로 할 때 세포 내부는 음전

하). 따라서 전기적인 관점에서 볼 때 음의 막 전위는 음이온인 HCO_3^-가 세포 밖으로 나가는 것을 촉진하며(favorable), 양이온인 Na^+가 세포 밖으로 나가는 것을 방해한다(unfavorable).

vi. 따라서 3개의 HCO_3^-에 작용하는 전기적 기울기(세포 밖으로 향함)가 Na^+와 HCO_3^-의 불리한 화학적 기울기를 압도하여 전체적으로 세포 밖으로의 순이동을 가능하게 한다.

앞서 설명한 HCO_3^- 재흡수 과정은 H^+ 분비(내강 산성화)와 연결되어 있음을 보여준다. 탄산탈수효소(막 결합형 및 세포질형 모두)의 활성은 이 과정의 속도를 결정하는 데 매우 중요하므로, CA 억제제(예: acetazolamide)는 HCO_3^- 재흡수를 차단하여 대사성 산증을 유발할 수 있다. 또한, NHE3를 통한 H^+ 분비와의 연관성은 산-염기 조절이 Na^+ 균형과도 직접적으로 연결되어 있음을 시사한다.

근위세뇨관의 중탄산염 재흡수는 ANG II와 인슐린과 같은 주요 호르몬에 의해 조절되어 혈압과 체액량 조절에 기여한다. ANG II는 강력한 Na^+ 재흡수 촉진 인자 중 하나로, 특히 인간의 근위세뇨관에서는 용량 의존적으로 NBCe1의 활성을 단상적으로(monophasically) 자극하여 중탄산염과 소듐의 재흡수를 증가시킨다. 또한, 인슐린 역시 근위세뇨관의 Na^+ 수송을 촉진하는 역할을 하는데, 흥미롭게도 인슐린 저항성 상태나 당뇨병성 신증에서도 이러한 인슐린의 자극 효과는 보존된다고 알려져 있다. 그 결과, 대사증후군 환자에서 나타나는 고인슐린혈증은 근위세뇨관의 Na^+ 재흡수를 지속적으로 증가시켜 체액량 증가와 고혈압 발생의 한 원인이 될 수 있다. 실제로

NBCe1의 기능상실 돌연변이는 심한 산증과 함께 저혈압을 동반하는 경우가 많아, 이 수송체의 활성 조절이 혈압 유지에 직접적으로 기여함을 알 수 있다.[52]

8) 염소(Cl^-)의 재흡수

염소(Cl^-), 포타슘(K^+), 칼슘(Ca^{2+}), 마그네슘(Mg^{2+}) 등의 재흡수는 주로 Na^+와 물의 일차적인 재흡수에 따른 전기화학적 기울기와 용매 끌림이라는 물리적인 힘을 이용하여 이차적인 결과로 일어나며, 주로 세포사이 경로를 통한다. 이는 추가적인 에너지 소비 없이 효율적으로 전해질을 재흡수하는 방식이며, 근위세뇨관 치밀이음(tight junction)의 느슨한 특성은 수동적 대량 수송에 최적화된 구조적 기반을 제공한다.

- 재흡수율: 여과된 Cl^-의 약 65%
- 기전: 근위세뇨관 초기 분절에서 Na^+가 HCO_3^-, 포도당, 아미노산 등과 함께 우선적으로 재흡수되면서 물이 따라 이동하면, 내강 내 Cl^- 농도는 상대적으로 증가하게 된다.

  i. 세포사이 경로: 후기 근위세뇨관(late proximal tubule)으로 갈수록 내강 내 Cl^- 농도가 증가한다. 그 이유는 근위세뇨관 초기 분절에서 Na^+가 포도당, 아미노산, 그리고 특히 HCO_3^-와 함께 대량으로 재흡수되고 물도 삼투압에 따라 함께 재흡수되면서 세뇨관 내강에 남아 있는 Cl^-은 상대적으로 재흡수가 덜 일어난다. 따라서 근위세뇨관 후기 분절에 도달하면, 내강의 Cl^- 농도(약 120~140 mM)가 간질액의 Cl^- 농도(약 105~115

mM)보다 높아지며, 이 강력한 화학적 농도 기울기가 주된 동력이 되어(TF/P > 1), 음전하를 띤 Cl^-이 세포사이 경로를 통해 내강에서 간질액으로 수동 확산된다. 이처럼 음전하인 Cl^-이 농도 기울기에 따라 우선적으로 내강 밖으로 빠져나가면서, 내강에는 상대적으로 양전하(Na^+ 등)가 남게 되며, 이로 인해 후기 근위세뇨관 내강은 간질액에 비해 약 +1~+3 mV(혹은 +2~+4 mV)의 양성 전위를 띠게 된다(내강 양성 전위, lumen-positive potential). 이렇게 되면 이는 음전하인 Cl^-이 재흡수되는 것을 방해하는 힘으로 작용하게 되나, 화학적 농도 기울기에 의한 재흡수 촉진력이 전기적 전위차에 의한 재흡수 방해력보다 훨씬 강하기 때문에, Cl^-은 농도 기울기를 따라 재흡수된다.

ii. 세포경유 경로: 내강막의 Cl^-/음이온 교환수송체(예: Cl^-/formate, Cl^-/oxalate 교환)와 기저외측막의 Cl^- 채널 또는 K^+-Cl^- 공동수송체(KCC)를 통한 경로도 존재하지만, 세포사이 경로의 기여도가 더 큰 것으로 알려져 있다.

iii. SGLT2 억제제를 사용하면 후기 근위세뇨관에서 Cl^- 이온의 재흡수가 감소할 것으로 예상되며 그 이유는 다음과 같다. SGLT2는 주로 초기 근위세뇨관(early proximal tubule)에서 발현하며 Na^+와 포도당을 함께 재흡수한다(1:1 stoichiometry). SGLT2 억제제는 이 과정을 차단하여 초기 근위세뇨관에서의 Na^+ 재흡수를 감소시킨다. 근위세뇨관에서 수분 재흡수는 주로 Na^+ 재흡수에 따라 삼투압 기울기에 의해 일어나는데 초기 근위세뇨관에서 Na^+ 재흡수가 줄어들면 수분 재흡수도 따라서 감소한다. 이는 후기 근위세뇨관으로 흐르는 세뇨관액의 양을 증가시키고, 세뇨관액 내 Cl^-의 농도도 감소시킨다. 정상 상태에서는 초기 단계에서 많은 양의 Na^+, 포도당, 중탄산염, 수분이 재흡수되면서 Cl^-이 상대적으로 농축되어 후기 근위세뇨관 내강의 Cl^- 농도가 간질액보다 높아지는 것이 Cl^- 이온 재흡수의 주요 동력이었는데, SGLT2 억제제 사용으로 인해 내강-간질 간 Cl^- 농도 기울기가 완만해지면서 세포사이 경로를 통한 Cl^-의 재흡수 추진력이 약해진다. 후기 근위세뇨관 내강 양성 전위는 주로 Cl^- 이온의 농도 기울기에 따라 세포사이 경로로 재흡수되면서 형성되는데, Cl^- 농도 기울기가 감소하게 되면 Cl^-의 우선적 재흡수가 줄어들고, 이는 내강 양성 전위 감소로 이어진다.

9) 포타슘(K^+)의 재흡수

- 재흡수율: 여과된 K^+의 60~70%(약 65%)
  - i. 여과 부하(Filtered Load): 정상 성인의 사구체 여과율을 180 L/day로, 혈장 K^+ 농도를 4.0 mEq/L로 가정하면, 하루에 여과되는 K^+의 총량은 720 mEq이다(180 L/day×4.0 mEq/L = 720 mEq/day).
  - ii. 재흡수량(Reabsorbed Amount): 이 중 약 65%인 약 468 mEq가 근위세뇨관에서 재흡수된다.
- 기전: 주로 수동적이며, 세포사이 경로를 통해 재흡수된다. 물 재흡수에 따른 용매 끌림과 후기 근위세뇨관의 내강 양(+) 전위에 의한 전기화학적 기울기가 K^+의 이동을 촉진한다.

i. 용매 끌림(Solvent Drag): 근위세뇨관의 초기 분절에서 Na^+, 포도당, HCO_3^-와 함께 막대한 양의 물(여과된 물의 약 65%)이 재흡수되는데, 이때 K^+를 함께 끌고 세포사이의 느슨한 치밀이음을 통과시킨다. 근위세뇨관의 치밀이음을 구성하는 claudin-2 단백질은 양이온 전반에 대한 높은 투과성을 가지며 이 과정을 촉진한다. 만약 근위세뇨관에서 물과 소듐의 재흡수 장애가 발생하면 포타슘 재흡수도 크게 감소하며, 이런 현상은 Fanconi 증후군에서 관찰된다.

ii. 전기화학적 기울기(Electrochemical Gradient): 물의 재흡수로 인해 세뇨관 내강액의 부피가 줄어들면서, K^+ 농도는 근위세뇨관을 따라 약간 증가한다. 세뇨관액/혈장 농도비(TF/P ratio)가 약 1.1~1.2까지 증가할 수 있으며, 내강에서 간질액 방향으로의 약한 농도 기울기가 형성된다. 또한, 전술한 대로 후기 근위세뇨관에서 Cl^- 재흡수의 결과로 형성되는 내강 양성 전위(+1~+3 mV)는 양이온인 K^+를 전기적으로 밀어내어 세포사이 경로를 통한 재흡수를 가능하게 한다.

10) 칼슘(Ca^{2+}) 및 마그네슘(Mg^{2+})의 재흡수

• 재흡수율: Ca^{2+} 약 65%, Mg^{2+} 약 15~25%(Mg^{2+} 재흡수는 근위세뇨관보다 헨레고리관 굵은오름다리에서 더 중요함)

• 기전: 주로 수동적이며, 세포사이 경로를 통해 일어난다.

i. 세포사이 경로: 용매 끌림과 후기 근위세뇨관의 내강 양(+) 전위에 의해 형성된 전기화학적 기울기가 Ca^{2+}와 Mg^{2+}의 재흡수

에 기여한다. 근위세뇨관의 치밀이음은 Na^+, K^+, Ca^{2+}에 비해 Mg^{2+}에 대한 투과도가 상대적으로 낮다.

11) 인산염(Phosphate, Pi)의 재흡수

- 재흡수율: 여과된 인산염의 약 70~85%가 근위세뇨관에서 재흡수된다. 인산염은 뼈 형성, 에너지 대사(ATP), 세포 신호 전달 등 다양한 생리 기능에 필수적이다.
- 기전: 인산염 재흡수는 주로 세포경유 경로를 통해 능동적으로 일어난다.

  i. 내강막: Na^+-인산염 공동수송체[sodium-phosphate cotransporter: NaPi-IIa(SLC34A1) 및 NaPi-IIc(SLC34A3)]가 Na^+의 전기화학적 기울기를 이용하여 인산염을 세포 내로 수송한다(이차 능동 수송). NaPi-IIa 수송체는 1개의 2가 인산염(HPO_4^{2-})을 수송하기 위해 3개의 Na^+를 함께 세포 내로 들여오며(전기적 이동으로 막전위에 영향을 줌), NaPi-IIc는 2 Na^+:1 HPO_4^{2-}의 stoichiometry를 가진다(전기중성적 이동). 이들 수송체의 활성 및 내강막 발현 정도가 인산염 재흡수율을 결정하는 중요한 요소이다.[53] 반면 NaPi-IIb(SLC34A2)는 신장보다는 주로 소장 상피세포의 내강막에 많이 발현하므로 근위세뇨관에서의 역할은 거의 없다. 또한, PiT-2(SLC20A2)도 Na^+ 의존성 인산염 수송체이나, 근위세뇨관 내강막에서의 대량 인산염 재흡수에는 크게 기여하지 않는 것으로 이해되고 있다.[53, 54] 그 이유는 SLC20A2 유전자에 기능 이상 돌연변이가 생

긴 환자들의 주된 증상은 뇌 석회화였으며, 이들 환자에서 신장 관련 증상이나 전신 인산염 항상성 관련 장애는 보고되지 않았기 때문이다.[55, 56]

ii. 기저외측막: 세포 내로 들어온 인산염이 간질액으로 이동하는 기전은 아직 완전히 규명되지 않았으나, 최근 연구에 의하면 XPR1(Xenotropic and Polytropic Retrovirus Receptor 1) 단백질이 기저외측막을 통한 인산염 유출(efflux)에 역할을 할 가능성이 있다.[54, 57]

iii. 조절: 인산염 재흡수는 여러 호르몬과 인자에 의해 엄격하게 조절된다.

a. 부갑상선 호르몬(PTH): 혈중 칼슘 농도가 낮을 때 분비되는 PTH는 근위세뇨관 세포에 작용하여 NaPi-IIa와 NaPi-IIc 수송체의 세포 내 이입 혹은 내재화(endocytosis) 및 리소좀 분해를 촉진한다. NaPi-IIa와 NaPi-IIc 수송체를 내재화시키는 과정에는 scaffold protein인 Na^+-H^+ exchanger regulatory factor(NHERF1과 NHERF3)가 중요한 역할을 한다. 이로 인해 내강막의 인산염 수송체 발현이 감소하여 인산염 재흡수가 억제되고 소변으로의 배설이 증가한다.

b. 섬유아세포 성장 인자 23(Fibroblast Growth Factor 23, FGF23): 주로 뼈세포에서 분비되는 FGF23은 Klotho를 보조수용체로 이용하여 PTH와 유사하게 NaPi-IIa와 NaPi-IIc의 발현을 억제함으로써 인산염 재흡수를 감소시킨다.[58] 만

성 콩팥병 환자에서 혈중 인산염이 증가하면 FGF23 분비가 증가하는데, 초기에는 이것이 신장의 인산 배설을 촉진하여 인산 수치를 정상으로 유지하는 보상적 기전으로 작용하지만, 병이 진행되면 FGF23 수치가 과도하게 높아져 심혈관계 합병증(예: 좌심실 비대)의 독립적인 위험인자로 작용한다.[59, 60]

c. FGF23의 또 다른 중요한 기능은 신장에서 활성형 비타민 D(1,25(OH)$_2$D$_3$) 생성을 억제하는 것이다.[61] 그 기전으로, FGF23은 1α-hydroxylase(CYP27B1)의 발현을 억제하고, 비타민 D 불활성화 효소인 24-hydroxylase(CYP24A1)의 발현을 촉진한다. 최근에는 막 결합형 Klotho 외에도 혈액 내에 존재하는 가용성 Klotho가 독립적으로 NaPi-IIa의 활성에 영향을 줄 수 있다는 연구 결과도 있어, Klotho의 역할이 더 복잡하고 다면적임을 시사한다.[62]

d. 식이 인산염: 식이 인산염 섭취량 또한 NaPi 수송체의 발현에 영향을 미친다. 인산염 섭취가 많으면 수송체 발현이 감소하고, 섭취가 적으면 발현이 증가하여 체내 인산염 균형을 유지하려 한다.

e. 심각한 저마그네슘혈증 환자에게서 저인산혈증이 동반되는 경우가 많은데, 이는 마그네슘 결핍이 PTH와는 독립적인 경로로 신장의 인산 배출을 유발함을 시사한다.[63, 64] 즉, 마그네슘 결핍 자체가 근위세뇨관 세포에서 NaPi-IIa와 NaPi-IIc의 발현이나 기능을 직접적으로 억제하여

인산 재흡수를 저해하는 것으로 보이나,[65] 이를 위한 더 많은 연구결과가 필요하다.

f. 도파민: 고인산혈증이나 대사성 산증 시 근위세뇨관에서 국소적으로 생성되는 도파민은 D1-유사 수용체를 통해 NaPi-IIa의 내재화와 분해를 촉진하여 인산 배설을 증가시킨다.[66]

g. 대사성 산증은 NaPi-IIa와 NaPi-IIc 수송체의 전사와 단백질 발현을 억제하여 인산 재흡수를 감소시키고 소변으로의 인산 배출을 초래한다.[67]

12) 요소(Urea)의 재흡수

- 재흡수율: 여과된 요소의 약 50%가 근위세뇨관에서 재흡수된다.
- 기전: 요소 재흡수는 세포사이 경로를 통해 주로 수동적인 확산에 의해 일어난다.

근위세뇨관에서 물이 대량으로 재흡수됨에 따라 관강 내 요소의 농도는 점차 증가한다. 이렇게 형성된 농도 기울기에 따라 요소는 주로 세포사이 경로를 통해 간질액으로 확산된다. 특히 후기 근위세뇨관에서 농도 기울기가 더 커지므로 재흡수가 활발하며, 용매 끌림도 일부 기여할 수 있다. 여기서 재흡수된 요소는 이후 신수질의 삼투압 구배 형성에 기여하는 요소 재순환 과정에 참여하게 된다.

13) SGLT2 억제제

Sodium-glucose cotransporter 2(SGLT2) 억제제는 최근 의학

계에서 가장 주목할 만한 발전을 이룬 약물 중 하나이다. 본래 제2형 당뇨병 환자의 혈당 강하를 목적으로 개발되었으나, 대규모 임상 연구들을 통해 이 약물이 혈당 강하 효과를 넘어선 심혈관 및 신장 보호 효과를 지니고 있음이 입증되면서 치료 패러다임에 근본적인 변화를 가져왔다. 엠파글리플로진(empagliflozin)의 EMPA-REG OUTCOME 연구를 시작으로 다수의 연구에서 SGLT2 억제제는 당뇨병 유무와 관계없이 심부전으로 인한 입원 위험을 감소시키고 만성 콩팥병의 진행을 억제하는 것으로 나타났다. 또한, SGLT2 억제제는 삼투성 이뇨 및 나트륨 이뇨 작용을 통해 혈장 용적을 감소시키 수축기 혈압을 평균 3~6 mmHg, 이완기 혈압을 1~2 mmHg 정도 감소시키는 것으로 알려져 있다.

표 9. SGLT2 억제제 치료에 따른 혈청 및 소변 지표 변화

물질	혈청 농도 변화	소변 배설 변화 (급성 vs. 만성)	주요 기전(요약)
수분 (Water)	변화 없음 (체액량 소폭 감소)	증가(급성기 삼투성 이뇨) 후 정상화	당 배설에 따른 삼투성 이뇨 및 보상적 재흡수[68]
소듐 (Na^+)	변화 없음	증가(급성기) 후 정상화	SGLT2/NHE3 억제 및 하류 세뇨관의 보상적 재흡수 증가[69]
포타슘 (K^+)	변화 없음 또는 소폭 감소	초기 증가 후 정상화	알도스테론/원위부 유량 증가(배설 촉진) vs. 인슐린 감소(배설 억제)[68]
마그네슘 (Mg^{2+})	소폭 증가	감소	근위부 재흡수 증가, TRPM6 활성 회복, 세포 외 재분배[70]
칼슘 (Ca^{2+})	변화 없음	변화 미미 또는 상충	PTH-FGF23-비타민 D 축의 복합적 조절[68]
인산염 (PO_4^{3-})	소폭 증가	감소 혹은 변화 미미	근위세뇨관 NaPi-II 수송체 활성 증가로 인한 재흡수 증가[68]
중탄산염 (HCO_3^-)	변화 없음	증가(급성기)	NHE3 억제로 인한 근위세뇨관 재흡수 감소 및 보상적 산 배설 증가[71]
요산 (Uric Acid)	감소	증가	세뇨관 내 포도당 증가로 인한 URAT1/GLUT9 매개 수송 변화[72]

SGLT2 억제제 치료에 따른 혈청 및 소변 지표 변화는 [표 9]와 같다. 대규모 메타 분석 결과 SGLT2 억제제가 만성 신장 질환, 심부전, RAAS 억제제 복용 등 고칼륨혈증 고위험군 환자에서 중증 고칼륨혈증(K^+ ≥6.0 mmol/L)의 발생 위험을 유의하게 감소시킨다.[73] 동시에 저칼륨혈증의 위험은 증가시키지 않았다. 이러한 안정성은 다음과 같은 상반된 힘들이 상호작용한 결과이다.[73]

• 칼륨뇨(Kaliuresis) 촉진 요인(K^+ 배설 촉진)[73]

원위부 세뇨관 유량 증가: 삼투성 이뇨로 인해 원위세뇨관 및 집합관으로 전달되는 세뇨관액의 유량이 증가하면, 포타슘 분비를 촉진하는 물리적인 힘으로 작용한다.

알도스테론 분비 증가: 초기 체액량 감소에 대한 보상 반응으로 RAAS가 활성화되어 알도스테론 분비가 일시적으로 증가할 수 있다. 알도스테론은 집합관에서 포타슘 분비를 직접적으로 촉진한다.

• 칼륨뇨(Kaliuresis) 억제 요인(K^+ 저류 촉진)[68]

인슐린 농도 감소: SGLT2 억제제는 혈당 개선 효과로 인해 인슐린 분비를 감소시킨다. 인슐린은 Na^+,K^+-ATPase 활성을 촉진하여 포타슘을 세포 내로 이동시키는 주된 호르몬이다. 인슐린 농도가 감소하면 이러한 작용이 약화되어 포타슘이 세포 내에서 세포 외(혈청)로 이동하는 경향이 생겨 혈청 포타슘 농도를 높이는 방향으로 작용한다.

SGLT2 억제제의 심장 및 신장 보호 효과는 혈당 강하 외에도 TGF-수입세동맥 수축을 통한 사구체내압 감소, 체액 및 소듐 조절,

혈역학 변화, 염증 및 산화스트레스와 자가포식 경로의 개선, 그리고 케톤체 이용 증가 등 대사 재구성이 복합적으로 기여한다. 특히, 이 약물은 대사의 재프로그래밍(metabolic reprogramming)을 통해 인슐린 수치와 무관하게 지방산과 포도당의 산화를 촉진하고 케톤체 생성을 완만하게 증가시키므로, 심부전 상태의 심장은 포도당 대신 케톤체를 더 효율적인 에너지원으로 사용할 수 있어 심근의 에너지 효율을 개선한다. 또한, SGLT2 억제제(empagliflozin)는 심근세포에서 NHE1의 활성을 억제하나, 임상적인 기여도는 추후 검증이 더 필요하다. 이처럼 대사의 재프로그래밍, 직접적인 심근세포 조절, 그리고 염증 및 산화 스트레스 완화 효과가 복합적으로 작용하여 혈당 강하 효과와 무관한 심신(cardio-renal) 보호 효과를 나타낸다.[74-76]

4. 분비

1) 분비의 중요성 및 일반 기전

분비(Secretion)는 혈액(세뇨관 주위 모세혈관)에 있는 특정 물질이 근위세뇨관 상피세포 혹은 세포사이를 통과하여 세뇨관 내강 안으로 수송되는 과정이며, 신장 세뇨관에서 물질 제거를 위한 중요 기전이다. 분비는 다음과 같은 역할을 수행한다.

- 여과되지 않은 물질 제거: 사구체 여과 과정은 크기가 작고 단백질과 결합하지 않은 물질에 대해서는 효율적이지만, 단백질과 강하게 결합한 약물이나 대사산물, 또는 크기가 큰 분자는 잘 여

과되지 않는다. 분비는 이러한 물질들을 혈액에서 세뇨관 내강으로 직접 제거하여 소변으로 배설시킨다.

- 신속한 노폐물 및 독소 제거: 체내 대사 과정에서 생성되는 유기산, 유기 염기, 요산 등과 같은 물질이나 외부에서 유입된 약물 및 독성 물질을 제거하여 체내 축적을 억제한다.
- 산-염기 균형 조절: 수소 이온(H^+)과 암모늄 이온(NH_4^+)을 분비하고 중탄산 이온(HCO_3^-)을 재생산하여 체액의 pH를 조절하고 산성 부하를 처리하는 데 중요한 역할을 한다.

2) 주요 물질의 분비 기전: 유기 음이온(Organic Anions, OAs)

- 유기 음이온은 일반적으로 탄소 기반의 유기 분자가 음전하를 띠는 형태를 의미하며, 다양한 종류의 내인성 및 외인성 유기 음이온이 근위세뇨관에서 분비된다.
  i. 내인성 물질: 담즙산염(bile salts), 옥살산염(oxalate), 요산(urate), 프로스타글란딘(prostaglandins), cAMP, cGMP 등
  ii. 외인성 물질: 페니실린(penicillin), 살리실산염(salicylate), 푸로세미드(furosemide), 프로베네시드(probenecid), 비스테로이드성 항염증제(NSAIDs), 메토트렉세이트(methotrexate) 등 다양한 약물과 환경 독소, 그리고 신장 기능 평가에 사용되는 PAH(para-aminohippurate) 등
- 기전: 유기 음이온 분비는 기저외측막과 내강막에 위치한 특이 수송체들의 작용을 통해 이루어진다.

① 유기 음이온 수송 단백질(OAT) 분류

유기 음이온 운반체(organic anion transporter, OAT)는 대사 과정에서 생성되는 내인성 유기 음이온과 약물, 독소 등 외부에서 유입되는 외인성 유기 음이온을 수송하여 체외 배출을 조절하는 중요한 막 단백질 그룹이다. 특히 신장과 간에서 이들 운반체의 역할은 체내 항상성 유지 및 약물 동태 조절에 필수적이다. 유기 음이온 수송에는 크게 두 가지 종류의 superfamily 단백질, 즉 SLC(Solute Carrier)와 ABC(ATP-Binding Cassette)가 관여한다.[77]

- SLC superfamily: 유기 음이온 수송에 중요한 역할을 하는 단백질들은 대부분 SLC superfamily에 속한다. 이 중 유기 음이온 수송체(OAT)는 SLC22A 유전자족에 포함되며[같은 족에는 유기 양이온 수송체(OCT)도 있음], 유기 음이온 수송 폴리펩타이드(Organic Anion Transporting Polypeptide, OATP)는 별도의 SLCO 유전자족(과거 SLC21A)에 속한다. 신장에서 혈액 내 물질(대사산물, 요독소, 약물 등)을 소변으로 분비하는 과정에서는 OAT(SLC22A 계열)의 역할이 중요하다.
- ABC superfamily: MRP(Multidrug Resistance-associated Protein) 등이 속하는 ABCC 유전자족이 대표적이며, ATP 가수분해 에너지를 이용하여 주로 세포 밖으로 유기 음이온을 능동적으로 배출한다. ABC superfamily는 구조와 기능의 유사성에 따라 여러 하위 그룹(A부터 G까지, 예: ABCA, ABCB, ABCC 등)으로 나누고 있으며, ABCC 유전자족은 이 중 C 그룹에 해당하는 유전자들의 그룹이다. 예를 들면, 내강막에서 MRP2(ABCC2)와 MRP4(ABCC4)

같은 ABCC 유전자족 단백질들은 ATP 에너지를 사용하여 이 유기 음이온들을 내강으로 능동적으로 배출하는 중요한 역할을 수행한다.

② 유기 음이온 수송 단백질(SLC22A) Family

과거 OAT1-4, URAT1 등이 주로 알려졌으나, 최근에 기능적으로 중요한 OAT들이 더 많이 규명되었다. 주요 OAT(SLC22A family)는 다음과 같다.[78-81]

- OAT1(SLC22A6): 신장 근위세뇨관 기저외측막의 대표적인 OAT이다. PAH를 비롯한 다양한 외인성 및 내인성 유기 음이온을 혈액에서 세포 안으로 능동적으로 유입시켜(uptake), 분비(secretion) 경로의 첫 단계를 담당한다.(그림 6) 이 유입은 주로 세포 내 α-ketoglutarate 같은 dicarboxylate를 세포 밖(혈액)으로 내보내는 것과 교환하여 이루어진다.
- OAT2(SLC22A7): 신장(기저외측막)과 간에 주로 발현. cGMP, salicylate 등을 혈액에서 세포 안으로 유입시켜(uptake) 신장 분비 또는 간 대사에 관여한다(OAT1/3과는 기질 선호도에서 차이를 보인다).
- OAT3(SLC22A8): 신장(기저외측막), 뇌(맥락총), 간 등 비교적 넓은 조직에 분포한다. OAT1과 유사하게 estrone sulfate, 약물, 요독소 등 다양한 기질을 혈액에서 세포 안으로 능동적으로 유입시켜(uptake) OAT1과 함께 분비(secretion) 경로의 첫 단계에서 핵심적인 역할을 한다. OAT1처럼 OA/dicarboxylate 교환체로 작동한다.

- OAT4(SLC22A11): 신장 근위세뇨관 내강막과 태반 등에 주로 발현한다. 세뇨관 내강과 세포사이에서 주로 특정 기질(Estrone sulfate, DHEAS, 요산, 특정 약물 등)의 재흡수(reabsorption, 내강 → 세포)에 관여한다.
- URAT1(SLC22A12): 신장 근위세뇨관 내강막에 특이적으로 발현되어, 세뇨관 내강의 요산을 세포 안으로 재흡수(reabsorption)하는 핵심 수송체이다. 이 과정에서 세포 안의 다른 음이온(lactate, nicotinate 등)을 내강으로 분비(secrete)하는 교환 방식으로 작동한다.
- OAT10(SLC22A13): 신장(내강막) 등에 발현되며, 요산, 니코틴산 등을 세뇨관 내강에서 세포 안으로 재흡수(reabsorption)하거나 또는 반대 방향으로 분비(secretion)하는 데 관여할 수 있다.
- 기타: OAT7(SLC22A9), OAT6(SLC22A20) 등도 유기 음이온 수송체 계열에 속한다.

③ OAT의 기질 및 기능

OAT family는 체내 대사산물부터 약물, 환경 독소에 이르기까지 구조적으로 다양한 수많은 내인성 및 외인성 유기 음이온을 수송한다. 주요 내인성 기질로는 α-ketoglutarate와 같은 dicarboxylates, 요산, 프로스타글란딘, 스테로이드 포합체 등이 있으며, 외인성 기질로는 항생제, 항바이러스제, 항암제, 비스테로이드성 소염진통제(NSAIDs), 이뇨제 등 다수의 약물 및 환경 독소가 포함된다. 특히 신장 근위세뇨관 세포에서는 혈액 속 유기 음이온을 소변으로 효율적으로 분비하기 위한 단계적인 수송 과정이 중요하다.[82]

- 기저외측막에서 세포 내로의 유입: OAT1(SLC22A6)과 OAT3 (SLC22A8)가 α-ketoglutarate 등과의 교환 수송을 통해 혈액 중의 유기 음이온을 세포 안으로 능동적으로 유입시킨다.(그림 6)
- 내강막에서 분비: 세포 내로 들어온 유기 음이온은 내강막을 통해 내강으로 분비되는데 이 과정에는 주로 Multidrug Resistance-associated Protein(MRP) 계열인 MRP2(ABCC2)와 MRP4(ABCC4)가 관여한다.(그림 6) 이들은 ATP 에너지를 직접 사용하여 유기 음이온을 세포 밖으로 수송하는 일차 능동 수송체(Primary Active Transporter, ABC transporter)이다. 내강막에는 분비뿐만 아니라 재흡수를 조절하는 OAT도 존재하는데, 대표적으로 URAT1(SLC22A12)은 요산의 재흡수에 중요한 역할을 하는 음이온 교환기(anion exchanger)로서, 사구체에서 여과된 요산의 대부분이 URAT1을 통해 근위세뇨관 세포 안으로 재흡수하며 다른 음이온(예를 들면 lactate, nicotinate, pyrazionate)을 내강으로 분비한다.

④ 유기 음이온 수송 단백질(OAT)의 임상적 중요성

- 약동학 및 약물 상호작용: 대부분의 약물은 체내에서 흡수, 분포, 대사, 배설 과정을 거치는데, OAT는 특히 신장과 간에서의 약물 배설 단계에 중요하게 관여한다. 따라서 신약 개발 시에는 후보물질과 OAT 간의 상호작용 평가가 필요하다.[78, 83]
- 약물 유발성 신독성: 일부 약물은 OAT1/3 등을 통해 신장 근위세뇨관 세포 내로 과도하게 축적되어 미토콘드리아 기능 장애,

산화 스트레스, 염증 반응 등을 유발하여 세포 손상과 급성 신손상을 일으킬 수 있으므로 특정 약물의 신독성 발생 위험을 예측하고 예방하는 데 OAT 기능 연구가 중요하다.

- 프로베네시드(probenecid)는 약리학적으로 OAT1과 OAT3의 고전적인 억제제이며, 과거에는 페니실린과 같은 약물이 신장에서 OAT1/3를 통해 분비되는 것을 막아 혈중 농도를 높이는 목적으로 과거에 사용되었다.
- 만성 콩팥병: 환자의 혈액 내 축적되는 요독소(uremic toxin) 중 상당수는 단백질과 결합한 유기 음이온 형태이다(예: indoxyl sulfate, hippurate). OAT1, OAT3는 이들 요독소를 신장 세뇨관 세포 안으로 운반하는 주요 경로이며 요독소의 배설을 담당한다. 세포 내 요독소 축적은 산화 스트레스 증가, 염증 반응 유발, 섬유화 등을 통해 신장 손상을 더욱 악화시키는 요인이 된다.
- 요산 대사 및 통풍: URAT1은 신장에서 요산 재흡수를 담당하는 가장 중요한 수송체로, 혈중 요산 농도 조절에 핵심적인 역할을 한다. 따라서 URAT1 기능 항진은 고요산혈증 및 통풍 발생과 관련되며, 반대로 URAT1 유전자 변이에 의한 기능 소실은 유전성 신성 저요산혈증의 주요 원인이다. 많은 약물(이뇨제, 아스피린 저용량 등)이 URAT1과 상호작용하여 요산 수치에 영향을 미치며, 통풍 치료제 중 일부(요산 재흡수 억제제, Probenecid)는 URAT1을 직접 억제한다.

3) 주요 물질의 분비 기전: 유기 양이온(Organic Cations)

- 유기 양이온은 양전하를 띤 유기화합물로, 주요 내인성 및 외인성 유기 양이온은 다음과 같다. 근위세뇨관에서는 유기 양이온 수송체(OCT, MATE 등)를 통해 다양한 내인성 및 외인성 유기 양이온을 혈액에서 세뇨관 내강으로 능동적으로 분비한다.
  - i. 내인성 물질: 신경전달물질인 카테콜아민(dopamine, epinephrine, norepinephrine), 아세틸콜린, 세로토닌, 히스타민, 그리고 근육 대사 산물인 크레아티닌(creatinine) 등
  - ii. 외인성 물질(약물 및 독소): 시메티딘(cimetidine), 프로카인아미드(procainamide), 퀴닌(quinine), 몰핀(morphine), 메트폴민(metformin), 시스플라틴(cisplatin) 등 다수의 약물과 니코틴(nicotine)과 같은 알칼로이드
- 기전: 유기 양이온 분비 역시 기저외측막과 내강막 수송체를 통해 일어난다.[84-87]
  - i. 기저외측막(혈액 → 세포): 유기 양이온 수송체(Organic Cation Transporters, OCTs) 계열, 특히 OCT2(SLC22A2)가 주로 관여한다.[88] OCT2는 혈액 내 유기 양이온을 세포 내로 수송하는데, 이는 주로 세포 내부의 음성 막 전위에 의해 구동되는 촉진 확산 또는 전기화학적 기울기에 따른 이동으로 간주된다(electrogenic facilitated diffusion). 즉, 별도의 에너지 커플링 없이 막 전위를 이용하여 유기 양이온을 세포 내로 이동시킨다.(그림 6)
  - ii. 내강막(세포 → 내강): 세포 내로 들어온 유기 양이온은 내강막의

Multidrug and Toxin Extrusion proteins(MATEs) 계열, 특히 MATE1(SLC47A1)과 MATE2-K(SLC47A2)를 통해 내강으로 분비된다.(그림 6) MATE 수송체는 근위세뇨관 내강의 H^+와 세포 내의 유기 양이온을 1:1로 교환하는 H^+/OC 역수송 방식으로 작동한다.[88] 이때 필요한 내강 내 높은 H^+ 농도(또는 세포 내 낮은 H^+ 농도)는 주로 내강막 NHE3에 의해 Na^+ 기울기를 이용하여 H^+를 내강으로 분비함으로써 유지된다.

유기 양이온 분비 과정에서 흥미로운 점은 내강막 MATE 수송체가 NHE3에 의해 생성된 H^+ 기울기를 이용한다는 것이다. 이는 Na^+ 재흡수를 위한 주요 동력(Na^+ 기울기)이 NHE3를 매개로 하여 H^+ 기울기를 형성하고, 이 H^+ 기울기가 다시 유기 양이온이라는 다른 종류의 물질 분비에 활용됨을 보여준다. 이는 Na^+ 항상성, 산-염기 균형, 그리고 다른 물질의 분비 과정이 서로 긴밀하게 연결되어 있음을 나타낸다.

4) 주요 물질의 분비 기전: 수소 이온(H^+)

- 기전: H^+는 근위세뇨관 세포 내에서 대사 과정 중 생성되거나 CO_2로부터 형성되어, 주로 다음 두 경로를 통해 내강막에서 내강으로 분비된다.
  i. 내강막 Na^+/H^+ 교환수송체 3(NHE3, SLC9A3): 근위세뇨관 H^+ 분비의 약 2/3 이상을 담당하는 주요 수송체이다. 세포 내 Na^+ 농도 기울기(세포 밖보다 안이 낮음)를 이용하여 Na^+ 이온 하나를 세포 안으로 재흡수하면서 동시에 세포 안의 H^+ 이온 하

나를 내강으로 분비하는 전기중립적(electroneutral) 교환 수송을 한다. 특히 이 과정은 사구체에서 여과된 중탄산염(HCO_3^-)의 재흡수에 필수적이다.

ii. 내강막 액포형 H^+-ATPase(Vacuolar-type H^+-ATPase): 근위세뇨관 내강의 pH는 세포 내 pH보다 낮으며, 세포 내 음전하 형성으로 인해, H^+ 분비에는 에너지가 필요하다. 따라서 H^+-ATPase는 ATP를 직접 가수분해하여 얻는 에너지를 이용하여 H^+를 세포 안에서 내강으로 능동 수송하는 일차 능동 수송체이다. 근위세뇨관 전체 H^+ 분비량에 대한 기여도는 NHE3보다 작지만(약 1/3 이하), Na^+ 농도 구배와 무관하게 H^+를 분비할 수 있다. H^+만을 이동시키므로 전기생성적(electrogenic) 수송 방식이며, NHE3보다 더 큰 H^+ 농도 기울기(즉, 더 낮은 pH)를 형성할 수 있다.

- 중요성: 근위세뇨관에서의 H^+ 분비는 다음과 같은 두 가지 중요한 역할을 수행한다.

i. 여과된 HCO_3^- 재흡수: 사구체에서 여과된 중탄산염(HCO_3^-)의 약 80~90%를 재흡수하는 데 필수적이다. 분비된 H^+가 내강의 HCO_3^-와 결합하여 결국 H_2O와 CO_2 형태로 세포 내로 들어오며, 이는 다시 H^+와 HCO_3^-로 전환되고, HCO_3^-는 기저외측막의 NBCe1을 통해 간질액(혈액)으로 재흡수된다.

ii. 체내 산(Acid) 배출 및 pH 조절: 체내 대사 과정에서 생성된 비휘발성 산(고정산)을 배출하는 과정에 기여한다. 분비된 H^+는 여과된 완충제(예: 인산염)와 결합하여 소변으로 배출되거나

(적정산, Titratable Acid), 암모니아(NH_3)와 결합하여 암모늄(NH_4^+) 형태로 배출을 촉진함으로써, 소변으로 산을 제거하고 체액의 pH를 정상 범위(약 7.35~7.45)로 정교하게 유지하는 데 결정적인 역할을 한다.

5) 주요 물질의 분비 기전: 암모늄(NH_4^+)

• 생성(Ammoniagenesis): 암모늄은 근위세뇨관 세포 내 미토콘드리아에서 아미노산인 glutamine 대사 과정을 통해 주로 생성된다. 한 분자의 glutamine은 한 분자의 α-ketoglutarate와 두 분자의 NH_4^+를 생성한다(Glutamine → α-ketoglutarate + $2NH_4^+$). 생성된 암모니아(NH_3)는 이 염기의 짝산인 암모늄 이온(NH_4^+)의 pKa는 9.2~9.25이므로, 세포 내 pH(약 7.2) 조건에서는 대부분(99.1%) 암모늄 이온(NH_4^+) 형태로 존재한다.[19] 매우 적은 비율의 가스 형태인 NH_3도 평형 상태로 공존하며, 이 NH_3 형태는 막 투과성이 높다. 중요한 점은 α-ketoglutarate 한 분자가 대사되면 두 분자의 HCO_3^-를 생성하므로(신생 HCO_3^- 생성), 2α-ketoglutarate → glucose + $4HCO_3^-$와 같이 표현할 수 있다. 따라서 이를 단순화하면 Glutamine → $2NH_4^+ + 2HCO_3^-$이다.

• 분비 기전: 생성된 NH_3/NH_4^+는 다음의 여러 기전을 통해 내강

19 Henderson-Hasselbalch 방정식에 따라 다음과 같이 나타낼 수 있다.
$pH = pKa + \log([NH_3]/[NH_4^+])$
$7.2 = 9.25 + \log([NH_3]/[NH_4^+])$
$\log([NH_3]/[NH_4^+]) = -2.05$
$[NH_3]/[NH_4^+] = 0.009$

내로 분비된다.

i. NH_3 확산: 비극성 분자인 NH_3는 지질막 투과성이 높아 내강막과 기저외측막을 쉽게 확산 이동할 수 있다. 내강막을 통해 내강으로 확산된 NH_3는 내강 내에 존재하는 H^+(NHE3 및 H^+-ATPase에 의해 분비됨)와 결합하여 극성 이온인 NH_4^+로 전환된다. NH_4^+는 막 투과성이 매우 낮다.

ii. NH_4^+ 직접 수송: NH_4^+ 이온도 내강막을 통해 직접 수송될 수 있다. NH_4^+ 이온은 NHE3의 H^+ 결합 부위에 NH_4^+가 경쟁적으로 결합하여 Na^+/NH_4^+ 교환 형태로 NH_4^+가 분비될 수 있다.

- 중요성: 암모니아 생성 및 분비는 특히 만성적인 산증 상태에서 크게 증가한다. NH_4^+ 형태로 H^+를 배설하는 것은 소변의 pH를 과도하게 낮추지 않으면서도 상당량의 산을 효과적으로 제거할 수 있는 주요 기전이다. 동시에, 글루타민 대사 과정에서 생성된 새로운 HCO_3^-는 혈액으로 되돌아가 소모된 체내 완충제를 보충하는 역할을 한다.

5. 근위세뇨관 기능의 통합적 조절

근위세뇨관에서의 재흡수 및 분비 과정은 고정된 것이 아니라, 체내 항상성 유지를 위해 다양한 신경 및 호르몬 신호에 의해 정교하게 조절된다.(표 10)

표 10. 근위세뇨관 주요 수송체 및 조절인자

수송체 이름(유전자)	위치	주요 기질	주요 조절 인자	역할
Na^+,K^+-ATPase	기저외측막	$3Na^+$(유출): $2K^+$(유입)	ANG II, NE, Dopamine, Insulin, Aldosterone	Na^+ 농도 구배 형성 (1차 능동수송)
Na^+/H^+ 교환체 3(NHE3; SLC9A3)	내강막	Na^+(유입) H^+/NH_4^+(유출)	ANG II, NE, Dopamine, Glucocorticoids, pH	Na^+ 및 HCO_3^- 재흡수, H^+/NH_4^+ 분비
Na^+-HCO_3^- 공동수송체 (NBCe1; SLC4A4)	기저외측막	$1Na^+$:$3HCO_3^-$ (유출)	ANG II, Dopamine, Insulin, Glucocorticoids	HCO_3^- 재흡수
Na^+-포도당 공동수송체 (SGLT1/2; SLC5A1/2)	내강막	Na^+, 포도당 (유입)	포도당 농도	포도당 재흡수
Na^+-인산염 공동수송체 (NaPi-IIa/c; SLC34A1/3)	내강막	Na^+, 인산염 (유입)	PTH, FGF23, Dopamine, 식이 인산염	인산염 재흡수
Aquaporin-1 (AQP1)	내강막/ 기저외측막	물(H_2O)	규명되지 않음 (삼투압 구배, 유량*)	물 재흡수
H^+-ATPase	내강막	H^+(유출)	pH	H^+ 분비

* AQP1의 조절인자는 아직 규명이 안 됨. 삼투압 구배와 유량은 조절인자가 아니라 구동력(driving force)임.

1) 안지오텐신 II(Angiotensin II, ANG II)

안지오텐신 II(Angiotensin II, ANG II): 레닌-안지오텐신-알도스테론 시스템(RAAS)의 주요 펩타이드 호르몬인 ANG II는 근위세뇨관 등 신장 기능 조절에 중요한 역할을 한다.(표 11)

- 주요 효과: 생리적 농도 범위 내에서 Na^+, HCO_3^-, 그리고 물의 재흡수를 촉진한다
- 기전: ANG II는 근위세뇨관 세포의 AT1 수용체에 결합하여 내강막 NHE3와 기저외측막 Na^+,K^+-ATPase 및 NBCe1의 활성을 증가시킨다.(표 11)[52, 89-91] 이는 체액량 감소나 혈압 저하 시 RAAS가 활성화될 때 Na^+와 물의 보존을 강화하여 혈압과 체액량을 회복시키는 데 기여한다.

표 11. 안지오텐신 II 수용체 자극에 따른 신장 효과

구분	AT1 수용체	AT2 수용체
혈역학/혈관	↑ 동맥압, 수입 및 수출세동맥 수축[20]	혈관 확장
부신, 나트륨 항상성	↑ 알도스테론 분비 →↑ Na^+ 재흡수	–
사구체	메산지움 세포 수축	세포 증식 억제[21]
Tubuloglomerular feedback(TGF)	↑ TGF 기전 민감도	수입세동맥 이완, 아데노신(A_1)·ATP 수축 신호에 길항
세뇨관 수송	↑ Na^+/H^+ 교환체 활성 ↑근위 및 원위세뇨관 재흡수	AT1 수용체의 재흡수 촉진 신호를 상쇄하는 방향으로 작용
레닌[22]	↓ 레닌 분비(주로 Ca^{2+}/PKC 경로)	↓ 레닌 분비(주로 NO-cGMP 경로)
매개물질/신호	↑ ET, TxA_2, 활성산소종(ROS), 사이토카인, 성장인자 활성화(ICAM-1, MCP, TGF-β)	브래디키닌(bradykinin) 자극, eNOS 자극

① 신호 전달 경로 및 효과

- 자극 효과(설치류 저농도; 인간 용량 의존적): ANG II는 근위세뇨관의 Na^+와 HCO_3^-의 재흡수를 자극한다. 이는 주로 내강막 NHE3와 기저외측막 Na^+,K^+-ATPase, NBCe1의 활성을 증가시켜 이루어진다.[89] 이 자극 효과에 관여하는 신호 전달 경로는 복잡하며, G 단백질을 통해 adenylyl cyclase를 억제하여 세포 내 cAMP 농도를 감소시키거나(NHE3 친화도/활성 증가 유도)[92] 또는 protein kinase C(PKC) 및 세포 외 신호 조절 키나아제(ERK) 경로를 활성화시키는 기전이 포함될 수 있다.[52]
- ANG II에 의한 NHE3 조절에 관해 조금 더 자세히 설명하면 다

---

20 수출세동맥 수축이 더 두드러진다.
21 혈관 평활근과 메산지움, 간질 섬유아세포의 증식을 억제한다.
22 여기서는 JG 세포 유래를 의미한다. 집합관 레닌은 AT1 매개로 증가시킬 수 있다.

음과 같다.

i. G 단백질(Gi) 매개 cAMP 감소: AT1 수용체는 Gi 단백질과 연관되어 adenylyl cyclase 활성을 억제한다. 이는 세포 내 cAMP 농도를 감소시키고, protein kinase A(PKA)의 활성을 낮춘다. PKA는 일반적으로 NHE3를 인산화하여 활성을 억제하는데, PKA 활성 감소는 이러한 억제를 해제하여 NHE3의 친화도 및 활성을 증가시킨다.[92, 93]

ii. G 단백질(Gq) 매개 PLC/PKC/ERK 경로 활성화: AT1 수용체는 Gq 단백질과도 연관되어 phospholipase C(PLC)를 활성화시킨다. PLC는 DAG와 IP_3를 생성하여 protein kinase C(PKC) 활성 및 세포 내 칼슘 농도를 증가시킨다.[94] 활성화된 PKC 및 하위 신호 전달 경로인 Extracellular signal-Regulated Kinase(ERK)는 NHE3 자체 또는 관련 조절 단백질을 인산화하거나 세포막으로의 이동(trafficking)을 촉진하여 NHE3 활성을 증가시킬 수 있다.[52]

- 이중 효과(Biphasic Effect, 설치류/토끼): 설치류와 토끼에서는 ANG II의 효과가 농도에 따라 다르게 나타난다. 낮은 농도(pM~nM)에서는 Na^+ 수송을 자극하지만, 높은 농도(nM~μM)에서는 오히려 억제하는 이중 효과를 보인다.[52] 고농도에서 억제 효과는 AT1A 수용체를 통해 phospholipase A2(PLA2)/arachidonic acid/EET 경로 또는 nitric oxide/cGMP/cGMP-의존성 kinase II(cGKII 혹은 PKGII) 경로를 활성화시켜 주로 NHE3와 Na^+,K^+-ATPase의 활성을 억제한다고 알려져 있다.[95]

i. Phospholipase A2, Arachidonic Acid, Epoxyeicosatrienoic Acid Pathway: 고농도의 ANG II가 근위세뇨관 세포의 AT1A 수용체에 결합하면, 세포질 내 또는 막에 존재하는 phospholipase A2(PLA2) 효소를 활성화시킨다. PLA2는 세포막 인지질을 가수분해하여 arachidonic acid(AA)를 유리시키며 이는 세포 내에서 여러 효소 시스템에 의해 대사된다. 특히 Cytochrome P450 epoxygenase는 AA를 Epoxyeicosatrienoic Acids(EETs)라는 지질 신호 전달 분자로 전환시킨다. 여러 이성질체(5,6-EET, 8,9-EET, 11,12-EET, 14,15-EET)가 존재하며, 이들은 근위세뇨관에서는 NHE3와 Na^+,K^+-ATPase의 활성을 억제한다고 알려져 있다.

ii. Nitric Oxide, cyclic GMP, cGMP-dependent Kinase II Pathway: 고농도의 ANG II가 AT1A 수용체에 결합하면 산화질소 합성효소(Nitric Oxide Synthase, NOS), 특히 근위세뇨관 세포 내에 존재하거나 주변에서 영향을 줄 수 있는 신경성 NOS(neuronal NOS, nNOS)의 활성을 자극하여 산화질소(Nitric Oxide, NO) 생성을 증가시킨다. 생성된 NO는 쉽게 확산되는 기체 분자로, 세포 내의 soluble guanylate cyclase(sGC)를 활성화시키며, 활성화된 sGC는 GTP(Guanosine Triphosphate)를 cGMP(cyclic Guanosine Monophosphate)로 전환시킨다. 생성된 cGMP는 cGMP-의존성 단백질 키나아제 II(cGMP-dependent protein Kinase II, cGKII, PKGII)를 활성화시키며, 활성화된 cGKII는 NHE3를 인산화하여 그 활성을 억제한다.

- 단상 효과(Monophasic Effect, 인간): 흥미롭게도, 사람의 신장에서 분리된 근위세뇨관을 사용한 연구에서는 ANG II가 농도 의존적으로 수송(NHE3, NBCe1)을 자극하는 단상 효과를 보이는데,[52, 95] 이는 AT1 수용체를 통해 ERK 인산화를 유발하여 매개한다고 알려져 있다. 중요한 점은, 사람에서는 NO/cGMP 경로가 설치류와 달리 cGKII를 통하지 않고 ERK를 인산화시켜, 오히려 수송을 자극한다. 그러나 사람에서 NO/cGMP/ERK 경로의 정확한 상호작용과 생리적 의미에 대해서는 보다 더 많은 추가 연구가 필요하다.

② 내강 작용 대 기저외측막 작용

ANG II는 혈액을 통해 기저외측막 AT1 수용체에 작용할 뿐만 아니라, 사구체에서 자유롭게 여과되고 근위세뇨관 세포 자체에서 생성되어 내강으로 분비되기도 한다.[96] 내강 내 ANG II 농도는 근위세뇨관에서 국소적으로 생성 및 분비되기 때문에 혈장 농도보다 수십~수백 배 높을 수 있으며, 내강막에도 AT1 수용체가 존재한다.[96] 내강 ANG II 생성이나 수용체를 차단하면 근위세뇨관 수송이 유의하게 감소하는데, 이는 신장 내에서 국소적으로 생성된 ANG II가 전신 순환계의 ANG II와는 독립적으로 autocrine/paracrine 방식으로 근위세뇨관 수송을 자극함을 시사한다. 일부 angiotensin AT1 receptor blocker(ARB)는 다른 ARB에 비해 세뇨관 내강으로 더 잘 분비되어 내강의 AT1 수용체를 효과적으로 차단할 가능성이 있다[예: Olmesartan, Losartan의 대사체(EXP3174)].

2) 기타 호르몬 및 조절 인자

① 부갑상선 호르몬(Parathyroid Hormone, PTH): 혈중 칼슘 농도를 높이고 인산염 농도를 낮추는 등 칼슘과 인산염 대사 조절에 핵심적인 역할을 하며, 신장, 특히 근위세뇨관은 PTH의 중요한 표적 장소 중 하나이다.

- 주요 효과

i. 인산염(Pi) 재흡수 억제: PTH의 가장 두드러진 근위세뇨관 효과는 소듐-인산염 공동수송체(NaPi)를 억제하여 인산염 재흡수를 억제하는 것이며, 이로 인해 소변으로 인산염 배설(phosphaturia)이 증가한다.

ii. Na^+, HCO_3^-, 물 재흡수의 약한 억제 가능성: PTH는 Na^+/H^+ 교환체(NHE3)의 활성을 일부 억제하여 소듐(Na^+)과 중탄산염(HCO_3^-)의 재흡수를 약하게 감소시킬 수 있으며, 물의 재흡수는 용질 재흡수에 연동되므로 간접적으로 억제될 수 있다.

iii. Ca^{2+} 재흡수: 근위세뇨관에서는 여과된 칼슘(Ca^{2+})의 약 60~70%가 재흡수되지만, 이는 대부분 PTH와 무관하게 용매 끌림 및 농도 기울기 등으로 수동적으로 일어난다. 이와 반면에 PTH에 의한 능동적 Ca^{2+} 재흡수 조절은 주로 원위곡세뇨관과 연결세관에서 발생한다.

- 기전[97]

i. 수용체 결합 및 신호 전달: PTH는 근위세뇨관 세포의 기저외측막에 발현하는 PTH 수용체 1형(PTH1R)에 결합한다. 이 수용체는 G 단백질 연결 수용체(GPCR)로, 주로 Gs 단백질을 활성화

시켜 adenylyl cyclase를 자극하고 세포 내 cAMP 농도를 증가시키며(일부 Gq 경로 활성화를 통한 PLC/IP_3/DAG 경로도 관여함), 증가된 cAMP는 protein kinase A(PKA)를 활성화시킨다.

ii. NaPi 수송체 조절: 활성화된 PKA는 NaPi-IIa와 NaPi-IIc 수송체 자체보다 이들과 결합하여 세포막 발현을 조절하는 조절 단백질인 Na^+-H^+ exchanger regulatory factor-1(NHERF-1)이나 관련된 세포골격 단백질을 인산화하여 수송체의 내재화 및 분해를 촉진한다.

iii. 내재화 및 분해 촉진: 이러한 과정은 내강막에 발현하는 NaPi-IIa, NaPi-IIc 수송체의 세포 내 유입을 촉진하고, 리소좀(lysosome)에서의 분해를 유도한다.

iv. Gq 경로 활성화를 통한 protein kinase C(PKC)도 PTH 신호전달의 일부이며 NHERF-1 인산화 및 NaPi 조절에 관여할 수 있으나, PTH에 의한 급성 인산염 재흡수 억제 및 NaPi-IIa/c 내재화의 주된 경로는 cAMP/PKA 경로로 평가된다.[98, 99]

② 기타 조절 인자: 이 외에도 도파민(Dopamine, Na^+ 재흡수 억제), FGF23(인산염 재흡수 억제), 심방 나트륨 이뇨 펩타이드(ANP, 약한 Na^+ 재흡수 억제 효과), 인슐린, 글루카곤 등 다양한 인자들이 근위세뇨관 수송 기능에 영향을 미칠 수 있다.

i. 도파민: 근위세뇨관 세포의 D1 유사 수용체에 작용하여 cAMP 생성을 증가시키거나 phospholipase C 경로를 활성화할 수 있다. 이는 결과적으로 NaPi-IIa의 활성을 억제하고 세포막에

서의 발현을 감소시켜 인산염 재흡수를 억제하며, 또한, NHE3와 Na^+,K^+-ATPase를 억제하여 소듐 재흡수도 감소시킨다.

ii. FGF23(Fibroblast Growth Factor 23): FGF23은 Klotho를 공동수용체(coreceptor)로 사용하여 FGFR(FGF 수용체)에 결합한다. 이 신호 전달 경로는 ERK1/2 및 serum/glucocorticoid-regulated kinase-1이며, NHERF-1 의존적 기전으로 NaPi-IIa의 막 발현을 감소시키고, 내재화 및 분해를 촉진하여 인산염 배설을 촉진한다.

3) 교감 신경(Sympathetic Nervous System)

- 주요 효과: 근위세뇨관에서 소듐(Na^+), 중탄산염(HCO_3^-), 그리고 물의 재흡수를 촉진하고 체액량 및 혈압 유지에 기여한다. 신경 분포는 피질과 외수질에 조밀하며, 내수질은 상대적으로 희박하다.
- 교감 신경 말단에서 분비되는 norepinephrine이 근위세뇨관 세포의 α-아드레날린성 수용체(주로 α1)에 작용하여 NHE3와 Na^+,K^+-ATPase 활성을 직접 자극한다. 또한, 사구체옆장치(Juxtaglomerular apparatus, JGA)의 과립 세포(granular cell)에 있는 β1-아드레날린성 수용체의 자극으로 레닌 분비를 촉진되어 RAAS가 활성화된다. 출혈, 탈수, 스트레스 등으로 인해 혈압이 감소하면 교감 신경 활성이 증가하여 Na^+와 물의 재흡수가 항진된다.
- 기전: α1-아드레날린 수용체는 Gq 단백질을 활성화시킨다. 이는 인지질분해효소 C(Phospholipase C, PLC)를 자극하여 IP_3

와 DAG를 생성하고, 결과적으로 세포 내 Ca^{2+} 농도 증가와 Protein Kinase C(PKC) 활성화를 유발한다. 이 경로는 근위세뇨관 내강막의 NHE3와 기저외측막의 Na^{+},K^{+}-ATPase의 활성을 증가시켜 소듐 재흡수를 촉진한다. 또한, β-아드레날린 수용체는 Gs 단백질을 활성화시켜 adenylyl cyclase를 자극하고, 세포 내 cAMP 농도를 증가시킨다. cAMP는 Protein Kinase A(PKA)를 활성화시키고, PKA는 굵은오름다리의 NKCC2의 내강막 발현을 증가시켜 소듐 재흡수를 촉진한다. Norepinephrine에 의한 ENaC의 자극은 주로 α2-아드레날린 수용체를 통한다.

4) 사구체-세뇨관 균형(Glomerulotubular Balance, GTB)

제2장에서 전술한 대로, 사구체 여과율(GFR)이 생리적 범위 내에서 변동하더라도 근위세뇨관에서 재흡수되는 여과액의 분율(fractional reabsorption), 특히 Na^{+}와 물의 재흡수 분율이 거의 일정하게(약 2/3) 유지되는 현상을 의미한다. 즉, GFR이 증가하면 근위세뇨관의 절대 재흡수량도 비례하여 증가하고, GFR이 감소하면 재흡수량도 비례하여 감소한다.

① 기전: 여러 요인이 복합적으로 작용한다.

- 세뇨관 내강 요인(여과된 부하 변화): GFR이 증가하면, 근위세뇨관으로 들어오는 Na^{+}를 포함한 총 용질(포도당, 아미노산, 중탄산염, 염소 등)의 절대적인 양(부하, load)이 증가한다. 이는 내강막에 있는 다양한 수송체들(예: NHE3, SGLTs, 아미노산 수송체 등)에 더 많은 기질(substrate)을 제공하여 수송체들의 절대적인 수송 속도를 증가시킨다.

- 세뇨관 주위 모세혈관의 물리적 인자 변화: GFR이 증가하면 사구체에서 여과되는 액체량이 증가하여(즉, 여과분율 증가), 사구체 수출 세동맥과 연결된 세뇨관 주위 모세혈관의 혈액이 더욱 농축된다. 이로 인해 단백질 농도 증가에 따른 교질삼투압이 상승하며, 동시에 혈류량 변화로 인해 모세혈관 정수압은 감소할 수 있다. 이러한 세뇨관 주위 모세혈관의 Starling 힘 변화(교질삼투압 증가 및 정수압 감소)는 간질액에서 모세혈관으로의 체액 이동을 촉진한다. 결과적으로 이는 근위세뇨관 상피세포를 통한 재흡수를 간접적으로 촉진하는 역할을 한다.
- 기타 요인: 세뇨관액 유량(flow rate) 변화에 따른 물리적 힘의 변화도 GTB에 기여한다. 예를 들어, 솔가장자리(brush border)에 가해지는 fluid shear stress의 변화는 세뇨관 상피세포 내 actin dynamics에 영향을 주어 수송 막단백질의 막 발현을 조절한다.[100] 또한 국소적으로 생성되고 작용하는 ANG II의 농도 변화 등도 GTB에 영향을 미친다.

② 중요성: GTB는 GFR의 일상적인 변동(예: 혈압 변화, 식이 변화)에도 불구하고 원위 네프론(헨레고리, 원위세뇨관, 집합관)으로 전달되는 세뇨관액의 양과 용질 부하가 급격하게 변하는 것을 방지하는 완충 역할을 한다. 만약 GTB가 없다면 GFR이 약간만 증가해도 원위 네프론이 처리해야 할 부하가 과도하게 증가하여 미세 조절 능력의 한계를 초과하게 되고, 이는 체액 및 전해질의 불균형을 초래할 수 있다. 따라서 GTB는 원위 네프론의 부하를 안정화시켜 최종적인 소변 생성 및 항상성 조절이 원활하게 이루어지도록 보장하는 중요한 기전이다.

6. 근위세뇨관의 분절 특이성

근위세뇨관은 단일한 구조가 아니라, 길이 방향을 따라 조직학적 및 기능적으로 뚜렷한 특징을 보이는 세 개의 분절, 즉 S1, S2, S3 분절로 나뉜다.(표 12)[101]

① S1 분절[곡선부(pars convoluta) 초기 ~2/3]

- 구조: 가장 길고 복잡하게 발달된 솔가장자리(가장 큰 표면적)와 가장 많은 수의 미토콘드리아를 가진다. 세포 높이가 가장 높다.
- 기능: 대량 재흡수가 가장 활발하게 일어나는 부위이다. Na^+, 물, HCO_3^- 재흡수의 상당 부분을 담당한다. 특히 포도당(SGLT2/GLUT2 통해 여과 포도당의 80~90%)과 아미노산의 재흡수가 대부분 여기서 이루어진다. 인산염 재흡수(NaPi-IIa, NaPi-IIc)도 주로 S1에서 일어난다(여과된 인산염의 약 70~85%가 근위세뇨관에서 재흡수되며, S1 분절이 약 50%를 담당). 즉, 고용량 수송 체계하에 여과액 내 여러 물질들을 신속하게 재흡수하는 역할을 한다.

② S2 분절[곡선부 후기 및 직선부(pars recta) 초기]

- 구조: S1 분절보다 솔가장자리의 발달이 덜하고 미토콘드리아 수도 적다. 세포 높이도 중간 정도이다.
- 기능: S1에서 시작된 재흡수 과정을 이어받아 남은 용질과 물을 계속 재흡수한다. S1에서 재흡수되지 못한 포도당이 고친화성 SGLT1/GLUT1 시스템을 통해 재흡수된다. 일부 유기 음이온(예: PAH)의 분비가 이 분절에서 가장 활발하다. S1과 S3 사이의 전환

표 12. 근위세뇨관의 각 분절별 특징[102]

종류	S1 분절 (초기 곡세뇨관)	S2 분절(과도기)	S3 분절(직세뇨관)
세포 높이	가장 높음 (Tall Columnar)	중간(Columnar/ Cuboidal)	가장 낮음 (Low Cuboidal)
솔가장자리 (brush border)	가장 발달 (길고 빽빽함)	중간 발달	가장 덜 발달 (짧고 성김)
미토콘드리아 (mitochondria)	가장 많고 김 (elongated)	S1보다 작음	가장 작고 적음
기저막 주름 (basal invagination)	가장 깊고 복잡함	중간 발달	가장 얕고 단순함
세포 내 이입 기구 (endocytosis apparatus)	가장 발달	중간 발달	가장 덜 발달
과산화소체 (peroxisome)	적고 작음	중간	가장 많고 큼
주요 기능	재흡수 & 분비 (고에너지 요구)	재흡수 & 분비	재흡수 & 분비(허혈손상에 취약)

적인 특성을 보인다.

③ S3 분절[나머지 직선부]

- 구조: 솔가장자리가 가장 짧고 덜 발달했으며, 미토콘드리아 수도 가장 적고, 세포는 비교적 납작한 형태이다.
- 기능: 재흡수 능력은 S1/S2보다 낮지만, 특화된 기능을 수행한다. SGLT1/GLUT1을 통해 남아 있는 미량의 포도당을 최종적으로 재흡수한다. 유기 음이온(OAT1/3)과 유기 양이온(OCT2)의 분비가 활발하게 일어나는 주요 부위이다. 세포사이 경로는 S1/S2보다 투과성이 낮을 수 있다.

이러한 근위세뇨관의 분절적 이질성은 분절별 기능적 차이를 가능하게 한다. 초기 분절(S1)은 여과액의 대량 재흡수에 특화되어 있고, 후기 분절(S3)은 저용량이지만 고친화성 재흡수 및 특정 노폐물/약물의 분비 기능에 더 중점을 둔다. S3 분절은 S1, S2 분절에서 미처 재흡수되지 못한 물질들을 재흡수하고, 특히 유기 음이온 및 양이온과 같은 노폐물이나 약물 성분을 세뇨관 내강으로 분비하는 기능이 발달되어 있다. 이러한 기능 분담(axial heterogeneity)은 근위세뇨관이 여과액을 차례대로 처리하면서 다양한 물질을 최적의 효율로 처리할 수 있도록 보장한다.

7. 알부민 등 저분자량 단백질 재흡수

신장 근위세뇨관은 사구체 여과액으로 소량 유입되는 알부민(약 66.5 kDa)과 다양한 저분자량(Low Molecular Weight Protein, LMW) 단백질(일반적으로 < 30~40 kDa)을 효율적으로 재흡수하는 기능을 수행한다. 이는 단백질 자체의 손실을 막을 뿐 아니라, 비타민 D와 레티놀 등 영양소와 미량 원소들이 운반체 단백질과 함께 소변으로 배설되는 것을 방지하여 체내 항상성을 유지하는 데 필수적이다. 정상 상태에서는 여과된 알부민의 99.9% 이상과 LMW 단백질의 약 95%가 재흡수되어 최종 소변에는 사구체에서 여과된 단백질이 거의 포함되지 않는다. 대표적 LMW 단백질은 α1-microglobulin(약 26~33 kDa), β2-microglobulin(~12 kDa), retinol-binding protein(~21 kDa) 등이며, vitamin D-binding protein(~58 kDa)는 LMW는 아니

지만 여과 및 재흡수의 주요 대상이 된다. 이러한 고효율 재흡수는 주로 수용체 매개 세포 내 이입(receptor-mediated endocytosis) 기전을 통해 이루어지며[103-105] 단백질 부하가 높은 조건에서는 유동상 세포 내 이입(Fluid-Phase Endocytosis)도 소량 기여할 수 있다.[106, 107] 임상적으로 microalbuminuria는 주로 사구체 손상과 심혈관 위험 증가를 반영하며 당뇨병성 신증과 고혈압성 신증의 중요한 초기 지표가 된다. 그와 반면 β2-microglobulinuria는 주로 근위세뇨관의 기능 장애를 나타내어 독성, 허혈 등으로 인한 세뇨관 손상을 평가하는 데 유용하다.

미세알부민뇨(microalbuminuria)는 하루 30~300 mg[또는 소변 알부민/크레아티닌 비율(ACR) 30~300 mg/g] 범위의 알부민이 지속적으로 소변으로 배설되는 상태를 말하며, 이는 명백한 단백뇨(overt proteinuria, macroalbuminuria > 300 mg/day)보다는 적은 양이지만, 정상(<30 mg/day)보다는 유의하게 증가한 상태이다.[108] 미세알부민뇨는 신장 국소의 문제일 뿐 아니라 전신적인 내피세포 기능 장애(endothelial dysfunction)를 반영하는 지표로도 생각된다. 미세알부민뇨의 임상적 중요성을 확립하는 데 큰 공헌을 한 분은 덴마크 Aarhus 대학교 Carl Erik Mogensen 교수인데, 그는 당시 초기 신증(incipient nephropathy)단계로 간주하던 미세알부민뇨가 수년 후 명백한 단백뇨(현성 신증, overt nephropathy)로 진행하고, 결국 사구체 여과율 감소 및 말기 신부전으로 이어질 위험을 강력하게 예측한다는 사실을 입증하였다.[109-112]

근위세뇨관 상피세포의 내강막에는 단백질 재흡수를 위한 특화된 세포 내 이입 기구가 존재한다. 여기에는 넓은 솔가장자리, clathrin-coated pit 및 vesicle, endosome, lysosome, 그리고 수용체 재활용에 중요한 dense apical tubules(DATs) 등이 포함된다.[105, 107] 이 과정의 핵심 분자는 거대 당단백질 수용체인 megalin(LRP2)과 cubilin(CUBN)이다. Megalin은 LDL 수용체 계열의 막관통 단백질로, 세포질 꼬리에 NPXY 모티프를 가져 어댑터 단백질 Dab2 등과 결합하여 clathrin 매개 세포 내 이입을 유도한다.[113] 반면, cubilin(intestinal intrinsic factor-cobalamin receptor)은 자체적인 막관통 도메인이 없는 말초 막 단백질(peripheral membrane protein)이므로, 세포막에 결합하고 기능을 발휘하기 위해 막관통 단백질인 amnionless(AMN)와의 복합체(cubilin/amnionless, CUBAM) 형성이 필수적이다.[113-115] Megalin과 Cubilin은 서로 높은 친화도로 결합하며, 내재화 신호가 없는 cubilin에 결합한 리간드(알부민 포함)의 효율적인 세포 내 유입은 주로 megalin에 의해 이루어진다.

세포 내로 유입된 알부민 및 LMW 단백질은 endosome 구획으로 이동한다. Endosome 내부가 V-ATPase와 ClC-5 염소 채널 등에 의해 점차 산성화(pH < 6.5)되면, 리간드는 수용체(megalin, cubilin)로부터 해리된다. 분리된 수용체는 DATs 등을 통해 세포 표면으로 신속하게 재활용되어 지속적인 고용량의 재흡수를 가능하게 한다. 한편, 해리된 단백질의 운명은 주로 단백질의 종류에 따라 달라진다. 대부분의 LMW 단백질과 일부 알부민은 lysosome으로 운반되어 아미노산으로 완전히 분해되는 고전적 분해 경로를 따른다. 반면, 알부민의 경우 일부가 회수 경로를 통해 처리된다. 즉, 산성

endosome 환경에서 neonatal Fc receptor for IgG(FcRn)와 결합하여 lysosome 분해를 피하고 세포를 가로질러 기저외측막으로 이동한 뒤 혈액으로 온전하게 재방출되는 수송(transcytosis) 과정을 거친다.[116, 117]

근위세뇨관의 단백질 세포 내 이입 과정은 여과 부하, 세뇨관 내 유체 흐름에 따른 fluid shear stress(FSS), 알부민 농도 자체, 그리고 인슐린, ANG II, TGF-β 등 다양한 호르몬과 세포 신호전달 경로(PI3K/AKT, ERK, Smad 등)에 의해 복잡하게 조절된다.[118] 그러므로 이런 조절 시스템의 이상은 단백뇨를 유발하는 주요 원인이 된다. Megalin(LRP2), cubilin(CUBN), AMN, ClC-5(CLCN5), OCRL 등의 유전적 결함은 Donnai-Barrow 증후군, Imerslund-Gräsbeck 증후군, Dent 병과 같은 유전성 질환을 일으켜 LMW 단백뇨 및 알부민뇨를 초래한다.[107, 119, 120] 또한, 당뇨병성 신증에서는 megalin과 cubilin의 발현 조절 이상이 알부민뇨 발생에 기여할 수 있으며, 아미노글리코사이드와 같은 신독성 약물은 megalin을 통해 세포 내로 유입되어 세뇨관 손상을 일으킨다. 이와는 다르게 시스플라틴의 경우에는 일부가 megalin을 통하며, 주로 기저외측막의 OCT2(Organic Cation Transporter 2)를 통해 세포 내로 유입된다. 과도한 단백질 여과(사구체성 단백뇨)는 재흡수 시스템에 과부하를 일으켜 lysosome 기능 장애, 산화 스트레스, 염증 반응을 유발하고, 세뇨관 세포 사멸과 간질 섬유화로 연결되어 만성 콩팥병을 악화시킨다.

요약하면, 신장 근위세뇨관의 알부민 및 LMW 단백질 재흡수는 megalin-cubilin-AMN 수용체 시스템과 세포 내 이입 기구를 통해 이루어지는 매우 효율적이고 필수적인 과정이다. 이 과정은 주로 RME를 통해 일어나며, 흡수된 단백질은 lysosome에서의 완전 분해 또는 FcRn 매개 수송(주로 알부민)이라는 서로 다른 경로를 통해 처리된다. 이 시스템의 정교한 조절 기전 및 이들의 장애가 초래하는 병태생리학적인 결과(단백뇨, 세뇨관 손상, 만성 콩팥병 진행)에 대한 이해는 신장 질환의 진단과 치료 전략 개발에 매우 중요하다. 덴마크 Aarhus 대학교 세포생물학교실 Erik Christensen, Søren Nielsen, Arvid Maunsbach 교수 등은 전자현미경 연구와 분자생물학적 기법을 통해 근위세뇨관의 미세구조를 밝히고 megalin과 cubilin의 핵심 기능을 규명하는 데 선구적인 역할을 수행하였다.[113, 121]

제 4 장

헨레고리 내림가는다리와 오름가는다리

제4장 | 헨레고리 내림가는다리와 오름가는다리

1. 개요

헨레고리관은 신장 네프론에서 근위세뇨관 다음으로 연속해서 이어지는 U자 형태의 관으로, 수분과 전해질의 재흡수를 담당하며 소변의 농축에 중요한 역할을 수행한다. 헨레고리관은 얇은 부분인 가는고리관과 굵은 부분인 굵은고리관으로 나뉘며, 가는고리관은 다시 신장 수질로 내려가는 내림가는다리(descending thin limb)와 신장 내수질(inner medulla)에서 외수질(outer medulla)로 올라오는 오름가는다리(ascending thin limb)로 구성된다.[1, 2] 제4장에서는 헨레고리관 중 가는 고리관 즉, 내림가는다리와 오름가는다리의 구조와 기능에 관해 기술하며, 제5장은 굵은오름다리(thick ascending limb)와 원위세뇨관(distal tubule)에 관해 기술하고자 한다. 원위세뇨관은 굵은오름다리의 치밀반(macula densa)을 지난 부분에서 집합관으로 이행되기 이전까지, 즉 원위곡세뇨관(distal convoluted tubule)과 연결세관(connecting tubule)을 말한다.[3]

2. 가는고리관의 구조적 특징

1) 내림가는다리의 구조

내림가는다리는 근위세뇨관 직선부(proximal straight tubule)에서 이어져 수질 방향으로 내려가는 세뇨관 부위이다. 이는 짧은고리 네프론(short-loop nephron, cortical nephron)과 긴고리 네프론(long-loop nephron, juxtamedullary nephron) 모두에서 관찰된다.[2] 조직학적으로 내림가는다리는 단층 편평 상피(simple squamous epithelium) 세포로 이루어져 있으며, 세포 내 소기관이 비교적 적고 세포 표면의 미세융모(microvilli) 발달도 미약하다. 짧은고리 네프론의 내림가는다리 상피세포를 제1형 상피(type I epithelium)라고도 한다. 이러한 구조는 근위세뇨관처럼 에너지를 많이 소모하는 활발한 능동 수송(active transport)보다는 주로 수분의 삼투압적 재흡수(osmotic water reabsorption)와 같은 수동적 물질 이동이 주로 이루어짐을 시사한다. 따라서 많은 수의 미토콘드리아를 가지고 활발한 능동적 재흡수를 수행하는 근위세뇨관 상피세포의 구조와는 매우 대조적이다. 특히 긴고리 네프론의 내림가는다리는 외수질(outer medulla)을 거쳐 내수질(inner medulla)까지 깊숙이 내려가면서 형태 및 기능적으로 여러 하위 분절로 구분될 수 있다.[2, 4] 예를 들어, 외수질을 통과하는 긴고리 네프론의 내림가는다리 상부(제2형 상피, type II epithelium)는 aquaporin-1(AQP1) 수분통로단백이 많이 발현하여 수분 투과성이 매우 높은 반면, 내수질로 들어가는 내림가는다리 하부(제3형 상피, type III epithelium)는 AQP1 발현이 감소하여 수분 투과성이 낮아지고, 대신 요소(urea)에 대한 높은 투과성을 나타내기도 한다.[2] 이러한 분절별 특징은 주변 간질의 변화하는 삼투압 환경에 적응하여 효율적인 수분 및 용질 이동을 수행하기 위함이다.

근위세뇨관에서 내림가는다리로 이행할 때, 여과액의 약 60~70%가 이미 재흡수된 상태이다. 따라서 단일 네프론의 사구체 여과율 30~40 nl/min이라면 내림가는다리 초입으로 들어오는 유량은 10~15 nl/min 정도로 감소한다. 내림가는다리의 지름(내경)은 근위세뇨관보다 더 좁다(근위세뇨관 20~30 μm, 내림가는다리 12~18 μm). 유량은 줄어들지만, 관의 단면적도 같이 감소하므로, 내림가는다리 초입에서의 유속(velocity, 유량/단면적)은 갑자기 느려지지 않고 근위세뇨관과 비슷하게 유지되거나 약간 증가할 수 있다. 내림가는다리의 작은 내경으로 인해 Poiseuille 법칙에 따라 관 저항(저항 $\propto$ 1/반경^4)이 크게 증가하며, 같은 양의 유체가 흐르려면 더 큰 압력 강하(ΔP)가 필요하다($Q = \Delta P/R$). 실제로 세뇨관 내 압력이 감소하고, 그 결과 내림가는다리 및 그 이후 세뇨관 구간은 근위세뇨관보다 상대적으로 낮은 내강 압력과 비교적 안정된 유속을 가지게 되며, 이러한 유속 및 압력 변화는 내림가는다리에서의 수분 재흡수와 헨레고리의 역류 증폭(countercurrent multiplication) 기전이 효율적으로 이루어질 수 있는 환경을 제공한다.

2) 오름가는다리의 구조

오름가는다리는 내림가는다리가 신장 내수질에서 U자형으로 꺾인 후 외수질 방향으로 올라가는 얇은 상피 부위를 말한다. 짧은고리 네프론에서는 거의 없거나 매우 짧으며, 주로 긴고리 네프론에서 잘 발달하여 내수질 깊은 곳에서 외수질까지 이어진다(제4형 상피, Type IV epithelium, 긴고리 네프론의 오름가는다리 상피세포).[2] 조직학적으로 내림가는다리와 유사하게 단층 편평 상피세포로 구성되며, 세포 내 소기관과 미세융모 발달이 빈약하여 수동적 물질 이동에 적합한 구조를 갖는다. 그러나 기능적으로는 큰 차이가 있다. 오름가는다리는 수분통로단백이 없어 수분 투과성이 매우 낮은 반면, NaCl에 대한 투과성이 높아 세뇨관 내강의 NaCl이 간질로 수동 확산되어 재흡수된다. 이는 주로 세포사이 경로를 통한 Na^+ 이동과 세포경유 경로의 Cl^- 채널(ClC-K1 등)을 통한 Cl^- 이동으로 이루어진다. 이러한 선택적인 염분 재흡수는 수질 내 삼투압 구배(osmotic gradient)를 형성하고 유지하는 데 중요한 역할을 한다.[2, 5, 6] 오름가는다리에 이어 외수질에서는 상피세포가 입방형으로 바뀌는 굵은오름다리(thick ascending limb, TAL)가 되며 이들 사이에는 조직학적으로 그리고 기능적으로 뚜렷한 차이를 보인다.

3) 내림가는다리와 오름가는다리의 기능적 차이점

내림가는다리와 오름가는다리는 모두 단층 편평 상피로 구성되어 기본 구조가 유사하고, 주로 수동적 물질 이동에 관여하지만 중요한 기능적 차이가 존재한다. 고전적 역류 증폭 모델은 헨레고리관의 각 부분이 균일한 투과성을 지닌다고 가정한다. 이 모델에 따르면 모든 네프론의 내림다리는 물에 대해 높은 투과성을, 용질(NaCl, 요소 등)에 대해서는 낮은 투과성을 보이며, 오름다리는 물에 불투과성이지만

NaCl에 대해서는 높은 투과성을 갖는다. 이러한 명확한 투과성 이분법은 내림다리에서 물만 빠져나가 내강액이 농축되고, 오름다리에서 용질만 빠져나가 내강액이 희석되는 과정을 명료하게 설명하여 역류 증폭 기전의 이해를 돕는다. 그러나 고전적 모델은 전체 네프론의 70~80%를 차지하는 짧은고리 네프론과 나머지 20~30%를 차지하는 긴고리 네프론 간의 구조·기능 차이를 구분하거나 고려하지 않았다. 여기서 "짧은고리 네프론의 내림가는다리도 정말로 수분 투과성이 높은가?"라는 근본적 질문이 제기된다. 이를 해결하려면 고전적 모델의 단순한 가정보다는 수분 투과성을 결정하는 분자적 실체와 그 분포를 살펴보아야 한다.

① 세포 치밀이음 및 투과성

- 긴고리 네프론의 내림가는다리 상피세포에는 수분통로단백인 AQP1이 내강막과 기저외측막 모두에서 풍부하게 발현하여(특히 외수질 분절인 상부 내림가는다리, Type II epithelium) 세포를 경유하는(transcellular pathway) 수분 재흡수의 주요 통로가 된다.[7] 따라서 내림가는다리는 수분 투과성이 매우 높다. 세포 간 치밀이음을 통해서도 물질 이동이 일어날 수 있다. 내림가는다리 상부(Type II epithelium)의 치밀이음에서는 양이온 채널을 형성하는 claudin인 claudin-2의 발현이 보고되며,[8, 9] 이는 세포사이 경로를 통한 양이온(Na^+ 등) 및 수분의 투과에 일부 기여한다고 알려져 있다.
- 그러나 내림가는다리의 치밀이음은 전반적으로 용질(Na^+, Cl^- 등)에 대한 투과성이 낮다. 특히 Na^+에 대한 세포사이 투과성은 제

한적이다. 이는 장벽(barrier) 기능을 하는 claudin-8과 같은 다른 claudin 단백질들이 발현하여 세포사이 경로를 통한 용질 이동을 차단하기 때문이다.[9, 10] 이렇게 낮은 용질 투과성에 비해 내림가는다리에서 수분은 재흡수되어 세뇨관액의 용질 농도를 더욱 증가시키며 고장성(hypertonic) 상태를 형성한다. 긴고리 네프론의 내수질로 깊이 들어가는 하부 내림가는다리(Type III epithelium)는 AQP1 발현이 감소하고 요소(urea)에 대한 투과성이 나타나는 등 기능적 특성이 달라진다.

- 오름가는다리 상피세포에는 AQP1과 같은 수분통로단백이 발현되지 않으므로, 오름가는다리는 수분 투과성이 매우 미약하다. 이는 오름가는다리의 핵심 기능인 용질만 재흡수하여 세뇨관액을 희석하는 데 필수적이다. 오름가는다리의 치밀이음은 내림가는다리와 달리 용질에 대한 투과성이 비교적 높다. 특히 Na^+ 이온에 대한 투과성이 높은데, 이는 주로 치밀이음에 존재하는 claudin-10b에 의해 형성된 양이온 채널을 통해 세포사이 경로로 Na^+ 이온이 이동하기 때문이다.[9, 11]

② 굵은오름다리(thick ascending limb, TAL)로 이행

- 오름가는다리는 굵은오름다리로 이행하면서 뚜렷한 구조적 변화가 나타난다. 굵은오름다리는 입방형(cuboidal) 상피세포로 구성되며, 세포 내 미토콘드리아와 같은 소기관이 풍부하고 바닥쪽 세포막 주름(basolateral infolding)이 발달되어 있다. 이는 내강막에 발현하는 Na^+-K^+-$2Cl^-$ 공동수송체(NKCC2) 등을 통한 활

발한 능동 수송으로 다량의 NaCl을 재흡수하는 기능과 관련된 구조적 특징으로, 오름가는다리와는 구조적, 기능적 차이를 보인다.[12]

- Ca^{2+} 및 Mg^{2+}와 같은 양이온의 세포사이 경로를 통한 재흡수에 중요한 역할을 하는 claudin-16(paracellin-1) 및 claudin-19 복합체가 굵은오름다리의 치밀이음에서 발현된다.[9, 13-15] 또한, 굵은오름다리 상피세포에는 수분통로단백이 발현되지 않으므로, 수분투과도는 매우 미약하다.

3. 내림가는다리의 기능

1) 수분 투과성

내림가는다리는 신장 수질의 고삼투 환경에서 매우 높은 수분 투과성을 나타낸다. 이는 주로 수분통로단백인 aquaporin-1(AQP1)이 내림가는다리 세포의 내강막과 기저외측막에 다량으로 발현되어 있기 때문이다.(그림 9) AQP1을 통해 물 분자는 농도 기울기를 따라 세뇨관 내강에서 간질로 빠르게 이동하며, 이로 인해 여과액은 내림가는다리에서 하행할수록 물은 재흡수되고 내강 삼투질 농도가 높아져, 내수질 최하부에서는 약 1,200 mOsm/kgH_2O까지 농축된다.

그러나 이상의 설명처럼 내림가는다리의 높은 수분 투과성은 모든 네프론에 해당하지 않으며, 네프론 종류 및 분절에 따라 다르게 나타난다.[16] 긴고리 네프론에서 대부분의 내림가는고리에서 AQP1

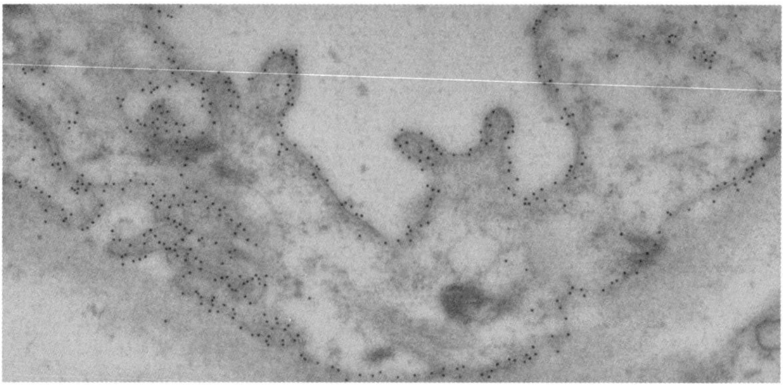

그림 9. 내림가는다리 세포에서 aquaporin-1 발현(내강막 및 기저외측막)

표 13. 헨레고리관 가는다리 분절의 특성

특성	짧은고리 네프론 내림가는다리	긴고리 네프론 내림가는다리(상부)	긴고리 네프론 내림가는다리(하부)	오름가는다리
주요 위치	외수질	외수질, 내수질 상부	내수질 하부	내수질
수분투과도(Pf)	매우 낮음	매우 높음	매우 낮음	없음
AQP1 발현	거의 없음	높음	낮음	없음
요소 투과성	중간(UT-A2 매개)	낮음	높음	높음
UT-A2 발현	하부에서 발현	없음	발현이 약함	없음
NaCl 투과성	낮음	낮음	중간(수동적)	높음(수동적)
주요 기능	요소 분비, 수분 보존	수분 재흡수	요소 분비	NaCl 재흡수 (수동적)

이 풍부하게 발현되지만(특히 외수질 분절인 상부 내림가는다리, Type II epithelium), 내수질 깊숙한 부위에서는 AQP1 발현이 낮아져서 수분 투과성이 줄어든다. 반면, 짧은고리 네프론의 내림가는고리에는 대부분 AQP1 발현이 거의 없으므로, 수분 투과성이 제한적이다. 따라서 흔히 언급되는 내림가는다리의 높은 수분 투과성은 주로 긴고리

네프론에 한정된다.(표 13)

2) 요소 투과성 및 UT-A2 수송체

일반적으로 내림가는다리는 요소 투과도가 없는 것으로 간주되어 왔다. 그러나 최근 연구에 따르면 요소 수송체인 UT-A2가 내림가는다리의 일부에서 발현되어 있어, 제한적으로나마 요소의 이동이 가능하다. UT-A2는 주로 헨레고리관의 내림가는다리에서 발현된다. 발현 정도와 위치는 헨레고리관의 종류(짧은고리 네프론과 긴고리 네프론)에 따라 차이를 보인다.[17-19]

① 짧은고리 네프론의 내림가는다리: 외수질 내대(inner stripe of the outer medulla, ISOM)에 위치한 짧은고리 네프론 내림가는다리의 말단부(제1형 상피세포의 내강막과 기저외측막)에서 강한 UT-A2 면역 반응이 나타난다.

② 긴고리 네프론의 내림가는다리: 외수질 내대와 내수질 초기(initial part of the inner medulla) 경계에 위치한 긴고리 네프론의 내림가는다리(제2형 및 제3형 상피세포)에서 희미한 발현이 관찰된다. 정상 상태에서는 단백질량이 매우 적어 검출이 어려울 수 있으나, 탈수 상태에서는 발현이 증가하여 뚜렷하게 관찰된다.

따라서 UT-A2 발현 부위에서 요소는 농도 기울기를 따라 간질에서 세뇨관 내강으로 촉진확산으로 분비될 수 있다. 이렇게 내강 안으로 이동한 요소는 이후 헨레고리 오름다리, 원위세뇨관과 집합관을 거쳐 다시 간질로 재흡수되거나 소변으로 배출된다. 내수질 집합관에서 UT-A1과 UT-A3를 통해 간질로 재흡수된 요소가 UT-A2가 발현하는 내림가는다리의 내강으로 다시 분비된 후, 재차 내수질 집합관에서 재흡수되거나 일부는 소변으로 배출되는 반복적 회로를 요소 재순환(urea recycling)이라고 한다.[19]

내수질 초기부위에 위치한 긴고리 네프론의 내림가는다리에는 약한 UT-A2 발현이 관찰된다. 그러나 내수질 간질의 높은 요소 농도 기울기 때문에 실제로 이동하는 요소의 양이 많을 수 있다. 이는 높은 투과도(permeability)에 의한 것이 아니라 농도 구배(gradient)가 크기 때문이다. 그 이유는 내수질 간질액은 집합관에서 재흡수된 요소가 축적되어 신체에서 가장 높은 요소 농도를 보이는 곳이므로, 긴고리 네프론의 내림가는다리가 이 영역으로 진입하면, 매우 가파른 농도 기울기에 따라 많은 양의 요소가 간질액에서 세뇨관 안으로 분비된다. UT-A2는 이 과정을 촉진하여 내수질의 높은 요소 농도를 유지하는 요소 재순환에 기여한다. 그에 반해 강한 UT-A2 발현이 관찰되는 짧은고리 네프론의 내림가는다리가 위치한 외수질은 내수질만큼 요소 농도가 높지 않다. 따라서 내수질만큼의 가파른 요소 농도 기울기는 없으므로 실제로 이동하는 요소의 양이 적을 수 있다.(표 13)

항이뇨호르몬(arginine vasopressin, AVP)은 내림가는다리 세포에 직접 작용하지 않지만(V2 수용체가 발현하지 않음으로), 항이뇨호르몬 자극에 의해 UT-A2의 발현이 증가한다는 보고가 있다.[20] 이는 아마도 항이뇨호르몬 자극에 따라 집합관 요소 수송체인 UT-A1을 통해 다량의 요소가 재흡수되어 수질 간질에 요소 농도가 높아지는 것이

UT-A2 발현을 증가시키는 것으로 생각된다. 이는 탈수 시 요소 재순환이 강화되어 신장 내수질 간질에 높은 요소 농도가 유지됨으로써, 수분 재흡수 및 요 농축능이 증가하는 기전을 뒷받침한다.

별도로, 최근 한 연구에 따르면, 기존의 짧은고리 네프론과 긴고리 네프론 모델을 확장하는 중간고리(intermediate loop) 네프론의 존재와 특징이 알려졌는데,[21] 이 중간고리 네프론의 내림가는다리는 수분통로단백인 AQP1과 요소 수송체 UT-A2를 모두 발현하는 독특한 구조로, 이는 주로 AQP1만 발현하는 긴고리 네프론의 내림가는다리와 UT-A2만 발현하는 짧은고리 네프론의 내림가는다리와 뚜렷이 구별된다. 발현 부위도 분절적으로 나뉘는데, 외수질 내대(ISOM)의 상부와 중간부에서는 AQP1이, 가장 안쪽 부분에서는 UT-A2가 주로 발현되어, 물과 요소의 투과성이 하나의 네프론 내림가는다리에서 위치에 따라 다르게 조절되는 새로운 네프론 유형이 존재함을 알게 되었으나, 그 중요성에 관해서는 앞으로 많은 연구가 필요할 것으로 생각된다.

3) 소변 농축에서의 역할

내림가는다리의 주요 기능은 수질 간질의 높은 삼투 기울기를 이용하여 물을 재흡수함으로써 여과액을 농축하는 것이다. 내림가는다리에서는 소듐의 능동적인 재흡수는 없고 투과성도 낮으며, 물만 선택적으로 빠져나가(재흡수되어) 여과액의 농도가 지속해서 증가한다. 이로 인해 내림가는다리 말단의 여과액 농도는 내수질 간질의 최대 농도(약 1,200 mOsm/kgH_2O)에 이를 수 있다.

이렇게 농축된 여과액이 헨레고리관을 돌아 다시 수질에서 피질 쪽으로 이동하면, 오름가는다리와 굵은오름다리에서는 물의 재흡수는 일어나지 않고 NaCl의 능동수송(굵은오름다리)을 통해 여과액의 농도가 다시 감소하고 간질의 삼투 농도가 높아지는 현상이 나타난다. 내림가는다리에서 충분히 농축된 여과액이 헨레고리관을 돌아 들어가기 때문에 오름다리의 염 재흡수는 극대화되고, 결과적으로 수질 간질의 삼투압 기울기가 증폭된다. 이 과정을 역류 증폭 시스템(countercurrent multiplier system)이라 한다.

한편, 내수질에서는 헨레고리관 오름가는다리에서 NaCl이 수동적으로 세뇨관 내강에서 간질로 확산한다(수동 기전). 이때 내수질 간질의 높은 삼투압은 주로 집합관 말단에서의 요소 재흡수(UT-A1/UT-A3)에 의해 형성되며, 이로 인해 내수질 간질의 삼투압에서 요소가 차지하는 비율이 매우 높아 상대적으로 간질 내 NaCl 농도는 오름가는다리 내강액의 NaCl 농도보다 낮아진다. 이로써 내강액과 간질 사이에 NaCl 농도 차(gradient)가 형성되어 NaCl이 오름가는다리에서 간질로 수동 확산할 수 있는 환경이 조성된다.[22] 참고로, UT-A1 억제제는 이뇨효과를 나타내어 전해질 소실이 적고 요소와 수분 배설을 증가시키는 차세대 이뇨제로서 유망하다(경구 활성 diarylamide 계열 등 전임상 자료).

이 과정에서 UT-A2 요소 수송체는 짧은고리 네프론 내림가는고리에서 간질의 요소를 세뇨관 내강으로 분비하여 신장 내 요소 재순환(intrarenal urea recycling)을 촉진한다. UT-A2 결손 마우스는 정상 단백 식이에서는(탈수 시에도) 큰 이상이 없지만, 저단백 식이 후 탈수에서는 최대 요삼투질농도와 내수질 요소 축적이 유의하게 감소한다. 따라서 UT-A2는 평상시보다 요소 공급이 부족한 상황에서 내수질의 높은 요소 농도를 유지하고 소변을 최대로 농축하는 데 중요한 역할을 할 것으로 생각된다.[19]

4. 오름가는다리의 기능

1) 소듐 및 염소 투과성: 분자기전과 수송경로

헨레고리의 오름가는다리는 NaCl에 대해 높은 투과성을 지니며, 대부분의 Na^+와 Cl^- 재흡수가 수동적 경로로 이루어진다.[23] 이 구간에는 루프이뇨제(fureosemide, bumetanide 등)에 의해 억제되는 NKCC2가 발현되지 않아, furosemide 등 루프 이뇨제를 처리해도 NaCl 재흡수는 영향을 받지 않는다. Cl^-은 세포경유 경로(transcellular pathway)로 재흡수되는데, 오름가는다리 상피세포의 내강막과 기저외측막 모두에서 ClC-K1(CLCNKA) 염소 이온 채널이 존재하여 Cl^-의 수동 확산을 촉진한다.[24, 25] 한편 Na^+는 세포사이 경로(paracellular pathway)를 통해 내강에서 간질로 이동하며, 이는 내강과 간질 사이의 농도기울기 및 미약한 전기화학적 구배에 의해서 발생한다.

2) 수분 투과성과 수분통로단백질 발현

오름가는다리는 물에 대해 불투과성인 부위로서, 내림가는다리와 달리 물의 재흡수가 일어나지 않는다. 따라서 분자적인 측면에서도 수분통로단백질인 AQP1이 이 부위에는 발현되지 않는다.[18] 면역조직화학 연구에서 긴고리 네프론의 상부 내림가는다리(Type II epithelium)에서 AQP1 발현이 강하게 관찰되다가 내수질로 깊이 들어가는 하부 내림가는다리(Type III epithelium)에서는 AQP1 발현이 감소하며, 헨레고리가 수질에서 다시 피질 쪽으로 이행되는 지점부터는 AQP1 발현이 급격하게 소실되면서 수분 투과성도 급감한다.[16, 18] 실험쥐에서 삼투적 투과도(Pf) 측정에 따르면, 오름가는다리의 Pf는 매우 낮으며(약 69.4 μm/s), 이는 AQP1이 풍부한 내림가는다리(긴고리 네프론의 외측수질 구간)에서 기록되는 매우 높은 Pf 값(약 3,204 μm/s)과 크게 대조된다.[18] AQP1 발현이 감소하는 내림가는다리(긴고리 네프론의 내측수질 구간)에서 기록되는 Pf 값은 약 207 μm/s로서, AQP1 발현 감소와 함께 수분 투과성이 급감한다.[18] 이러한 특징 때문에 오름가는다리를 지나는 여과액은 수분이 재흡수되지 않은 채 NaCl만 재흡수되어 삼투질 농도가 낮아지며 소변을 희석하는 역할을 한다.[26]

3) 요소(Urea) 투과성과 이동 방향(UT-A2 발현 등)

헨레고리관의 오름가는다리 상피세포는 요소에 대해 비교적 높은 투과성을 나타낸다. UT-A 계열의 촉진확산(facilitated diffusion) 수송체 발현이 없는데도, 내수질 환경에서 측정된 오름가는다리의 요소 투과계수(P_{urea})는 약 2×10^{-3} cm/s 수준으로 높은 수동적 투과가 관찰된다.[18] 이는 내수질의 내림가는다리에서 관찰되는 P_{urea}와 유사한 값으로, 오름가는다리에서 UT-A2 비의존적 경로로 요소가 수송됨을 시사한다. 실제로 오름가는다리에는 UT-A2 수송체가 발현되지 않으며, 요소 이동은 UT-A 저해제인 phloretin 처리에도 유의한 변화가 없어 막을 통한 단순확산 또는 미지의 수송 단백질 경로에 의해 이루어질 것으로 생각된다.[18]

이러한 특성 때문에 오름가는다리를 지나는 여과액의 요소는 주변 간질의 농도 조건에 따라 쌍방향으로 확산할 수 있다. 예를 들어, 짧은고리 네프론의 내림가는다리 상부에 UT-A2가 발현되어 내수질 간질에서 요소를 내강으로 분비함으로써 내강 내 요소 농도를 높이는데,[18] 이렇게 내강으로 분비된 요소는 오름고리관을 지나 원위세뇨관으로 운반되었다가 집합관을 통해 다시 내강에서 내수질로 재흡수됨으로써 요소 재순환에 기여하게 된다. 그러나 UT-A2를 통한 요소의 순이동방향은 농도구배에 따라 달라질 수 있다.

반대로 긴고리 네프론의 경우 깊은 내수질까지 내려가지만 내림가는다리에 UT-A2 발현이 없거나 매우 약하여 내강 내 요소 농도가 주변 간질보다 낮아질 수 있으며, 이때 오름가는다리 구간에서는 요소 농도 차이로 인해 간질로부터 내강으로 요소가 분비되는 수동이동이 일어날 수 있다.

최근 일부 연구들은 이러한 전통적인 헨레고리 재순환 모델 이외에, 근위세뇨관 직선부(pars recta)의 능동적 요소 분비 기전이 있음을 시사하였다.[27] 특히 이 과정에 근위세뇨관 직선부 상피세포에 발현하는 SGLT1(Na$^+$-포도당 공동수송체)이 요소 분비에 관여한다는 가설이 제시되었다.[27] 아울러 이미 전술하였듯이, UT-A2의 생리적 중요성에 대해서도 재평가가 이루어지고 있다. UT-A2가 결손된 마우스에서 요 농축능 저하는 거의 나타나지 않았으며, 오히려 내림곧은혈관(descending vasa recta)의 UT-B와 동시에 결손되었을 때 요농축 장애가 부분적으로 개선되는 역설적인 예도 보고되었다.[27]

제5장

굵은오름다리와 원위세뇨관

제5장 | 굵은오름다리와 원위세뇨관

굵은오름다리로의 이행 부위는 짧은고리 네프론과 긴고리 네프론에 따라 다르며, 외수질 혹은 내수질과 외수질의 경계부에서 굵은오름다리(Thick Ascending Limb, TAL)로 이행한다. 원위세뇨관(Distal tubule)은 굵은오름다리의 치밀반(macula densa, MD)을 지난 부분, 즉 원위곡세뇨관(distal convoluted tubule, DCT)과 연결세관(connecting tubule, CNT)을 말한다.(그림 10)[1]

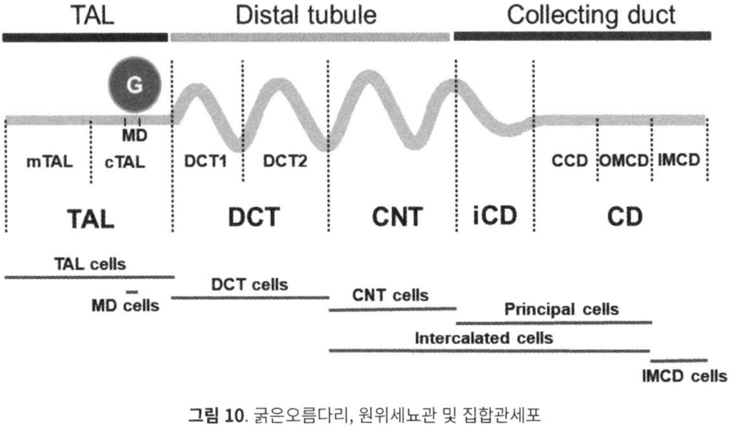

그림 10. 굵은오름다리, 원위세뇨관 및 집합관세포

원위곡세뇨관(DCT)은 기능적으로 DCT1(초기 원위세뇨관)과 DCT2(말기 원위세뇨관)의 두 구간으로 나뉜다. 치밀반(macula densa)이란 굵은오름다리 말단부가 원위곡세뇨관으로 이행하는 부위에서 사구체의 혈관극에 접하는 상피부분이 특별히 원주형 세포들로 밀집하여 원반형 구조를 이루는 것을 말한다. 치밀반은 기능적으로 피질에 위치한 굵은오름다리 상피세포이다.

1. 굵은오름다리의 구조 및 기능

1) 세포 분류: R 세포와 S 세포

굵은오름다리 상피에는 두 가지 형태의 세포 아형이 존재하는데, R 세포는 내강막에 미세융모(microvilli)를 가지며, S 세포는 소포가 많고 매끄러운 표면을 보인다.[2, 3] 전기생리학적 가능 차이로는, R 세포는 높은 내강막 K^+ 전도도(conductance)와 낮은 기저외측막 K^+와 Cl^- 전도도를 보여 K^+ recycling에 유리하며, S 세포는 낮은 내강막 K^+ 전도도와 높은 기저외측막 K^+와 Cl^- 전도도를 보여 Cl^- 배출(efflux)에 유리한 특성을 지닌다.[4] 이러한 차이는 두 세포에서 NKCC2 발현 양상에도 반영되며, S 세포는 내강막뿐 아니라 세포 내 소포에 NKCC2 단백을 많이 발현하는 등 기능적 이질성이 알려져 있다.[3] S 세포는 수질로, R 세포는 피질로 갈수록 우세해진다.(표 14)

표 14. 굵은오름다리(TAL) R 세포와 S 세포의 특징 비교

구분	R 세포	S 세포
형태	내강막에 미세융모(microvilli)가 풍부함 (Rough surface)	내강막이 매끄러움(Smooth surface) 세포 내 소포(vesicle)가 많음
주요 기능	K^+ 재활용(recycling)에 특화됨	Cl^- 배출(efflux)에 특화됨
분포	피질(Cortex)로 갈수록 우세함	수질(Medulla)로 갈수록 우세함
전기생리학적 특징	높은 내강막 K^+ 전도도, 낮은 기저외측막 K^+ 및 Cl^- 전도도	낮은 내강막 K^+ 전도도, 높은 기저외측막 K^+ 및 Cl^- 전도도
NKCC2 공동 수송체 발현	주로 내강막에 발현	내강막 및 세포 내 소포에 다량 존재하여 필요시 막으로 이동 가능
다른 이름	LBC(Low Basolateral Conductance) 세포	HBC(High Basolateral Conductance) 세포

2) 유로모듈린(Uromodulin)의 발현과 역할

1950년, 바이러스학자 Igor Tamm과 Frank Horsfall은 바이러스성 적혈구 응집(viral hemagglutination)을 억제하는 역할을 하는 요 단백질을 발견하고 이를 Tamm-Horsfall protein이라고 명명하였다.[5] 이 단백질은 1985년 Muchmore와 Decker에 의해 임산부의 소변에서 분리된 면역 억제 기능을 가진 ~85 kDa 당단백질로서 재발견되었는데,[6] 그들은 이 단백질이 소변(urine)에서 유래하였고, 면역 조절(immunomodulatory) 특성을 나타낸다고 하여 유로모듈린(uromodulin)으로 재명명하였다. 유로모듈린은 신장 세뇨관에서만 생성되며, 헨레고리관의 굵은오름다리에서 주로 만들어지고, 원위곡세뇨관에서도 일부 생성된다.

굵은오름다리 세포는 특이적으로 유로모듈린(uromodulin, Tamm-Horsfall 당단백)을 발현한다. 유로모듈린은 본래 C-말단의 Glycosyl-phosphatidylinositol(GPI) 앵커를 통해 세포막에 부착되어 있으

며, 이 상태에서는 중합(polymerization)이 억제된다. 그러나 세포막에 존재하는 단백질 분해효소(serine protease) 헵신(hepsin)이 특정 부위(consensus cleavage site)를 절단하면, 중합을 억제하는 부위인 External Hydrophobic Patch(EHP)를 포함한 작은 C-말단 조각이 단백질의 본체에서 떨어지고, EHP가 제거된 큰 N-말단 부분은 활성화되어 내강으로 분비된다. 이는 ZP 도메인을 통해 내강에서 필라멘트 중합체를 형성하게 된다. 이렇게 분비된 유로모듈린은 정상 소변에서 가장 많은 양의 단백질(하루 50~150 mg 배출)에 해당한다.[7-9]

① NaCl 재흡수 촉진: 고염식이 시 유로모듈린 발현이 증가하며, 유로모듈린은 NKCC2와 ROMK의 내강막 발현을 증가시켜 NaCl 재흡수를 촉진한다.[10-13]

② 신결석 예방: 유로모듈린은 소변 내 옥살레이트 결정 성장을 억제하고 초기 결정 응집을 감소시켜 결석 형성을 방지하는 역할을 한다.[8, 14] 유로모듈린 결핍 시 고칼슘뇨가 발생하는 것도 이러한 결과와 부합된다.

③ 면역 조절: 유로모듈린은 요로 감염에 대해 방어적 역할을 하고, 선천면역에 관여할 가능성이 제기되었다.[7, 12]

유로모듈린 유전자 결핍 마우스는 요로 감염에 대한 방어 능력이 감소하여 감염에 더 취약하고, 신장 결석이 더 쉽게 형성되는 경향을 보인다.[15, 16] 유로모듈린은 Toll-like receptor 4 신호 전달 경로를 통해 선천 면역 세포의 활성을 조절하는 역할을 하며,[17] 과립구 생성(granulopoiesis) 및 전신 호중구의 항상성을 조절하는 기능도 확인되었다.[18] 또한, inflammasome을 활성화시키는 등 선천 면

역 체계 전반에 관여하는 것으로 알려져 있다.[19]

이상과 같이 이미 알려진 분비형 유로모듈린의 기능 외에도, 최근 연구를 통해 세포 내에 남아 여러 역할을 수행하는 새로운 형태의 유로모듈린이 발견되었는데,[20] 급성 신손상과 같은 산화 스트레스 상황에서, UMOD 유전자는 대체 스플라이싱(alternative splicing)을 통해 기존과 다른 아형(isoform)을 만들어낸다. AS-UMOD(Alternatively Spliced Uromodulin)로 명명된 이 아형은 세포막 부착에 필요한 GPI 앵커 부위가 없어 세포 밖으로 분비되지 않고 세포질 내에 남아 있게 된다. AS-UMOD는 미토콘드리아 내막에 위치한 SLC25 계열 수송체 단백질과 상호작용하여 미토콘드리아의 에너지 대사를 조절하고 ATP 생성을 촉진한다. 이러한 기능은 특히 높은 대사 활성으로 인해 저산소증에 취약한 굵은오름다리 세포가 손상에 저항하고 회복하는 능력을 향상시키는 중요한 방어 기전으로 작용함으로, 이 발견은 유로모듈린이 단순한 분비 단백질을 넘어, 세포 스트레스에 대응하는 내부 조절자로서 기능할 수 있음을 나타낸다.[20, 21]

3) 주요 이온 수송 기전과 삼투 농도 기전

굵은오름다리는 사구체에서 여과된 NaCl의 약 20~25%를 재흡수하는 곳으로, 내강의 소듐-염소 농도는 외수질 내대(inner stripe of outer medulla)에서 약 140 mM에서 시작하여 치밀반(macula densa)에 이르러 30~60 mM로 지속적으로 감소한다.[22] 굵은오름다리는 물의 재흡수는 일어나지 않으며, NaCl 능동 재흡수를 통해 세뇨관액을 지속적으로 희석하고 수질 고삼투압 환경을 형성한다. 대표적인 이온 수송경로와 작용 기전은 다음과 같다.(그림 11)

① 내강막(apical plasma membrane) 수송

Na^+-K^+-$2Cl^-$ 공동수송체(NKCC2)가 위치하여 $1Na^+$, $1K^+$, $2Cl^-$을 세포 내로 함께 재흡수한다.[3, 22] 이 공동수송은 전기적 중성으로 진행되며 루프 이뇨제(예: furosemide, bumetanide)에 의해 선택적으로 억제된다. NKCC2로 유입된 K^+의 일부는 세포 내 축적을 막고 NKCC2 작동을 지속시키기 위해 내강막에 발현하는 K^+ 채널(ROMK)을 통해 다시 내강으로 분비된다.[3] 내강막에는 ROMK로 대표되는 약 30 pS의 작은 전도성 K^+ 채널(K^+ 재순환의 주된 경로)과, 70 pS K^+ 채널, 그리고 BK(Maxi-K)로 알려진 Ca^{2+}-활성 대형 K^+ 채널(150~250 pS)

23 상피세포가 수분이 통과하지 못하는 장벽을 형성하고, Na^+와 Cl^-을 세포를 통해 능동적으로 재흡수하며, 동시에 양이온 선택적 세포사이 경로를 통해 Na^+, K^+, Ca^{2+}, Mg^{2+} 등의 흡수를 조절한다. 내강막의 Na^+-K^+-$2Cl^-$ 공동수송체(NKCC2)를 통해 Na^+, K^+, Cl^-이 세포 내로 들어오고, Na^+는 기저외측막의 Na^+,K^+-ATPase를 통해 세포 밖(간질)으로 나가며 K^+는 다시 내강으로 분비된다. Cl^-은 기저외측막의 ClC-Kb와 barttin(보조 소단위체)으로 이루어진 Cl^- 채널을 통해 세포 밖으로 이동한다. 내강막의 K^+ 전도성과 기저외측막의 Cl^- 전도성의 극성 분포로 인해 +7~8 mV의 자발적 전압(spontaneous voltage source, Vsp)이 발생하며, 굵은오름다리를 따라 NaCl이 계속 재흡수되면 내강 내 액체가 계속 지속적으로 희석되고, 굵은오름다리 말단에서는 큰 NaCl 농도 구배가 형성된다. 굵은오름다리의 세포사이 경로는 양이온에 선택적으로 투과(PNa/PCl = 2~4)되어 확산 전압(diffusion voltage, Vdi)이 추가로 발생하고, 이로 인해 경상피 전압(transepithelial voltage, Vte)은 최대 +30 mV까지 상승하여 양이온의 재흡수를 촉진한다(보통 +5 mV~+10 mV). 굵은오름다리의 양성 Vte의 주된 근원은 ROMK를 통한 K^+의 내강 재순환(양전하 내강 측에 남김)과 기저막 Cl^- 유출로 인한 세포막 분극, 그리고 양이온 선택적인 치밀이음(claudin 매개)이다. 그림 설명: A) 내강과 기저외측막의 NaCl 농도가 유사할 경우, 내강 자발 전위(Vsp)는 내강막 K^+ 채널, 기저외측막 Cl^- 채널, Na^+-K^+-$2Cl^-$ 공동수송체, Na^+,K^+-ATPase의 협동 작용으로 생성된다. 이때 Vsp는 세포사이 경로를 통한 Na^+ 재흡수를 촉진한다. B) 수분이 투과되지 않는 굵은오름다리를 따라 NaCl이 흡수된 후 희석된 내강액이 존재할 때, 내강 전위는 Na^+의 역유출(backleak)에 의한 확산 전압(Vdi)으로 생성된다. 이 확산 전압은 세포사이 치밀이음의 투과선택성에 의존한다.

등이 존재하여 K^+ 재순환을 담당한다.[3, 23, 24] 이러한 K^+ 재순환으로 내강에는 양전위(+10 mV 내외)가 형성되어 양이온의 세포사이 경로를 통한 재흡수(특히 Mg^{2+}와 Ca^{2+})를 촉진하는 구동력으로 작용한다.[3]

굵은오름다리는 NaCl을 능동수송으로 재흡수하지만 물은 투과하지 못하기 때문에 내강 안은 희석되며, 간질은 NaCl이 축적되는 반류증폭(countercurrent multiplication)에 기여한다.[3] 그 결과 신수질에 형성된 고삼투 기질은 집합관에서 항이뇨호르몬의 영향으로 수분을 재흡수하게 하는 환경으로 작용한다.[25, 26] 이와 함께 내강막에는 Na^+/H^+ 교환수송체-3(NHE3)가 발현하여 Na^+를 재흡수하고 H^+를 내강으로 분비한다.[27]

② 기저외측막(basolateral plasma membrane) 수송

굵은오름다리 세포 기저외측막에는 Na^+, K^+-ATPase 펌프가 존재하여 세포 내 Na^+를 세포 밖으로 능동적으로 배출하고 세포 밖의 K^+를 세포 안으로 유입시킨다(3Na^+ 배출: 2K^+ 유입).[28, 29] 이 펌프는 세포 내 Na^+ 농도를 낮게 유지하여 앞서 언급한 내강막에 발현하는 NKCC2의 지속적인 수송을 가능케 한다.[30] 또한, 기저외측막 Na^+,K^+-ATPase의 작용은 세포 내부(기저외측막 전위)의 −70 mV 정도(혹은 −40 mV ~ −70 mV) 음전위 형성과 기저외측막을 통한 Cl^- 배출에 일부 기여한다. 굵은오름다리 세포에서 재흡수된 Cl^-은 주로 기저외측막 Cl^- 채널을 통해 간질로 배출된다. 사람 신장의 굵은오름다리에서는 주로 ClC-Kb 염소 채널(CLCNKB 유전자 산물)이 이 역할을 담당하며, 이 채널의 기능에는 바틴(Barttin)이라는 보조 소단위체

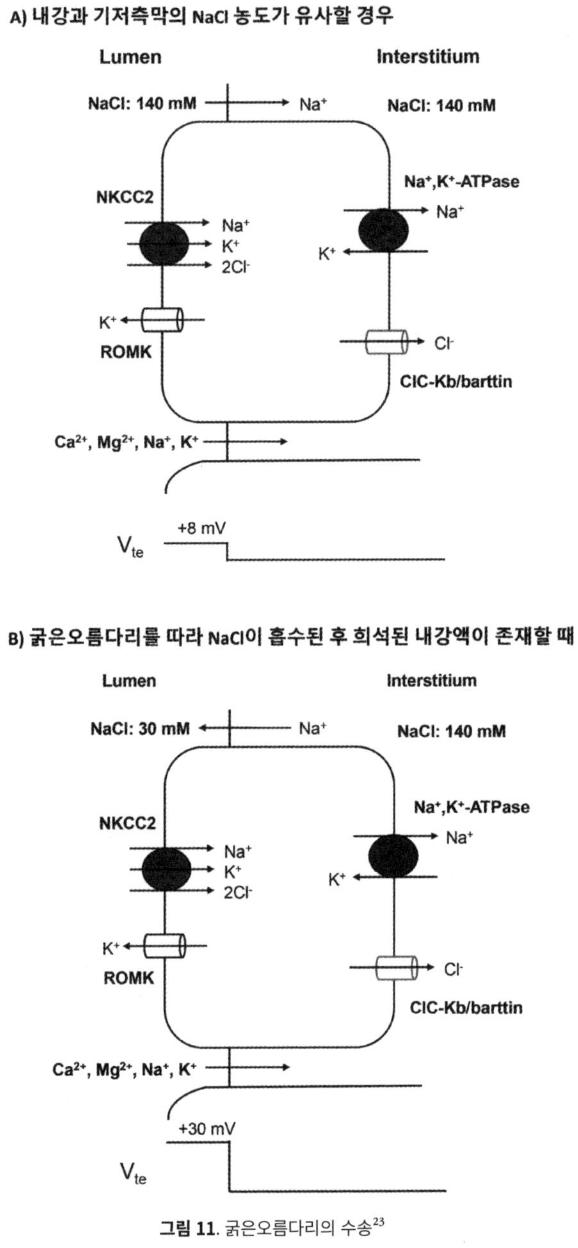

그림 11. 굵은오름다리의 수송[23]

가 필요하다.[3] 한편 굵은오름다리 세포 기저외측막에는 KCC4(K^+-Cl^- 공동수송체-4, SLC12A7 유전자) 등 Cl^-과 K^+를 함께 배출하는 경로도 발현되어 전기중성의 Cl^- 배출을 도울 수 있다.[3, 31] 저염식이(low-salt diet)에서 KCC4 발현이 증가하며, Na^+,K^+-ATPase를 통해 유입된 K^+의 과도한 세포 내 축적을 방지함으로써 세포 내 K^+ 농도를 조절한다.[32] Calcium-sensing receptor(CaSR)는 굵은오름다리 세포의 기저외측막에 풍부하게 발현하며, 혈중 Ca^{2+} 농도가 높아지면 활성화된다.[33, 34] 활성화된 CaSR은 세포사이 경로의 Ca^{2+} 투과성을 감소시켜 칼슘 재흡수를 억제한다. 그 기전은 CaSR이 활성화되면 miR-9/miR-374 발현 감소로 인해 claudin-14의 발현이 증가하고, claudin-14가 Ca^{2+} 채널을 형성하는 claudin-16/19 복합체의 기능을 억제하여 Ca^{2+}의 이동을 막는다. 이러한 CaSR의 신장 내 Ca^{2+} 조절 기능은 부갑상선 호르몬(PTH)의 분비 여부와는 독립적으로 작용한다. PTH는 반대로 claudin-14를 억제해 Ca^{2+} 투과성을 높이므로 두 축이 상호 반대 방향으로 굵은오름다리 Ca^{2+} 재흡수를 조절한다. 활성화된 CaSR은 또한 내강막의 ROMK의 기능을 억제하는데, 이는 NKCC2 공동수송에 필수적인 내강으로의 K^+ 재순환을 감소시켜, 결과적으로 NKCC2의 활성 저하와 NaCl 재흡수 감소를 유발한다.[33] K^+ 재순환 감소는 Ca^{2+}와 Mg^{2+}의 주된 재흡수 경로인 세포사이 수송의 구동력인 내강 양전위를 감소시키므로 이로 인해 Ca^{2+}와 Mg^{2+}의 재흡수가 억제되기도 한다.

이러한 굵은오름다리의 NaCl 재흡수 기전으로 인해 굵은오름다리는 신 세뇨관의 "희석부위"로 기능하며 여과액의 삼투농도를 낮추고, 동시에 신수질 간질의 고장성을 유지한다. 굵은오름다리의 기능 이상(예: Bartter 증후군이나 루프 이뇨제 사용)은 NaCl 재흡수 감소와 함께 소변 농축 장애 및 다뇨를 유발하고, 대사성 알칼리증과 저칼륨혈증 등 전해질 이상을 동반한다.

③ 세포사이 경로 수송

굵은오름다리의 세포사이 경로 수송은 세포경유 경로를 통한 NaCl 재흡수와 밀접하게 연관되어 있다.[35-38] 내강막에 위치한 NKCC2와 ROMK, 그리고 기저외측막의 Na^+,K^+-ATPase 및 CLC-Kb가 통합적으로 작용하여 Na^+와 Cl^-을 세포를 통해 재흡수하며, 내강막을 통한 K^+의 재순환과 기저외측막을 통한 Cl^-의 유출은 내강(lumen) 쪽이 양전하를 띠는 내강-양성 경상피 전위(lumen-positive transepithelial voltage)를 생성한다. 약 +5~+10 mV에 이르는 이 전위차는 Na^+, Ca^{2+}, Mg^{2+} 등과 같은 양이온들이 세포사이 경로를 통해 수동적으로 재흡수되도록 하는 주된 원동력으로 작용한다.[36-38] 굵은오름다리는 물에 대해 비투과성이므로, NaCl이 계속 재흡수되면 내강액은 점차 희석되어 조직액보다 농도가 낮아진다. 이로 인해 강력한 이온 농도 기울기가 형성되며, 희석된 내강과 고농도의 조직액 사이에 형성된 강한 Na^+ 농도 기울기로 인해 확산 전위(diffusion potential)가 발생하며, K^+ 재순환이 더해지면서 내강-양성 경상피 전위를 최대 +30 mV까지 증폭시킨다.(그림 11) 실제로 굵은오름다리에서 재흡수되는 Na^+의 약 50%와 여과된 Mg^{2+}의 50~60%가 이 경로를 통해 이동하며, 이는 신장이 에너지를 효율적으로 사용하여 전해질 균형을 유지하는 방법이다.[36] 세포사이 경로의 선택적 투과성은 세포사이에 존재하는 치밀이음(tight junction)에 의해 조절되며, 이 구조는 양이온은 효과적으로 통과시키면서도 수분 투과성은 매우 낮게 유지하여 소변을 희석하는 기능을 한다.

굵은오름다리 치밀이음의 이온 선택적 투과성은 클라우딘(claudin) 단백질 군에 의해 분자 수준에서 결정된다.[38] Claudin은 세포사이 경로에 물리적인 장벽 및 통로를 형성하는데, 구체적으로 claudin-10b는 Na^+에 대한 주된 투과 경로이며, claudin-16과 claudin-19는 복합체를 이루어 Ca^{2+} 및 Mg^{2+}와 같은 2가 양이온이 통과하는 선택적 통로를 구성한다. 세포사이 경로의 이온 수송은 여러 요인에 의해 조절되는데, 우선, 부하 의존적 수송(load-dependent transport) 특성을 보여, 내강으로 유입되는 Mg^{2+}의 양이 증가하면 재흡수율도 비례하여 증가한다. 그에 반해 고칼슘혈증 또는 고마그네슘혈증 상태에서는 기저외측막에 위치한 CaSR이 활성화되어 2가 양이온의 세포사이 투과성을 억제하는 음성 되먹임 기전이 작동한다. 이 과정에는 claudin-14가 중요한 역할을 하는데, CaSR 신호에 의해 발현이 증가한 claudin-14는 전술한 대로 claudin-16/19 채널의 기능을 억제하여 Ca^{2+}와 Mg^{2+}의 재흡수를 감소시킨다. 또한, 부갑상선호르몬(PTH), 칼시토닌, 글루카곤, 항이뇨호르몬과 같은 호르몬들은 공통적으로 cAMP 신호를 통해 2가 양이온의 재흡수를 촉진하기도 한다. 반대로, 루프 이뇨제(loop diuretics)는 NKCC2를 억제하여 내강-양성 전위 생성을 차단하므로, 모든 양이온의 세포사이 경로 재흡수를 억제하는 효과가 있다.

4) NKCC2 조절 기전

굵은오름다리 내강막에 위치한 Na^+-K^+-$2Cl^-$ 공동수송체(NKCC2)는 세뇨관에서 염분 재흡수와 혈압 조절의 핵심 단백질로, 여러 가지 분자세포생물학적 기전(인산화/탈인산화, 단백질 상호작용, 유비퀴틴-프로테아좀 시스템 등)을 통해 정교하게 조절된다. NKCC2 활성은 인산화 과정에 의해 조절되며, 특히 항이뇨호르몬과 같이 세포 내 cAMP를 증가시키는 호르몬이 중심적인 역할을 한다.[39] 이러한 호르몬 자극은 protein kinase A(PKA)를 통해 신호를 전달하며(WNK-SPAK/OSR1 경로도 관여), 그 결과 NKCC2의 특정 부위가 인산화된다. 항이뇨호르몬에 의해 인산화가 크게 증가하는 것으로 확인된 주요 부위는 Thr96, Thr101, Ser126, Ser874이며,[39] AMP-활성 단백질 인산화 효소(AMP-activated kinase, AMPK) 또한 Ser126을 인산화시키는 것으로 확인되었으나, 생체 내에서는 PKA와 WNK-SPAK/OSR1이 주된 조절축임이 보고되었다.[39] Ser126 부위에 돌연변이가 생기면 NKCC2의 수송 활성이 감소한다.[40]

또한 유비퀴틴-프로테아좀 시스템은 NKCC2의 안정성을 조절하는 핵심 기전으로, 산화질소(NO)나 심방 나트륨이뇨 펩타이드(ANP)의 2차 신호전달자인 cGMP는 Cullin-RING E3 유비퀴틴 리가아제(CRL) 복합체를 활성화하여 NKCC2의 유비퀴틴화를 촉진하고, 결과적으로 분해를 유도하여 세포 표면의 NKCC2 양을 감소시킨다. CRL 복합체의 활성화는 neddylation, 즉 Nedd8 단백질이 cullin

단백질에 결합하는 과정을 통해 조절되는데, neddylation 억제제(MLN4924)를 처리하면 cGMP에 의한 NKCC2의 유비퀴틴화 증가가 억제된다.[41]

굵은오름다리 내강의 유속 상승은 NADPH oxidase-4(NOX4)를 통해 superoxide 생성을 촉진하여 NKCC2 활성을 증가시키고, 이 효과는 tetanus toxin에 의해 차단된다.[42] Tetanus toxin은 소포(vesicle)가 세포막과 융합하여 내용물을 밖으로 내보내는 과정(exocytosis)을 차단하는데, 연구 결과 tetanus toxin 처리 후에 유속을 높여도 NKCC2의 활성이 더 이상 증가하지 않았으므로, 이는 유속 증가 신호가 세포 내에 있던 NKCC2를 세포 표면으로 exocytosis시켜 활성을 높이는 방식으로 작동함을 의미한다.[42] 또한, 기계적 스트레스(shear stress)는 WNK-SPAK/OSR1 경로를 통한 NKCC2 인산화를 유도할 수 있다.

Landwehr 등의 연구에 따르면 헨레고리관으로 전달되는 용질의 양이 많아지면 헨레고리관(특히 굵은오름다리)에서의 NaCl 흡수의 증가가 일어나는데,[43] Ecelbarger 등은 실험 쥐에서 만성적으로 식염수를 공급한 경우 굵은오름다리에서 NKCC2 단백 발현이 현저히 증가함을 보였으며,[44] 만성 신부전 실험쥐 잔여 신장(remnant kidney)의 경우에 기능하는 잔여 네프론의 사구체 여과율은 매우 높으며(과여과, hyperfiltration), 이를 통해 굵은오름다리로 전달되는 용질의 양이 많아지면서 NKCC2 발현 증가가 관찰되었다.[45] 장기간 NaCl 공급이 굵은오름다리의 Na^+,K^+-ATPase 활성을 증가시킨다는 관찰과,[46] 잔여 신장의 굵은오름다리 세포에서 Na^+,K^+-ATPase 발현이 감소하지 않고 오히려 유지되는 현상[45]은 헨레고리관으로의 전달되는 NaCl과 수분의 양이 굵은오름다리의 수송체 발현 조절에 중요한 역할을 하고 있음을 시사한다.

단백질 상호작용도 NKCC2 조절에 관여하는데, MAGED2는 일시적 바터 증후군(transient antenatal Bartter's syndrome)에 이환된 환자에서 발견된 단백질로, Hsp40 및 Gsα와 상호작용한다. Hsp40은 NKCC2가 소포체 관련 분해(endoplasmic reticulum-associated degradation, ERAD)되는 것을 막으며, MAGED2는 저산소에서 Gsα의 MDM2-의존 유비퀴틴화를 억제해 cAMP-PKA 신호를 보존하고, Hsp40과 협동하여 ERAD로부터 NKCC2를 보호한다. MAGED2에 돌연변이가 생기면 NKCC2가 세포 표면으로 이동하지 못하고 소포체에 축적되는 현상이 발생한다.[31] Annexin A2는 또한 NKCC2와 상호작용하여 세포 표면의 발현을 증가시키는 단백질 중 하나로 알려졌는데, 이는 조절된 외포작용(regulated exocytosis)을 통해 이루어진다.[31] 칼슘감지수용체(CaSR) 활성은 칼시뉴린(calcineurin)을 통해 WNK-SPAK/OSR1과 NKCC2 인산화 및 활성을 억제한다. 이러한 복합적 조절 기전은 체액량, 전해질 균형, 혈압 조절에 필수적이다. ACTN4(ACTN4)는 α-actinin-4 단백질을 인코딩하는 유전자로, ACTN4 돌연변이는 초점성 분절성 사구체 경화증(FSGS)의 원인 중 하나이다. Actinin-4는 굵은오름다리에서 NKCC2의 endocytosis를 촉진하며, actinin-4 결핍 시에는 FSGS 발생과 함께 NKCC2의 세포막 발현량 증가로 인한 소금 민감성 고혈압이 유발될 수 있다. 이는 사구체질환과 세뇨관 Na^+ 재흡수 조절 이상을 연결하는 하나의 고리가 된다.

5) ROMK의 아형(isoform)

ROMK(Renal Outer Medullary K^+ channel)는 KCNJ1 유전자에 의해 암호화되며, RNA 스플라이싱(splicing) 과정의 차이에 따라 여러 아형(isoform) 또는 스플라이스 변이체(splice variants)가 만들어진다. 신장에서 주로 발현되고 기능하는 아형은 ROMK1, ROMK2, ROMK3이며, 각각 다른 신세뇨관 부위에 분포하여 특화된 역할을 수행한다.(표 15) ROMK의 아형들은 신장에서 포타슘 및 소듐 균형 유지에 필수적이다. 굵은오름다리에서 ROMK2(및 ROMK3)는 NKCC2를 통해 재흡수된 NaCl 운반을 위한 K^+ 재순환을 제공하며, 원위곡세뇨관과 집합관의 ROMK1/3는 ENaC 활성을 통해 유입되는 소듐과 함께 포타슘 분비를 조절한다.

굵은오름다리에서 일어나는 K^+ 재순환을 설명할 때 가장 중요한 아형은 ROMK2이다. NKCC2를 통해 세포 안으로 들어온 K^+가 다시 내강으로 분비되는 통로의 대부분을 ROMK2이 담당한다. 이 재순환 과정이 없다면 굵은오름다리에서 NaCl 재흡수는 저하되며, 이는 KCNJ1 유전자 결손 동물에서 확인되었다.[47] KCNJ1 전반 결손(모든 ROMK 아형 소실)은 바터 증후군 제2형(Type II Bartter syndrome)을 유발하며, 저칼륨혈증성 대사성 알칼리증, 다뇨, 혈압 저하 등의 증상을 나타낸다. ROMK의 아형 중 ROMK1만 선택적으로 제거한 유전자 결손 마우스[48]에서는, 모든 ROMK이 결손된 마우스가 바터 증후군과 유사한 표현형을 보이는 것[47]과는 달리, 염분 소실, 탈수

표 15. 신장 세뇨관에 분포하는 ROMK 아형 및 기능

아형	주요 발현 부위	주요 기능
ROMK1	원위곡세뇨관, 연결세관, 피질 집합관	K^+ 분비: 식이 섭취량에 따라 소변으로 K^+를 최종적으로 배설하는 역할
ROMK2	굵은오름다리	K^+ 재순환(Recycling): NKCC2 공동수송체의 기능을 유지하기 위해 K^+를 내강으로 재순환시키는 핵심 역할
ROMK3	원위곡세뇨관, 연결세관, 피질 집합관	K^+ 분비: ROMK1과 함께 K^+ 분비에 관여

표 16. 신장 세뇨관의 주요 포타슘 채널 및 수송체

채널/수송체	발현 위치	주요 기능	기타
Na^+,K^+-ATPase	거의 모든 세뇨관 세포의 기저외측막(사이세포에서는 발현이 약함)	• 세포 내로 K^+를 능동적으로 수송하고 Na^+를 세포 밖으로 배출하여, 다른 모든 수송 과정을 구동하는 전기화학적 기울기를 생성함	알도스테론, 고칼륨혈증에 의해 활성화됨
ROMK(~30 pS)	내강막: 헨레고리 굵은오름다리, 원위곡세뇨관, 연결세뇨관, 집합관의 주세포	• K^+ 분비: 기저 상태 및 알도스테론 자극 시 주된 K^+ 분비 통로 • K^+ 재활용: TAL에서 NKCC2 수송체 유지를 위해 K^+를 내강으로 재활용	알도스테론, 고칼륨 식이, SGK1에 의해 활성화됨
BK(150~250 pS)	내강막: 연결세뇨관, 집합관의 주세포 및 사이세포	• 유량 의존적 K^+ 분비: 세뇨관 유속 증가 시 K^+ 분비의 핵심 역할 수행	높은 내강 유량(전단응력), 세포 내 Ca^{2+} 증가에 의해 활성화됨
H^+/K^+-ATPase	내강막: 연결세뇨관 및 집합관의 A형 사이세포	• 능동적 K^+ 재흡수: H^+를 분비하면서 내강의 K^+를 세포 내로 재흡수. 저칼륨혈증 시 K^+ 보존에 필수적	저칼륨혈증, 산증에 의해 강력하게 활성화/발현 증가. HKα1(항상성, constitutive)과 HKα2(적응성, inducible) 두 아형 존재
NKCC2	내강막: 헨레고리 굵은오름다리	• K^+ 재순환: Na^+, K^+, $2Cl^-$을 내강에서 세포 내로 공동수송하여 ROMK를 통한 K^+의 재순환에 기여	루프 이뇨제(예: 푸로세미드)의 표적임
K^+-Cl^- 공동수송체(KCC)	기저외측막: 근위세뇨관(KCC3), 헨레고리 굵은오름다리(KCC4), 원위곡세뇨관, 집합관 A형 사이세포(KCC4)	• K^+ 재흡수: 세포경유 경로로 재흡수된 K^+가 간질로 나가는 통로 역할. 세포 부피 조절에 기여	KCC4는 TAL과 사이세포에서 발현됨
Kir4.1/Kir5.1	기저외측막: 피질 굵은 오름다리, 원위곡세뇨관, 연결세뇨관, 집합관. 특히, 원위곡세뇨관의 주된 기저외측막 K^+ 채널	• 기저외측막 K^+ 재활용 및 막전위 안정화, NCC 등 수송체들의 기능 지원 • K^+ 센서: DCT에서 혈장 K^+ 농도를 감지하는 역할	기능 상실 돌연변이는 Gitelman 증후군과 유사한 표현형을 유발함
Apical 70 pS K^+ channel	내강막: 헨레고리 굵은오름다리	• K^+ 재활용: ROMK와 유사하게 TAL에서 K^+ 재활용에 관여하는 중전도성 채널	세포 내 Na^+ 및 Cl^- 농도 증가에 의해 활성화됨

등 바터 증후군의 특징소견을 나타내지 않았다. 이는 굵은오름다리의 NKCC2 활성이 정상적으로 유지되었기 때문으로, ROMK1은 굵은오름다리의 K^+ 재순환 및 NaCl 재흡수 기능과 직접적인 연관이 없으나, 고포타슘 식이 시 집합관의 K^+ 분비 능력이 손상되어 심각한 고칼륨혈증이 유발되었는데 이는 ROMK1이 포타슘 섭취 변화에 반응하여 집합관의 K^+ 분비를 조절하는 데 중요한 아형임을 의미한다.[48] [표 16]은 신장 세뇨관에 발현하는 주요 포타슘 채널 및 수송체를 정리한 것이다.

6) 굵은오름다리(Thick Ascending Limb)의 치밀이음(tight junction)

굵은오름다리는 Na^+, K^+, Cl^-을 재흡수하여 간질액의 고삼투압을 유지하며, 소변 농축에 중요한 역할을 한다. 이 과정에서 Ca^{2+}와 Mg^{2+}의 재흡수도 일어나는데, 이는 경상피 전압(transepithelial voltage)과 치밀이음의 이온 선택성에 의해 조절된다. 굵은오름다리 상피세포의 치밀이음은 claudin 단백질로 구성된 반투과성 장벽으로, 이온 투과성을 결정한다. 특히 claudin-3, -10b, -16, -19가 특이적으로 발현되며, 이들은 공간적으로 분리된 모자이크 패턴을 보인다. 이 분포는 인접한 세포들 사이의 경계(즉, 세포-세포 접합부)마다 다르게 나타나며, 각 세포는 자신의 claudin 발현 양상에 따라 치밀이음의 조성이 결정된다. 예를 들어, claudin-10b를 발현하는 두 세포가 맞닿으면 그 경계에는 claudin-10b만 존재하는 치밀이음이, claudin-3/16/19를 발현하는 세포끼리 맞닿으면 이들 복합체만 존재하는 치밀이음이 형성된다.[49]

① Claudin-10b: 주로 수질부위 굵은오름다리에 위치한다. 단독으로 치밀이음에 위치하며, Na^+ 선택성 채널로 작용한다. Claudin-10b 결손 시 Na^+ 투과성 감소로 내강 양전위(lumen-positive voltage)가 증가하여 Ca^{2+}와 Mg^{2+}의 재흡수가 증가되며 고마그네슘 혈증(hypermagnesemia)과 신석회화(nephrocalcinosis)를 초래한다.[50]

② Claudin-16/19 복합체: 주로 피질 및 외수질 굵은오름다리에 위치한다. 이종올리고머(heteromer)를 형성하여 Ca^{2+}/Mg^{2+}의 선택성 채널로 작용하며, 이들 유전자의 돌연변이(예: claudin 16의 L145P, G191R 돌연변이 등)는 가족성 저마그네슘혈증과 고칼슘뇨증 및 신석회화증(Familial Hypomagnesemia with Hypercalciuria and Nephrocalcinosis, FHHNC)을 유발한다.[35,51] 전술한 대로 claudin-14는 claudin-16/19 복합체의 기능을 억제하여 Ca^{2+}의 이동을 막는다.

③ Claudin-3: 장벽 형성(barrier-forming) claudin으로, 치밀이음의 장벽 기능을 강화하여 전해질 및 작은 분자의 비선택적인 이동을 억제한다.

2. 바터 증후군(Bartter's syndrome)

바터 증후군은 헨레고리관 굵은오름다리에서 염소 이온 재흡수 결함을 특징으로 하는 희귀 유전성 질환이다(유럽 기준으로 약 백만 명당 1명, Giltelman 증후군보다 더 희귀함). 이 증후군은 저칼륨혈증, 대사성 알칼리증, 정상 또는 낮은 혈압을 주요 임상 특징으로 하며, 레닌-안지오텐신-알도스테론 시스템의 활성화로 인한 이차성 고알도스테론증과 고레닌혈증이 동반된다.[52, 53] 1962년 Frederic C. Bartter 등이 새로운 증후군을 발표한 이후[54] 바터 증후군의 병인은 여전히 불확실하였으나, 1996년 Lifton 등이 굵은오름다리의 NKCC2의 돌연변이를 규명한 이후 ROMK나 ClC-kb의 돌연변이 또한 바터 증후군을 유발하는 병인 기전으로 알려지게 되었다.[55-57]

바터 증후군은 신장의 포타슘 소실로 인한 저칼륨혈증, 대사성 알칼리증과 정상 또는 낮은 혈압이 임상적 특징인 유전성 질환이다. 이 증후군은 상염색체 열성 등의 유전 방식으로 전달되며, 신세뇨관 수송 단백질의 유전자 이상에 따라 5가지의 서로 다른 임상적 표현형으로 분류된다. 분자생물학과 분자유전학의 발달로 바터 증후군은 유전자 결손에 따라 I형(NKCC2 유전자 변이), II형(ROMK 유전자 변이), III형(CLCNKB 유전자 변이), IVa형(BSND 유전자 변이), IVb형(CLCNKA와 CLCNKB 변이), V형(MAGED2 변이) 등으로 세분된다.(표 17) 유병률은 서구에서 약 100만 명당 1명으로 추정되며, Gitelman 증후군보다 발생빈도가 낮다. 위 유전자 변이들은 굵은오름다리에서의 염분 재흡수 장애를 유발하며, 이는 경상피 전위 차이(transtubular potential difference) 감소로 이어져 세포사이 경로(paracellular pathway)를 통한 칼슘 및 마그네슘 재흡수를 감소시킨다. 결과적으로 고칼슘뇨증, 신석회화 등이 나타날 수 있다. 신석회증은 바터 증후군 I형, II형, V형 환자에서 특징적으로 관찰되며, 신장 실질, 특히 신수질 부위에 칼슘 염(주로 인산칼슘 또는 수산칼슘)이 침착된다.[58]

바터 증후군의 주요 분자생물학적 기전은 헨레고리관의 굵은오름

표 17. 바터 증후군의 아형

유형	유전자(Gene)	단백질(Protein)	유전 방식
I형	SLC12A1	NKCC2(Na^+-K^+-$2Cl^-$ cotransporter)	상염색체 열성 (Autosomal Recessive)
II형	KCNJ1	ROMK(Renal Outer Medullary Potassium channel)	상염색체 열성 (Autosomal Recessive)
III형	CLCNKB	CLC-Kb(Chloride channel Kb)	상염색체 열성 (Autosomal Recessive)
IVa형	BSND	Barttin(ClC-Ka/Kb subunit)	상염색체 열성 (Autosomal Recessive)
IVb형	CLCNKA,CLCNKB	CLC-Ka/Kb(Chloride channel Ka/Kb)	이중유전 (Digenic inheritance)
V형 MAGED2	MAGED2	MAGED2	X-연관 열성 (X-linked Recessive)

다리에서의 염분 재흡수 장애이다.(표 17) I형 Bartter 증후군에서는 SLC12A1 유전자의 Na^+-K^+-$2Cl^-$ cotransporter(NKCC2)의 돌연변이로 인한 기능 소실 변이로 소듐과 염소이온의 재흡수가 억제된다. II형에서는 KCNJ1 유전자의 ROMK 포타슘 채널의 이상으로 포타슘의 재순환이 저해되어 NKCC2의 기능이 저하된다. III형에서는 CLCNKB 유전자의 염소 이온 통로(CLC-Kb)의 이상으로 염소 이온의 수송이 억제된다. 이러한 변이들은 경상피 전위 차이(transtubular potential difference)를 감소시켜(내강 양전하 형성 저해) 세포사이 경로를 통한 Ca^{2+}와 Mg^{2+} 재흡수를 감소시킨다. IV형은 BSND 유전자의 바틴(barttin) 결함으로 ClC-Ka/Kb 채널 기능이 상실되어 신장 손상과 함께 선천성 난청이 동반된다. 이를 IVa형이라고 하기도 하며, CLCNKB 유전자와 CLCNKA 유전자(ClC-Ka)의 동시 결함을 IVb형이라고 한다.[59] Type V형은 X-연관 MAGED2 유전자 돌연변이

로 태아기 일시적 바터 증후군(transient antenatal Bartter syndrome)을 지칭한다.[59] 과거 일부 문헌에서는 CASR(Calcium-Sensing Receptor) 유전자의 활성화 돌연변이로 인해 발생하는 질환을 바터 증후군 V형으로 지칭하기도 하였으나, 이는 현재 "autosomal dominant hypocalcemia with Bartter-like features"로 별도 분류하여 구분하고 있다.

결과적으로 염분 소실과 체액량 감소가 발생하며, 레닌-안지오텐신-알도스테론 계통(RAAS)이 활성화되어 이차성 고알도스테론증이 발생한다. 프로스타글란딘 E2(PGE$_2$) 분비 증가는 Bartter 증후군의 주요 병태생리학적 특징으로, EP$_4$ 수용체를 통해 레닌 분비와 염분 및 수분 배설을 촉진한다.[60-62] 더 부연하면, 굵은오름다리에서의 염분 재흡수 저하는 체액량 감소를 유발하며, 이는 신장의 사구체옆장치(juxtaglomerular apparatus)에서 레닌 분비를 촉진하고, 연쇄적으로 RAAS를 활성화한다. 이로 인해 이차성 고알도스테론증이 발생하는 것은 바터 증후군의 핵심 병태생리이다. 바터 증후군 환자에서 PGE$_2$의 신장 내 생성이 증가 기전은 염분 소실에 따른 효소 발현이다. 염분 소실로 인해 치밀반(macula densa)의 저염·저염소 자극이 PGE$_2$ 합성 경로의 핵심 효소들인 cyclooxygenase-2(COX-2)와 microsomal prostaglandin E synthase-1(mPGES-1)의 발현을 유도하여 PGE$_2$ 생성을 촉진한다. 이렇게 과도하게 생성된 PGE$_2$는 신장 혈관을 확장시켜 ANG II의 과도한 혈관 수축 작용으로부터 신장을 보호하는 역할을 하지만, 동시에 EP$_2$/EP$_4$ 수용체를 통해 레닌 분비를 직접 자극하고,[60, 63] 굵은오름다리에서의 염분 수송을 억제하며, 혈관 확장을 통해 신혈류를 증가시키는 등 복합적인 작용을 통해 바터 증후군의 병태를 더욱 악화시킨다. 바터 증후군에서 대사성 알칼리증이 발생하는 이유는 다음과 같이 복합적이다.

① 헨레고리 굵은오름다리에서의 염분 재흡수 장애 및 체액량 감소: 바터 증후군의 분자기전은 굵은오름다리에서 소듐(Na^+), 포타슘(K^+), 염소(Cl^-) 이온의 재흡수를 담당하는 수송 단백질(예: NKCC2, ROMK, CLC-Kb 등)의 돌연변이로 인한 기능 장애이므로 염분이 소변으로 소실되고, 체액량이 감소한다(세포외액 부피 감소).

② 레닌-안지오텐신-알도스테론 시스템의 활성화: 체액량 감소는 레닌 분비를 자극하고, 이는 ANG II 생성을 거쳐 알도스테론 분비를 촉진한다(이차성 고알도스테론증).

③ 염소 결핍은 pendrin-매개 HCO_3^- 분비를 제한하여 알칼리증을 지속시키는 중요한 축이다.

④ 알도스테론의 작용으로 인한 H^+ 이온 배설 증가: 알도스테론은 원위세뇨관과 집합관에 작용하여 Na^+ 재흡수를 촉진하는 동시에 K^+와 H^+ 이온의 분비를 증가시킨다.

⑤ 저칼륨혈증에 의한 H^+ 이온 배설 촉진: K^+ 분비로 인한 저칼륨혈증 상태에서 집합관 세포는 K^+ 대신 H^+ 이온이 분비하여 알카리증을 더욱 악화시키는 요인이 된다.

⑥ 원위세뇨관으로의 Na^+ 도달 증가: 굵은오름다리에서 재흡수되지 못한 Na^+는 하류의 원위세뇨관과 집합관으로 전달되며, 이차성 고알도스테론증으로 인해 이들 분절에서 Na^+ 재흡수가 촉진된다. 양전하인 Na^+의 재흡수가 촉진되면서 발생하는 경상피 전위 변화(내

표 18. 바터증후군과 지텔만 증후군 비교

비교 항목	바터 I형	바터 II형	바터 III형	바터 IV형	일과성 태아기 바터 증후군	지텔만 증후군
Serum K^+	감소	감소	감소	감소	감소 (일과성)	감소
Serum Cl^-	감소	감소	감소	감소	감소 (일과성)	감소
대사성 알칼리증	존재	존재	존재	존재	존재 (일과성)	존재
Serum Mg^{2+}	정상/경미한 저하	정상/경미한 저하	다양함 (정상/저하)	정상/경미한 저하	정상/경미한 저하	현저한 저하
소변 Ca^{2+}	증가	증가	다양함 (증가/정상)	증가	증가(산전)	감소
소변 Prostaglandin E	증가	증가	증가	증가	증가	정상
Renin	증가	증가	증가	증가	증가	증가
Aldosterone	증가	증가	증가	증가	증가	증가
유전자	SLC12A1	KCNJ1	CLCNKB	BSND	MAGED2 (X-연관)	SLC12A3

강 음전위)로 인해 다른 양전하 이온인 K^+와 H^+가 내강으로 분비되어 소변으로 소실이 심해진다. [표 18]은 바터증후군과 지텔만 증후군 비교표이다.

3. 원위곡세뇨관의 구조 및 이온 수송

1) DCT1과 DCT2의 세포 하위 유형 및 특징

원위곡세뇨관(DCT)은 기능적으로 DCT1(초기 원위세뇨관)과 DCT2(말기 원위세뇨관)의 두 구간으로 나뉜다.[64] DCT 세포들은 광범위한 기저외측막 주름과 다량의 미토콘드리아를 가지며, Na^+,K^+-ATPase

를 통한 능동적인 이온 수송을 담당한다. 광범위한 기저외측막 주름은 대단히 높은 Na^+,K^+-ATPase 발현 정도와 연관되어 활발한 Na^+ 재흡수를 지원한다. 이에 반해 DCT 다음으로 연결되는 연결세관(Connecting tubule: CNT) 세포들은 DCT에 비해 미토콘드리아와 기저막 주름이 적어 상대적으로 대사 활성이 낮다. DCT1과 DCT2는 호르몬 민감도와 이온 운반체 발현에서 차이를 보인다. DCT1 세포는 DCT2세포에 비해 알도스테론에 대한 민감도가 낮은 반면, DCT2 세포는 11-β hydroxysteroid dehydrogenase 2(11β-HSD2)를 발현하여 cortisol을 cortisone으로 불활성화함으로써 알도스테론이 선택적으로 작용할 수 있어 알도스테론에 더 민감하다.[64, 65] 11β-HSD2는 연결세관(CNT)과 피질 집합관(cortical collecting duct, CCD)을 포함한 하류 네프론 분절에서 강하게 발현하므로 "DCT2, 연결세관 및 피질 집합관"을 묶어서 알도스테론 민감 원위네프론(aldosterone-sensitive distal nephron)이라고 부르기도 한다.[64] 그러나 DCT2에서 11β-HSD2가 발현하긴 하지만 CNT와 CCD에 비해 발현량이 낮아 cortisol이 영향을 미칠 수 있다. 이 때문에 최근 연구에서는 DCT2와 CNT 초기 구간의 ENaC 활성은 알도스테론 독립적이지만 mineralocorticoid 수용체(MR) 의존적이라고 세분화하기도 한다. 전기생리적으로는 DCT1 구간에서 내강 전위가 거의 0 mV이며, DCT2로 진행할수록 내강 음전위가 형성된다. 이러한 차이는 DCT1에는 주로 전기중성 수송이 존재하다가 DCT2부터 전기적 구배를 형성하는 경로(Na^+ 이온 수송에 특이적인 ENaC 등)가 출현하기 때문이다. ENaC는 DCT2와 CNT의 내강막에서 발현이 시작되어 집합관 전체(특히 피질 집합관)에서 발현하며 내강 음전위 형성에 기여한다. 내수질 집합관에서도 ENaC이 발현하지만, 피질 및 외수질 집합관에 비해 낮은 수준이다.[66]

2) NCC 매개 소듐-염소 공동 수송 기전

원위곡세뇨관은 사구체에서 여과된 NaCl의 약 5~10%를 재흡수하여 염분 평형을 조절한다. DCT의 내강막에 발현하는 핵심 수송단백질은 thiazide-감수성 Na^+-Cl^- 공동수송체(thiazide-sensitive Na^+-Cl^- cotransporter: NCC, SLC12A3)로,[24] $1Na^+ : 1Cl^-$을 내강에서 세포 안으로 운반하는데, 이는 전기적으로 중성이므로 DCT1 내강을 가로지르는 순전하의 이동이 거의 없다.[64] NCC를 통해 세포 안으로 들어온 Na^+는 기저외측막의 Na^+,K^+-ATPase에 의해, 그리고 Cl^-는 기저외측막 ClC-Kb 채널(CLCNKB)과 KCC4 공동수송체(SLC12A7) 등을 통해 재흡수된다.[64]

기저외측막에는 또한 세포 내 K^+를 재순환시켜 Na^+,K^+-ATPase 펌프의 활성을 돕는 K^+ 채널이 존재하여 세포 내부 음전위 유지에 기여하는데,[64] DCT1과 DCT2 모두에서 Kir4.1/Kir5.1 복합체가 주요 기저외측막 K^+ 채널로 작용하여 막 전위를 결정한다.[67] 전술한 대로 DCT1에서는 세뇨관 내강의 경상피 전위가 거의 0 mV이지만,[1, 68] DCT2에 이르러서는 내강막에 ENaC이 NCC에 추가 발

24 NCC를 최초로 분자적으로 규명한 연구는 Gerardo Gamba와 Steven C. Hebert에 의해 이루어졌다(PNAS 90: 2749-2753, 1993).

현되어 전기적 Na^+ 재흡수(electrogenic sodium reabsorption)가 발생한다.[69, 70] ENaC을 통한 Na^+ 이온의 선택적 이동은 내강에 음전하를 남기므로 DCT2부터 내강 음전위(대략 -2~-10 mV)가 형성되며, 이는 이후 연결세관과 피질 집합관에 이르면 −30 mV 혹은 −40 mV 정도의 음전위에 도달한다. 실험 자료에서 토끼 DCT2에서는 −4 mV의 내강 음전위가 관찰되었고,[1] Weinstein의 모델에서는 원위곡세뇨관 중간 부분에 대해 −5 mV의 내강 음전위를 사용하였음으로,[71] 내강 음전위 크기는 다양하게 보고된다. 반면 외수질 집합관(OMCD)에서는 전위가 0 mV 부근이거나 +2 mV 이상 등으로 보고되어(내강 양전위 가능), 모든 하위 분절에서 음전위가 단조롭게 증가하는 것은 아니다.

3) WNK 키나아제와 NCC의 조절

NCC는 염색체 16q13에 위치한 SLC12A3 유전자에 의해 만들어지는 막 단백질이다. 원위곡세뇨관세포 내강에서 Na^+와 Cl^- 이온을 세포 안으로 이동하는 재흡수에 관여하며, 이 과정은 혈압과 전해질 균형을 정교하게 유지하는 데 중요하다. 예를 들어, 혈청 포타슘 농도가 낮아지는 저칼륨혈증이 발생하면, 원위곡세뇨관 세포에서는 with no lysine(WNK)-oxidative stress-responsive kinase-1(OSR1)/STE20/SPS1-related proline-alanine-rich protein kinase(SPAK)라는 신호 경로를 통해 NCC가 활성화되어 Na^+의 재흡수가 증가된다. 또한, 원위곡세뇨관 NCC의 활성화로 인해 집합관으로 Na^+ 이온의 전달량이 줄어들면 ENaC 매개 전기구동력(내

강 음전위 형성)이 약화되고, 그 결과 ROMK 매개 K^+ 분비가 감소한다.[72-74]

WNK-OSR1/SPAK-NCC 인산화 연쇄 반응은 체내 Na^+와 K^+ 항상성 유지에 핵심적인 역할을 한다.(그림 12) 특히, 저혈량, 저염분 상태에서 레닌-ANG II-알도스테론 시스템(RAAS)은 이 연쇄반응 경로를 활성화하여 원위곡세뇨관에서 NCC의 활성 및 단백 발현을 증가시킨다.[75, 76] ANG II는 AT1 수용체를 통해 PKC를 활성화하며, 크게 두 가지 기전을 통해 NCC의 활성이 이루어진다. (1) PKC가 WNK4(S64, S1196)를 직접 인산화하여 WNK를 활성화하며, 이후 SPAK/OSR1이 NCC[Thr46, Thr55, Thr60(사람 기준)]를 인산화하여 내강막의 NCC 발현을 증가시킨다[77-81]. (2) WNK의 단백 발현 수준을 결정하는 유비퀴틴화 축은 KLHL3-CUL3 E3 리가아제이다. PKC는 KLHL3(Ser433)을 인산화하여 WNK와의 결합을 억제하여, WNK 단백 분해를 저해하며 발현을 유지시킨다.

저칼륨혈증 상태에서는 원위곡세뇨관 세포의 기저외측막에서 Kir4.1/5.1 포타슘 채널을 통해 세포에서 간질액으로 K^+ 유출이 촉진되어 기저외측막 전위가 더 음전하로 변한다.(그림 12C) 이러한 과분극(hyperpolarization)은 전기화학적 구동력을 크게 하여 기저외측막 ClC-Kb 염소이온 채널을 통한 Cl^- 유출을 가속하고 세포 내 염소 이온 농도($[Cl^-]i$)를 감소시킨다. 낮아진 $[Cl^-]i$는 WNK 키나아제(WNK1과 WNK4)의 자동 억제를 해제하여 WNK-SPAK/OSR1-NCC 인산화 연쇄 반응을 촉발한다.[82-84]

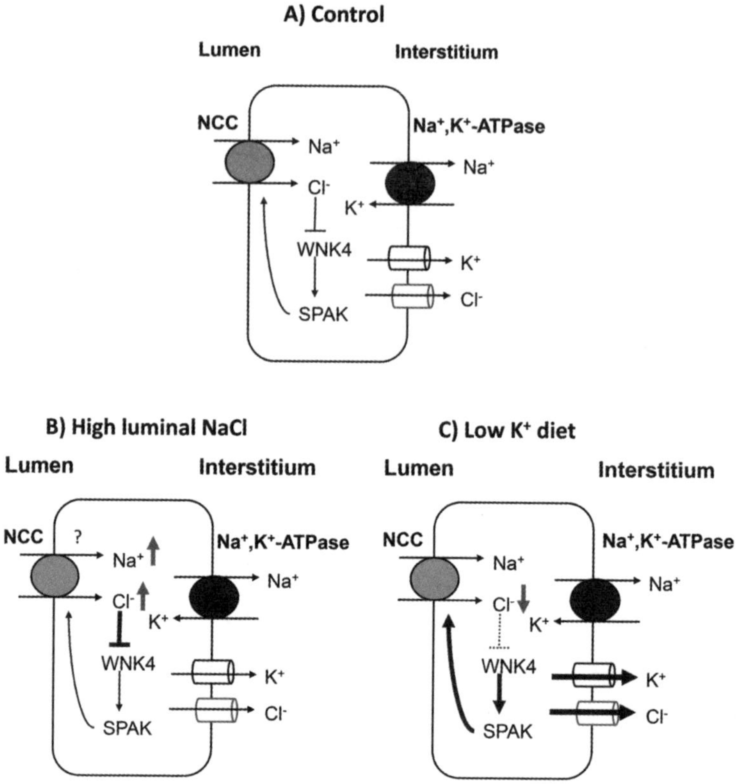

그림 12. 원위곡세뇨관(DCT)에서 NaCl 재흡수 기전[88][25]

이를 조금 더 설명하면, Cl^- 이온에 의한 WNK1/WNK4 키나아제

---

25 A) 기본 기전(Control): Na^+와 Cl^-은 내강막 NCC를 통해 세포 내로 유입된다. Na^+는 기저외측막의 Na^+,K^+-ATPase에 의해 K^+와 교환되어 간질로 이동한다. 세포 안으로 유입된 K^+는 내향성 정류 K^+ 채널(inward rectifying potassium channel)인 Kir4.1/Kir5.1을 통해 기저외측막을 통해 간질로 이동하며(재순환), 과분극을 유도한다. 이 과정은 염소 채널(ClC-K2)을 활성화하여 Cl^-의 배출에 의한 염소 이온 농도($[Cl^-]i$)를 감소시킨다. 낮아진 $[Cl^-]i$는 WNK 키나아제(WNK1과 WNK4)의 자동 억제를 해제하여 WNK-SPAK/OSR1-NCC 인산화 연쇄 반응을 촉발하며 NCC가 활성화된다. **B) 및 C)** 세뇨관 내강으로의 NaCl 전달량 증

의 억제 기전은 이들 키나아제의 촉매 활성자리에 있는 Cl^- 이온 결합 모티프와 관련이 있다.[85] 대부분의 단백질 키나아제에서 발견되는 DFG 모티프(Asp-Phe-Gly Motif) 대신, WNK 키나아제에서는 DLG 모티프(Asp-Leu-Gly Motif)가 존재한다. Cl^-은 WNK1의 DLG 인접부의 백본 아마이드에 결합하고, Phe283, Leu299, Leu369, Leu371 등의 주변 소수성 잔기가 포켓을 형성하면 WNK1은 비활성 형태로 안정화된다. WNK4의 Cl^- 결합도 Leu322을 중심으로 한 DLG 모티프와 활성루프 경계의 포켓에 위치한다고 알려져 있다. 만약 Cl^- 이온 결합 부위에 관여하는 잔기(WNK1의 Leu369 또는 WNK4의 Leu322)에 돌연변이가 발생하면, Cl^- 이온에 의한 억제 민감도가 감소하여 키나아제가 활성화된다. 특히 WNK4는 다른 WNK 키나아제에 비해 Cl^- 이온에 의한 억제에 더 민감한 것으로 알려져 있다. 그러므로 WNK4는 원위곡세뇨관 세포의 낮은 Cl^- 농도 환경에서 활성화된다.

요약하면, WNK4의 DLG 모티프 인접부에 Cl^- 이온이 결합하면 자가인산화(활성루프 T-loop)의 진행이 억제되고 촉매 활성이 방해되

가(High luminal NaCl) 혹은 저포타슘 식이(Low K^+ diet)로 인한 기저외측막의 K^+ 농도 감소(저칼륨혈증)는 모두 NCC를 통한 NaCl 유입을 자극하는 공통점이 있지만, 원위세뇨관 세포 내 Cl^- 농도에는 서로 반대되는 영향을 미친다. 내강 NaCl 공급 증가는 $[Cl^-]i$를 증가시키나, 저포타슘 식이는 $[Cl^-]i$를 감소시킨다. 세뇨관 내강의 NaCl 전달량이 증가하면 세포 내 Cl^- 농도($[Cl^-]i$)와 Na^+ 농도($[Na^+]i$)가 모두 증가한다. 반면, 저포타슘 식이로 인해 기저외측막 부근의 K^+ 농도가 낮아지면 A)에서 설명한 기본 기전의 활성화가 유발되어 세포 내 Cl^- 농도($[Cl^-]i$)는 더욱 감소한다. 반면 저포타슘 식이가 $[Na^+]i$에 미치는 영향은, $[K^+]i$ 감소로 인한 Na^+,K^+-ATPase 활성이 어떻게 변하는지, 혹은 변경된 $[Cl^-]i$가 NCC를 통한 Na^+ 유입에 얼마나 영향을 주는지에 따라 달라진다. 내강 NaCl 공급 증가 상황에서는 $[Cl^-]i$가 높아져 WNK4가 억제되지만, 그럼에도 불구하고 NCC는 아직 밝혀지지 않은 다른 메커니즘을 통해 상향조절된다(?로 표시함: WNK4 비의존성: 부하 의존성 및 기타 신호).

어, 그 결과 하위 신호전달 키나아제인 SPAK/OSR1의 인산화가 방지된다.[86] 따라서 반대로 세포 내 Cl^- 이온 농도가 낮아지게 되면 WNK4의 자가인산화(특히 Serine 332, 마우스 WNK4)가 촉진되어 WNK4의 활성이 높아진다. 활성화된 WNK 키나아제는 SPAK을 인산화하여 활성화시키고, 이후 SPAK은 NCC의 Thr46, Thr55, Thr60(사람 기준) 등을 인산화하여 NCC 활성을 증가시킨다.[77, 82, 84, 87, 88]

원위곡세뇨관에서 증가한 NCC-매개 NaCl의 재흡수는 집합관으로 전달되는 Na^+를 줄여(전달량 및 부하) ENaC 구동력과 내강(-)전위를 약화시키고, 결과적으로 ROMK 매개 K^+ 분비를 감소시킨다.[88, 89] 일반적으로, 집합관 ENaC이 활성화되면 양전하를 띠는 Na^+ 이온이 세포 안으로 이동하여 내강 음전위를 더욱 강화된다(예를 들어, -30 mV에서 -50 mV). 그러나 NCC의 과활성화로 인해 집합관에 도달하는 Na^+가 줄어든다면, ENaC의 총 전류(Na^+ 이동량) 및 내강(-)전위가 감소하므로, 이는 ROMK 매개 K^+ 분비 감소를 초래한다.[83]

WNK-OSR1/SPAK-NCC 축은 KLHL3-CUL3 E3 유비퀴틴 리가아제 복합체가 WNK1/4를 결합하고 유비퀴틴화해 분해하는 기전으로 정밀 조절된다. 만약 WNK1, WNK4, CUL3, KLHL3 유전자 변이로 이 조절이 깨어지면, WNK 축적과 NCC 과활성이 생기고, 소금 민감성 고혈압, 고칼륨혈증, 대사성 산증을 보이는 가성 저알도스테론증 II형[(PHAII, 고든 증후군(Gordon syndrome), Familial Hyperkalemic Hypertension(FHHt)]이 유발된다.[90, 91] 고든 증후군(Gordon syndrome)의 분자적 병인을 정리하면 다음과 같다. 가성 저알도스테론증 II형은 고혈압과 고칼륨혈증을 특징으로 하는 유전성 질환이다.[91] 이

질환의 주요 분자 병인은 신장의 원위곡세뇨관에 존재하는 WNK-OSR1/SPAK-NCC 신호 전달계의 비정상적인 활성화에 있다.[90, 91] PHAII를 유발하는 WNK1, WNK4, KLHL3, Cullin3 유전자 돌연변이는 모두 WNK 인산화 효소의 양을 비정상적으로 증가시키거나 기능을 과도하게 활성화하는 공통된 결과를 초래한다.[90-92][26] 과활성화된 WNK-OSR1/SPAK-NCC 신호 전달계는 NCC를 통해 Na^+ 재흡수를 비정상적으로 증가시켜 체액량 과다를 유발하며, 고혈압과 고칼륨혈증으로 이어지는 직접적인 원인이 된다.

생체 내(in vivo) 유전자 조작 마우스 모델 연구들은 WNK4가 이 신호 전달계에서 가장 중요한 역할을 수행함을 보고하였는데,[90, 93] KLHL3 유전자 돌연변이로 인해 WNK1 단백질이 크게 증가한 PHAII 모델 마우스에서 WNK4 유전자를 제거하자, WNK1이 존재함에도 불구하고 NCC의 인산화가 거의 완전히 사라져 질병 표현형이 나타나지 않았으므로[90] 이는 WNK1만으로는 NCC를 활성화하기에 불충분하며 WNK4가 더 중요함을 증명한 것이다. 또한, PHAII를 유발하는 WNK4 돌연변이 마우스에서 WNK-OSR1/SPAK 신호 전달 경로를 유전적으로 차단하자 고혈압, 고칼륨혈증 등 질병의 모든 증상이 정상으로 회복되었다.[91] 그러나 여러 in

26 흥미롭게도 세뇨관 전반의 Cul3을 제거한 마우스 모델은 WNK 및 pNCC가 증가함에도 신수질 pNKCC2와 AQP2의 발현 감소로 인한 Na^+ 소실, 다뇨, 소금 민감성 저혈압과 신장 염증과 섬유화가 동반되어 고든 증후군과 다른 병태가 나타난다. 또한 PHAII 연관 CUL3 Δ 403-459 변이는 neddylation으로 과활성화된 E3 활성을 보여 KLHL3를 선택적으로 유비퀴틴화 및 분해함으로써 WNK1/4의 분해를 차단하여 WNK를 축적하고 SPAK/OSR1-NCC 인산화를 증폭한다(J Clin Invest 124(11):4723-36, 2014).

vivo 연구에서 WNK4가 원위곡세뇨관에서 NCC의 주요 양적 조절자임은 확립되었으나, WNK1 증가형 모델에서 WNK4 비의존적(SPAK 의존적)으로 NCC 인산화가 증가할 수 있어, WNK1이 중요하지 않다는 단정은 어렵다.

WNK4 키나아제는 또한, 피질 집합관의 B형 사이세포에서 발현되는 pendrin(SLC26A4)의 발현과 막 표적화(trafficking)를 간접적으로 조절한다. Pendrin은 내강막에서 Cl^-/HCO_3^- 교환을 매개하여 Cl^- 이온을 재흡수하고 HCO_3^-를 분비한다. 전술한 대로 PHAII에서는 WNK4 자체의 acidic degron 변이나 KLHL3/CUL3 축의 이상으로 인해 WNK 신호가 과도하게 축적된다. 그 결과 WNK-SPAK/OSR1 경로에 의한 NCC 인산화가 증가하고, pendrin의 발현과 막표적화가 증가할 수 있어 Cl^- 재흡수 및 HCO_3^- 분비가 강화되고, 이는 고염소성 대사성 산증에 기여할 수 있다.[85, 94, 95] 다만 WNK4가 pendrin을 직접 인산화하여 활성화한다는 명확한 증거는 아직 없다.[85]

알도스테론은 알도스테론 민감 원위네프론에서 Na^+ 재흡수와 K^+ 분비를 촉진한다.[96] 그러나 저혈량 상황에서 RAAS가 활성화되고 증가된 ANG II는 AT1 수용체를 통해 WNK-SPAK/OSR1-NCC 축을 활성화하여 상류(원위곡세뇨관 및 연결세관)에서 NaCl 재흡수를 증가시킨다. 그 결과 집합관으로 Na^+ 전달량과 유량이 감소해[3] 알도스테론이 ENaC을 활성화하더라도 K^+ 분비는 상대적으로 억제된다.[97][27] 이는 이른바 "알도스테론 패러독스(aldosterone paradox)"로

27 반대로 ACE 억제제(ACEi)나 AT1 수용체 차단제(ARB)를 사용할 경우에도, 이들은 ANG II

불리며, 반대로 고칼륨혈증과 같이 ANG II 상승이 크지 않은 상황에서는 알도스테론이 주로 ENaC/ROMK를 통해 K^+ 배설을 촉진한다. 최근 연구에 따르면, ANG II는 AT1 수용체를 통해 활성화된 PKC가 WNK4를 인산화할 뿐 아니라, KLHL3의 Ser433을 인산화하여 KLHL3-WNK4 결합과 WNK4의 유비퀴틴화 및 분해를 억제하므로, 알도스테론과 무관하게 NCC 활성을 증폭시키고 소듐 재흡수를 증가시킨다고 알려져 있다.[98, 99]

식후 인슐린은 PI3K/Akt 경로를 통해 Na^+,K^+-ATPase를 활성화하여 흡수된 K^+의 대부분을 신속히 세포 내로 이동시켜 혈장 K^+의 급상승을 막는다.[100] 더불어 인슐린은 PI3K/Akt 의존적으로 WNK-OSR1/SPAK-NCC 축을 활성화하여 NCC를 인산화하여 활성화 시킬 수 있다. 이러한 경로는 만성 고인슐린혈증/대사증후군에서 관찰되는 소금 민감성 고혈압의 기전 중 하나로 제시되고 있다.[101, 102]

4. 지텔만 증후군(Gitelman Syndrome)

지텔만 증후군은 SLC12A3 유전자(NCC를 암호화) 돌연변이로 인해 발생하는 상염색체 열성 유전 질환이다. 특히, 이 질환은 유전적으

와 알도스테론을 낮춰서 알도스테론 민감 원위네프론에서 K^+ 분비의 핵심 동력[ENaC-유발 내강(-) 전위]을 줄이고, 사구체 여과율을 낮추어 원위 유량을 줄이는 혈역학 효과 등으로 순효과가 고칼륨혈증으로 나타나는 경우가 많다.

로 발생하는 대표적인 염분 소실성 세뇨관병증이며, 특징적으로 저칼륨혈증, 대사성 알칼리증, 저마그네슘혈증, 저칼슘뇨증을 보이며, 흔히 소아 후기에서 청소년기에 증상이 인지되지만 더 이른 연령에서도 나타날 수 있다.[103]

지텔만 증후군의 주요 원인인 SLC12A3 유전자의 돌연변이 유형으로 missense 돌연변이(59%), nonsense 돌연변이(6%), 스플라이스 부위 돌연변이(splice site mutation, 14%), 프레임시프트 돌연변이(frameshift mutation, 14%), 그리고 큰 결실/중복(large deletion/duplication, 6%) 등이 포함된다.[103] 제시한 SLC12A3 돌연변이 비율은 코호트마다 상이할 수 있으나 missense 돌연변이가 가장 흔하다. SLC12A3 유전자에서 돌연변이가 발견되지 않는 경우도 있는데, 이 중 일부는 바터 증후군의 원인 유전자인 CLCNKB 유전자 돌연변이를 가지고 있으며, 지텔만 증후군과 유사한 임상 양상을 보일 수 있다.[103, 104]

SLC12A3 유전자 돌연변이로 인해 초래되는 NCC 단백질의 이상에 관해 다음과 분류할 수 있다.[104]

① Class 1: 불안정한 mRNA를 생성하여 단백질이 거의 만들어지지 않는 경우(예: 스플라이스 부위 돌연변이, 일부 결실)

② Class 2: 단백질이 잘못 접혀 소포체(ER)에 갇히고, 세포막으로 이동하지 못해 분해되는 경우(예: Thr392Ile 돌연변이)

③ Class 3: 단백질이 일부는 세포막으로 이동하지만, 그 과정에 문제가 있어 세포막 발현이 감소하는 경우(예: Asn442Ser, Gln1030Arg 돌연변이)

④ Class 4: NCC 단백질이 정상적으로 세포막에 도달하지만, 이온 수송 능력 자체가 저하된 경우(예: Ser475Cys 돌연변이)

또한, 최근 연구들은 SLC12A3 외에 다음과 같이 다른 유전자의 돌연변이도 지텔만 증후군과 매우 유사한 임상 양상을 보일 수 있음을 보고하고 있다.[105]

① 미토콘드리아 지텔만 증후군: 미토콘드리아 DNA에 존재하는 MT-TI와 MT-TF 유전자의 특정 돌연변이는 모계 유전되는 Gitelman 유사 증후군을 유발할 수 있는데, 이는 원위곡세뇨관의 높은 에너지 요구량을 충족시키는 미토콘드리아 기능이 NCC 활성에 필수적임을 보여준다.

② 간접적으로 NCC 기능에 영향을 미치는 유전자들

i. KCNJ10 / KCNJ16: 기저외측막의 포타슘 채널 Kir4.1/Kir5.1을 암호화하는 유전자로서, 이 채널의 기능 이상은 세포막 전위를 변화시키고 세포 내 염소 농도를 높여 결과적으로 NCC 활성을 억제한다. KCNJ10 돌연변이는 EAST/SeSAME 증후군(뇌전증, 운동실조, 감각신경성 난청, 세뇨관 이상)을 유발한다.[106]

ii. FXYD2 / ATP1A1: Na^+,K^+-ATPase의 조절 소단위(γ-subunit)와 촉매 소단위(α1-subunit)를 암호화하며, 이 소단위 이상은 신장성 저마그네슘혈증을 일으키고, NCC 활성에 필요한 이온 구배를 유지하지 못하게 하여 지텔만 증후군 유사 표현형을 보일 수 있다.

iii. HNF1B: 신장 발달 및 원위곡세뇨관의 전사 인자로, FXYD2와

KCNJ16의 발현을 조절한다. 따라서 HNF1B 돌연변이는 간접적으로 NCC 기능을 저하시켜 저마그네슘혈증, 저칼슘뇨증 등을 유발할 수 있다.

NCC 기능 이상은 원위곡세뇨관의 다른 기능에도 영향을 미칠 수 있다. NCC 기능 상실은 다음과 같은 병태생리학적 변화를 초래한다.

① 첫째, 원위곡세뇨관에서 Na^{+}와 Cl^{-} 이온의 재흡수가 감소하면 레닌-안지오텐신-알도스테론 시스템(RAAS)이 활성화된다. ANG II는 부신피질에서 알도스테론 분비를 촉진하며, 알도스테론은 신장의 집합관에서 Na^{+} 재흡수를 증가시키는 동시에 K^{+}와 H^{+} 이온의 분비를 촉진하여 저칼륨혈증과 대사성 알칼리증을 유발한다.

② 둘째, 소변으로 배출되는 칼슘양이 감소한다.[107] 이는 Rodríguez-Soriano 등에 의해 최초로 보고되었다.[108] 분자 기전으로 원위곡세뇨관 내강막에 발현하는 칼슘 채널인 TRPV5의 발현증가를 들 수 있는데, 지텔만 증후군에서 TRPV5의 발현이 증가하며, 이는 NCC 억제 및 NCC 녹아웃 마우스 모델에서 입증되었다.[109, 110] 또한, 환자의 신장 조직 생검에서도 TRPV5 발현 증가가 나타난다.[110] 다만, 저칼슘뇨증의 주요기전은 세포외액 수축에 따른 근위세뇨관의 수동적 Ca^{2+} 재흡수 증가이며, 모델에 따라 TRPV5 조절이 보조적으로 동반된다.

원위곡세뇨관에서 칼슘 이동을 간단히 알아보면,(그림 13) 원위곡세뇨관에서 Ca^{2+} 이온은 내강막의 TRPV5 채널을 통해 세포 내로

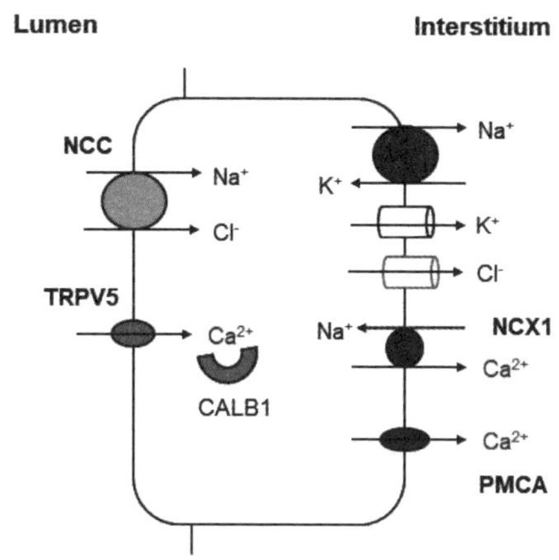

그림 13. 원위곡세뇨관(DCT)에서 Ca^{2+} 재흡수

들어간다.[111, 112] 주목할 만한 점은 세포막 전반에 큰 Ca^{2+} 농도 기울기가 존재하여, 세뇨관 내강과 혈액의 Ca^{2+} 농도는 약 1.25~2.5 mmol/L인 반면(혈장 이온화 칼슘은 약 1.25 mM), 세포 내 자유 Ca^{2+} 농도는 약 100 nmol/L (0.0001 mmol/L)라는 극히 낮은 수준으로 유지된다. 따라서 거대한 농도 기울기는 Ca^{2+}가 세포 내로 이동하는 강력한 구동력을 제공한다. 이 생리학적 Ca^{2+} 농도 기울기를 유지하기 위해 세포질 Ca^{2+} 운반체인 calbindin 1(CALB1) 혹은 calbindin-D28k은 세포 내 Ca^{2+} 농도 센서 역할을 하는데,[112] CALB1은 TRPV5를 통해 유입된 Ca^{2+}와 신속하게 결합하여 세포 내 자유 Ca^{2+} 농도가 급격히 상승하는 것을 막는 완충(buffering) 작용을 한다. 이 작용은 세포 내 높은 칼슘 농도에 의해 TRPV5 채널이 비활성화되는 것을 억제하여 지속적인 Ca^{2+} 유입을 가능하게 한다.[113] 또한, CALB1은 Ca^{2+} 이온을 기저외측으로 운반하며, 기저외측막

을 통한 Ca^{2+}의 배출은 Na^{+}/Ca^{2+} 교환기-1(NCX1)과 혈장막 Ca^{2+}-ATPase(PMCA)에 의해 촉진된다.[114, 115]

원위곡세뇨관에서 이들의 발현 정도를 살펴보면, TRPV5, CALB1, NCX1은 DCT1보다 DCT2에서 강하게 발현되며, Ca^{2+}-ATPase(PMCA)는 DCT 전체에 걸쳐 비교적 균일하게 발현된다.[116, 117] 이런 결과는 칼슘 수송이 주로 DCT2에서 시작되어 연결 세관에서 유지된다는 것을 시사한다.

NCC와 TRPV5에는 여러 가지 공통적인 조절 단백질이 있어서 두 단백질 간의 소통 기전을 설명할 수 있다. WNK4 카이나제는 여러 모델 연구에서 NCC와 TRPV5 활성을 모두 조절한다.(표 19)[99, 118-120] WNK4는 Cl^{-} 이온 농도에 반응하는 단백질이며,[84] NCC 활성 손실로 인해 초래된 세포 내 Cl^{-} 이온 감소가 WNK4 활성을 증가시킨다고 알려져 있다.[121] 활성화된 WNK4는 TRPV5 세포막 발현을 증가시키므로 이것으로 지텔만 증후군에서 TRPV5 발현 및 칼슘 재흡수 증가를 일부 설명할 수 있다(반대로 일부 연구에서는 WNK4가 caveolae-mediated endocytosis를 증가시켜 TRPV5를 내재화시킨다는 보고도 있다). 또한, FGF23은 WNK4를 포함하는 신호 경로를 통해 TRPV5 발현을 증가시킨다.[122] 최근에는 NCC 유전자 결손 마우스 혈액에서 알도스테론-매개 FGF23의 농도가 증가된다는 것이 밝혀졌으며, 이는 지텔만 증후군에서 TRPV5 경로의 강화가 저칼슘뇨증 발생에 관여할 수 있다는 것과 부합된다.[123]

WNK4와 밀접하게 관련된 또 다른 단백질은 Na^{+}/H^{+} 교환기 조절 인자 2(NHERF2)로, 이는 TRPV5 내강막 발현을 조절한다.[124, 125]

표 19. WNK 카이나제에 의한 원위곡세뇨관의 NCC, ROMK와 TRPV5 조절 요약

수송체/채널(이름)	주요 기능	WNK1의 영향	WNK4의 영향	결과
NCC (Na-Cl Cotransporter)	소듐(Na^+), 염소(Cl^-) 재흡수	활성화(↑)	활성화(↑)	Na^+, Cl^- 재흡수 증가, 혈압 상승
ROMK (Renal Outer Medullary K^+ channel)	포타슘(K^+) 분비	L-WNK1: 억제(↓)	강력 억제 (↓↓)	K^+ 분비 감소 및 고칼륨혈증 유발 가능
TRPV5 (Transient Receptor Potential Vanilloid 5)	칼슘(Ca^{2+}) 재흡수	간접적 활성화 혹은 없음	막 표적화로 활성(↑) / 내재화로 억제(↓)	Ca^{2+} 재흡수 증가

NHERF2는 WNK4가 TRPV5를 세포막으로 이동시키는 효과는 유지하면서, 장기적으로 WNK4에 의해 유발될 수 있는 TRPV5의 기능 저하(예: 내재화)를 막아 채널을 안정화시키는 역할을 한다.[124] 또한, NHERF2는 SGK1과 상호 의존적으로 작용하여, SGK1의 인산화 활성을 통해 TRPV5의 세포막 안정성 및 활성을 증진시킨다.[125] 결과적으로 NHERF2는 TRPV5의 초기 세포막 이동 자체를 촉진하기보다는, 이미 세포막에 도달한 TRPV5를 안정화시켜 기능적으로 활성화된 채널의 수를 늘리는 데 핵심적인 기여를 한다.[124]

지텔만 증후군은 임상적 증상과 생화학적 검사 결과를 종합하여 진단된다.[126] 혈액 검사를 통해 만성적인 저칼륨혈증, 저마그네슘혈증, 대사성 알칼리증의 존재를 확인할 수 있으며, 혈중 레닌 및 알도스테론 수치가 증가한다. 소변에서는 저칼슘뇨증이 나타난다. 지텔만 증후군을 확진하기 위해서는 SLC12A3 유전자 돌연변이 유무를 확인하는 유전자 검사가 필수적이다. 일부 연구에 따르면 Hydrochlorothiazide(HCT) 검사가 유전자 검사 대비 높은 민감도(93.1%)와 특이도(100%)를 보이며, 전통적인 생화학적 마커(저마그네슘

혈/저칼슘뇨)보다 우수한 진단 성적을 보인다고 보고 되었다.[127] 그러나 KDIGO 2017년 보고서에 따르면, 최근 유전자 검사의 접근성이 향상되었고, HCT 검사가 급성 체액 고갈 등의 위험을 수반할 수 있어 진단 도구로서 더 이상 권장되지는 않는다.[126] 또한, 지텔만 증후군 환자의 약 40~50%에서 심전도에서 QT 연장이 발생하며 위험한 심실성 부정맥 가능성이 있어 주의가 필요하다.[128]

제 6 장

집합관

제6장 | 집합관

집합관(Collecting Duct)은 여러 원위세뇨관에서 여과액이 합류하는 관으로, 신장의 피질에서 수질을 거쳐 신우까지 이어진다. 여러 개의 집합관이 점점 더 합쳐지면서 더 굵은 유두관을 형성하여 신우로 소변을 배출한다. 주요 기능은 다음과 같다.

- 수분 재흡수: 항이뇨호르몬 작용에 따라 수분 투과도를 조절하여 체내 수분 항상성을 유지하고 소변을 농축한다.
- 전해질 균형: 알도스테론 등의 호르몬 영향으로 소듐(Na^+) 재흡수와 포타슘(K^+) 분비를 조절한다.
- 산-염기 균형: 수소 이온(H^+)을 분비하고 중탄산염(HCO_3^-)을 재흡수(혹은 분비)하여 혈액의 pH를 조절한다.
- 요소 재흡수: 요소를 재흡수하여 신수질의 삼투 농도를 유지하는 데 기여한다.

1. 집합관 상피세포의 분자 구조와 세포 극성 유지

신장 집합관 상피는 주세포(principal cell)와 사이세포(intercalated cell)로 이루어진 단층 상피로, 인접 세포들 사이에 치밀이음(tight junction)과 부착연접(adherens junction) 등의 세포 간 이음부 단백질이 발달하여 있다. 특히 치밀이음은 claudin 계열 단백질들로 구성되어 세포들 사이의 이온 투과성을 결정하며 상피 장벽을 형성한다.[1] 집합관의 치밀이음에는 claudin-3, -4, -8 등이 발현되는데,[2] 그 중 claudin-4와 -8이 복합체를 이루어 Cl^- 이온의 선택적 통로 역할을 수행하며,[3] 세포경유 경로인 ENaC(Epithelial Na^+ Channel)에 의한 양이온(Na^+) 재흡수는 음이온이 세포사이 경로로 함께 이동하도록 돕는다.[1] 알도스테론 자극 시 주세포에서 claudin-8 발현이 증가하고, 이 단백질이 claudin-4를 치밀이음으로 이동시켜 Na^+ 재흡수와 연계된 Cl^- 재흡수를 촉진하는 것으로 알려져 있다.[1] 부착연접으로는 E-cadherin과 β-catenin 등이 세포골격과 연결되어 세포 간의 구조적 연결성을 유지하고, 이를 통해 상피의 기계적 안정성과 세포 배열의 극성이 보존된다.[4] 허혈 상태에서는 E-cadherin의 분해와 부착연접의 해리가 일어나 상피세포의 극성 소실이 관찰된다.[5]

세포 극성(polarity)은 내강막과 기저외측막 영역의 구획화와 단백질의 선택적 비대칭 분포를 의미한다. 치밀이음은 인접한 세포의 막을 밀착시켜 막 단백질의 이동(diffusion)을 차단하는 펜스(fence) 역할을 함으로써 내강막과 기저외측막의 단백질 분포를 다르게 한다. 제

1장에서도 서술하였듯이, 상피세포의 극성 형성에는 진화적으로 잘 보존된 PAR 복합체(Par3/Par6/aPKC)가 역할을 하는데,[6] 이 단백질들은 치밀이음 부근에 위치하여 세포막의 영역(예: 내강막, 기저외측막)을 결정짓는 신호전달의 중심 허브 역할을 한다.[6, 7] 집합관 주세포의 경우 내강막에 미세융모(microvilli)와 일차 섬모(primary cilium)가 존재하며, ENaC나 AQP2 같은 단백질들이 내강막에서 발현한다. 반면 기저외측막에는 Na^+,K^+-ATPase, AQP3, AQP4 등 서로 다른 단백질이 분포하여 기능적 구획을 이룬다. 이러한 세포 극성은 세포골격과 막 스캐폴드 단백질(예: ZO-1 등)의 상호작용으로 유지되며,[8] 극성이 손상될 경우 물질 수송의 방향성이 교란되어 상피세포 기능 이상이 초래된다. 유전 질환인 상염색체 우성 다낭성 신질환(autosomal dominant polycystic kidney disease, ADPKD)이 바로 세포 극성 손상의 대표적인 예이다. 이 경우, 정상적으로는 기저외측막에 발현되는 Na^+,K^+-ATPase가 ADPKD 환자의 낭종 상피세포에서는 내강막에 비정상적으로 발현되어 낭종 안으로 체액분비를 촉진하는 기전으로 작용하는 경우가 있다.[9]

2. 주세포의 ENaC 발현 및 조절 기전

집합관 주세포의 ENaC은 신체 소듐 균형과 혈압 조절에 중요한 채널 단백질이며, 호르몬 및 세포 내 신호 등에 의해 조절된다. ENaC은 α, β, γ 세 개의 소단위체로 구성된 이종삼량체(heterotrimer)

단백질로, amiloride에 의해 기능이 억제되며, 신장, 폐 등 상피세포에 발현하여 Na^+ 이온의 수송 역할을 한다.[10] ENaC의 정상 기능을 위해서는 α, β, γ 소단위체의 공동 발현이 필요하다. 각 소단위체의 C-말단에는 PY(PPxY) 모티프가 존재하며, β, γ 소단위체의 PY 모티프 변이는 ENaC과 E3 유비퀴틴 리가아제인 NEDD4-2의 결합을 방해하여 ENaC의 단백 분해를 저해하고, 결과적으로 과도한 소듐 재흡수와 고혈압을 유발하는 리들 증후군(Liddle's syndrome)을 초래한다.[11] α 소단위체는 채널의 구조적 골격을 형성하는 데 중요한 역할을 하며, β 및 γ 소단위체는 채널의 세포막 발현 및 활성 조절에 기여한다.[12] 특히 γ 소단위체는 채널의 세포막 수송에 중요한 역할을 하는 것으로 알려져 있다.[12]

알도스테론 합성에 관여하는 aldosterone synthase(CYP11B2)의 활성은 다양한 인자에 의해 조절된다. ANG II(AT1-PLC 경로)와 고칼륨혈증(탈분극)은 부신 zona glomerulosa층 세포의 T형 Ca^{2+} 채널(CaV3.2)의 개방을 통해 세포 내 Ca^{2+} 농도를 증가시켜 Ca^{2+} 의존성 효소(PKC, CaMK 등)를 활성화하고, 이로써 CYP11B2 전사가 촉진된다. ANG II는 NURR1과 NGFIB(NR4A1) 전사인자의 발현과 활성화를 유도하며, 이들은 CYP11B2 프로모터의 NBRE에 결합한다. 또한, Ca^{2+} 신호에 의해 CaMK 또는 PKA를 통해 인산화된 CREB/ATF 인자가 CRE 부위에 결합하여 전사를 증폭한다. ACTH는 cAMP/PKA 경로를 통해 일시적으로 알도스테론 합성을 높이지만 CYP11B2 발현에 대한 지속적 영향은 제한적이다. CYP11B2 프로모터의 DNA 메틸화는 전사를 억제하나, 고칼륨혈증이나 RAAS 활성 증가 시 탈메틸화되어 발현이 촉진된다. CpG 메틸화는 CREB1, NGFIB 등의 전사인자 결합을 막고 MeCP2의 결합을 통해 전사를 억제한다. 병적인 예로 알도스테론종에 흔한 KCNJ5 돌연변이는 K^+ 채널의 선택성을 상실하게 하여 Na^+ 과유입을 유도하고 이에 따른 탈분극과 Ca^{2+} 채널을 통한 Ca^{2+} 유입으로 CYP11B2 발현과 알도스테론 분비를 과도하게 증가시킨다. 이 과정에서 NURR1, ATF2 등의 전사인자가 활성화되어 CYP11B2 발현을 증폭하며, Ca^{2+} 채널 차단제로 이 효과가 소실되는 것은 Ca^{2+} 신호의 중요성을 시사한다.

알도스테론은 세포 내 Mineralocorticoid 수용체(MR)를 통해 ENaC의 발현과 활성을 증가시키는데, 이 과정에서 SGK1(serum-and glucocorticoid-induced kinase 1)이 중요한 매개자 역할을 한다.[13] 알도스테론 자극으로 SGK1 유전자의 발현이 촉진되고, SGK1 단백질은 ENaC의 C-말단 PY 모티프를 인식하는 E3 유비퀴틴 리가아제인 NEDD4-2를 인산화한다.[14] NEDD4-2는 HECT E3 리가아제의 한 종류로, WW 도메인을 통해 ENaC 소단위체의 PY 모티프에 결합하여 채널을 유비퀴틴화한다. 즉, NEDD4-2는 ENaC의 세포막 발현을 억제하는 음성 조절인자로, ENaC을 유비퀴틴화함으로써, ENaC의 내재화 및 단백 분해를 촉진한다.[14]

한편, SGK1에 의해 NEDD4-2의 특정 서열(예: Ser342/Thr367/Ser448)이 인산화되면 NEDD4-2는 ENaC과 결합하는 능력이 저하된다. 이로 인해 ENaC의 유비퀴틴화와 단백분해가 억제되므로, 결과적으로 ENaC의 막 표면 발현이 증가하고 채널 매개 소듐 재흡수가 증가하게 된다.[14] 이와 더불어 인산화된 NEDD4-2는 14-3-

3 단백질과 결합하여 세포질에 격리되므로 ENaC에 접근하지 못하게 되는데, 이러한 SGK1-14-3-3 경로 역시 ENaC 안정화에 기여한다.[14] 실제로 신장 세뇨관의 Nedd4-2 유전자 유도성 결손(Pax8-rtTA/LC1) 마우스 모델은 ENaC의 β, γ 소단위체, ROMK, NCC, p-NCC 등이 과발현되고 고염식 시에 소금 민감성 고혈압과 고칼슘뇨증을 나타내었다.[15] 그러나 이 신장 세뇨관 특이적, 유도성 Nedd4-2 결손 마우스 모델은 소금 민감성 고혈압을 보였지만, 실제로 ENaC가 아닌 NCC 과활성이 주된 역할을 하였으며, 이들 변화는 티아지드로 개선되지만 아밀로라이드에는 잘 반응하지 않았다. 이 모델에서는 표준식·고염식 모두에서 혈중 알도스테론 수치가 감소했으며, α-ENaC의 전사, 막 수송 및 단백질 분해 절단(proteolytic cleavage)이 감소하였다. 반면, β-ENaC와 γ-ENaC의 단백질 발현은 증가했으나 주로 세포질 내에 축적되었다. 이런 결과는 NEDD4-2 결손만으로는 ENaC 과활성이 유발되지 않는다는 점을 시사하며, ENaC의 기능은 NEDD4-2에 의한 조절뿐만 아니라 알도스테론에 의한 전사 조절이 중요한 역할을 함을 보여주었다.

그러나 일반적으로 Nedd4-2 결손 모델에서는 결과가 상반되는데, 전신 또는 신세뇨관 특이적 Nedd4-2 유전자 결손 마우스 모델에서 α/β/γ ENaC 막 발현 및 활성 증가, 소듐 저류 및 소금 민감성 고혈압, 진행성 신손상이 반복해서 보고되고 있다.[16, 17] 따라서 NEDD4-2는 ENaC의 특이 E3 ligase이며, NEDD4-2 결손만으로 ENaC 과활성을 충분히 유발할 수 있다.

ENaC의 활성은 단순히 세포막 발현량뿐만 아니라 채널 자체의 개방 확률(open probability, Po)에 의해서도 조절된다. ENaC이 완전히 활성화되기 위해서는 단백분해효소에 의한 절단 과정이 활성의 극대화에 필수적이다. 세포 내 골지체(trans-Golgi network)에서는 퓨린(furin)과 같은 효소(proprotein convertase)가 ENaC의 α 및 γ 소단위를 일차적으로 절단하고, 세포막 표면에서는 prostasin, plasmin, kallikrein과 같은 세린 단백분해효소들이 γ 소단위를 추가로 절단하여 채널의 Po를 극대화한다.[18] 알도스테론은 SGK1을 통해 Nedd4-2를 억제하여 ENaC의 막 발현을 증가시키는 동시에, prostasin과 같은 단백분해효소의 발현이나 활성에도 영향을 미쳐 ENaC 발현 및 활성화에 다각적으로 관여한다.[19] 한편, 바소프레신은 V2 수용체와 cAMP-PKA 신호 전달 경로를 통해 ENaC을 포함하는 세포 내 소낭의 세포막 삽입(trafficking)을 촉진하여 단기적으로 ENaC의 막 표면 발현을 빠르게 증가시킨다.[20] ANG II는 ENaC의 단백 발현, 특히 α 소단위의 발현을 조절하는 중요한 역할을 하는데 이는 AT1 수용체를 통한 전사 조절 기전으로 생각되며, AT1 수용체 차단으로 α 소단위의 단백 발현이 감소하는데, 이는 mineralocorticoid 수용체 차단제인 spironolactone에 의해 효과가 차단되지 않음으로 알도스테론과는 독립적인 경로일 수 있다.[21] ANG II 수용체 차단제는 αENaC의 mRNA 및 단백질 발현을 감소시키는 반면, β 및 γENaC 단백질 발현은 증가시키고 세포 내로의 이동을 유도할 수 있다.[21] 인슐린 또한 PI3K-Akt 경로를 통해 SGK1 활성화를 통한 ENaC을 자극할 수 있어, 다양한 호르몬 신호가 통합적으로 ENaC 조절에 관여함을 알 수 있다.

전통적인 전신 레닌-ANG II 시스템과는 달리, 집합관에서는 ANG II가 주세포의 AT1 수용체를 활성화하여 국소적으로 레닌과 프로레닌의 발현과 분비를 촉진한다.[22] 이렇게 주세포에서 세뇨관 내강으로도 분비된 레닌과 프로레닌은 인접한 사이세포(intercalated cell)의 내강막에 주로 발현하는 (프로)레닌 수용체[(Pro)renin receptor, PRR][28]에 결합한다. PRR에 결합한 프로레닌은 활성형으로 전환되고, 활성 레닌은 근위세뇨관에서 유래하여 세뇨관 내강으로 전달된 안지오텐시노겐(AGT)을 절단하여 ANG I으로 전환시킨다. AGT는 간에서 생성되는 혈장 단백질로서, 분자량은 당화(glycosylation) 정도에 따라 다르지만 약 60,000-65,000 달톤으로 정상적인 조건에서 사구체 여과는 쉽게 일어나지 않으며, 여과된 AGT도 근위세뇨관에서 megalin 수용체에 의해서 재흡수된다. 따라서 "근위세뇨관에서부터 전달된 AGT"란 근위세뇨관에서의 합성 및 분비를 의미하는 것으로, 근위세뇨관 세포 자체가 AGT를 합성하고 세뇨관 내강으로 직접 분비한다.[23] 국소적으로 생성된 AGT는 세뇨관 내강의 레닌-안지오텐신 시스템 활성화에 중요한 기질로 작용한다.[29] 다만 유전자 결손 모델의 연구 결과는 이상의 일반적인 이해와 상반되는데, 간-특이 AGT 유전자 결손모델에서는 신장 AGT와 ANG II가 유의하게 감소되었으며, 근위세뇨관-특이 AGT 유전자 결손모델에서는

28 이 수용체는 활성화된 레닌뿐만 아니라, 비활성 상태인 프로레닌과도 직접 결합한다. PRR은 세뇨관 전반에 걸쳐 존재하지만, 특히 집합관의 사이세포(A형)에 강하게 발현하며, 주세포에도 발현한다.

29 신증후군 등과 같이 여과 장벽이 손상되면 간-유래 AGT의 사구체 투과가 증가하며, 함께 기여한다.

신장 내 ANG II는 거의 변화하지 않고, 대신 소변의 AGT가 감소하여, 신장 내 RAS의 주요 기질 공급원은 간-유래 AGT임을 시사하고 있다.[30] 이 부분은 추가 연구로 확인이 더 필요할 것으로 생각된다.

ANG I은 이후 집합관에 존재하는 안지오텐신 전환 효소(ACE)[31]에 의해 ANG II로 전환되면서, 세뇨관 내강에 국소적으로 고농도의 ANG II가 생성되고,[22] 이후 다시 주세포 내강막의 AT1 수용체에 작용하여 알도스테론과 독립적으로 ENaC의 활성과 발현을 직접 자극하여 소듐 재흡수를 통한 체액 저류를 유발하고, 혈압을 상승시킨다. (프로)레닌 수용체(PRR) 활성화는 ANG II 생성 외에도 ANG II와 독립적으로 ERK1/2, MAPK와 같은 세포 내 신호 전달 경로를 활성화하여 COX-2, TGF-β1 등 염증 및 섬유화 유발 인자의 발현을 증가시키며, NOX4 활성을 증가시켜 ROS를 유발하는 등 신장 손상과 섬유화를 초래하는 데 기여한다.[22]

그에 반해 G 단백질-연결 담즙산 수용체인 TGR5(Takeda G protein-coupled receptor 5)의 활성화는 ENaC 발현을 감소시켜 Na^+의 재흡수를 낮추는 효과를 나타낸다. 예를 들어, TGR5 작용제인 리토콜산(lithocholic acid)은 DOCA-salt 고혈압 동물 모델에서 ENaC 발현과 혈압을 감소시킨다.[24] 여기에는 후성유전학적 조절이 관여하는데, TGR5 활성화는 lysine 특이적 탈메틸화 효소 5A(KDM5A)의

30 Liver angiotensinogen is the primary source of renal angiotensin II. J Am Soc Nephrol 23(7):1181-9, 2012.

31 세뇨관에서는 근위세뇨관의 솔가장자리(brush border)에 ACE가 가장 많이 발현하며, 원위세뇨관 및 집합관에서도 발현된다.

발현을 증가시키며, 이는 ENaC 프로모터 부위의 히스톤 H3 라이신 4 삼중 메틸화(H3K4me3)를 감소시켜 ENaC의 전사를 억제한다.[24]

3. 주세포의 ROMK 발현 및 조절 기전

집합관 주세포의 포타슘 채널은 체내 K^+ 항상성 조절에서 핵심적 역할을 한다. 주세포의 내강막에는 ROMK(Renal Outer Medullary K^+ channel)와 BK(Big Potassium) 채널이 있으며, 이들은 전기화학적 구배에 기반한 K^+ 분비를 담당하고 있다. ROMK 채널(약 30~40 pS)은 Kir1.1 유전자(KCNJ1)로 발현되는 포타슘 채널 단백질이며, 정상적인 생리 조건에서 K^+ 분비에 주요 기여를 하는 채널이다.[25] BK 채널(Maxi-K, 150~250 pS)은 주세포와 사이세포 모두에서 발현되며, 정상 조건에서는 개방 확률이 매우 낮아 K^+ 분비에 거의 기여하지 않지만, 고유량 상태에서 K^+ 분비가 유도되며, 이는 주로 사이세포 BK 채널이 매개한다.[26]

ROMK와 BK 채널의 활성화 기전은 서로 다른데, 알도스테론은 피질 집합관에서 ENaC를 통한 Na^+ 재흡수를 촉진하여 내강을 음전위로 만들고, 이를 통해 K^+ 분비의 전기화학적 구동력을 높이는 것이 주된 기전으로 보인다. 또한, Na^+,K^+-ATPase 활성화를 통해 간접적으로 ROMK 활성에 효과를 나타낼 수 있다.[27] 뿐만 아니라, 알도스테론은 SGK1을 통해 ROMK의 표면 발현/활성도 직접 증강시키기도 한다. 그러나 저칼륨/저염·저체액 상태의 경우 ANG II

의 AT1 수용체-PLC-PKC-NADPH oxidase-protein tyrosine kinase(PTK) 경로가 활성화되어 ROMK 개방 확률 및 내강막 발현이 급격히 감소하며, 결과적으로 내강 음전위가 형성되더라도 ROMK 자체의 가용성이 떨어져 K^+ 분비가 억제된다.

혈청 K^+ 농도 또한 ROMK 채널의 조절에 관여하는데, 저칼륨혈증은 ROMK의 내강막 발현과 활성을 감소시키고, 고칼륨혈증은 이를 증가시킨다. 저칼륨혈증 상태에서는 tyrosine kinase에 의한 ROMK 채널의 인산화가 촉진되며, 이로 인해 클라트린 의존적 세포 내 이입을 통해 ROMK 채널의 내강막 발현 및 K^+ 분비가 감소한다. 이러한 조절은 피질 및 수질 집합관 모두에서 관찰된다.[25, 27] 또한, 알칼리증 발생 시 세포 내 pH 증가, 전기화학적 구동력 변화 및 H^+/K^+-ATPase 활성 억제에 따라 ROMK의 활성 증가 및 K^+ 분비가 촉진된다.

BK(KCa1.1) 채널은 α-소단위체 C-말단에 위치한 RCK1과 RCK2 도메인이 이루는 gating ring에 Ca^{2+}가 결합하면 gating ring이 확장되어 채널이 개방된다.[26] 원위곡세뇨관과 집합관에서 요류(urine flow) 증가는 전단응력(shear stress)에 의한 TRPV4 활성화를 통해 세포 내 Ca^{2+} 농도가 상승하여 BK 채널을 활성화하고 K^+ 분비를 증가시킨다. 특히, 고유량 유도 K^+ 분비(flow-induced K^+ secretion)는 주로 사이세포의 BK 채널이 매개한다.

임상적으로 ROMK 유전자 돌연변이는 제2형 바터 증후군을 유발하여 저칼륨혈성 대사성 알칼리증을 야기한다. 루프 이뇨제 장기 사용 시에 굵은오름다리의 NKCC2 공동수송체를 억제하여 원위곡세뇨관으로의 Na^+ 및 요류 전달을 증가시킨다. 이는 이차성 고알도스테론증을 유발하고, 증가된 요류는 BK 채널을 활성화하며, 알도스테론은 내강 음전위 형성을 통해 ROMK를 통한 K^+ 분비를 지속적으로 촉진하므로 저칼륨혈증을 일으킨다.

원위곡세뇨관과 집합관의 NCC, ROMK, ENaC 조절에 WNK 키나아제의 역할을 정리하면 다음과 같다. WNK 키나아제(WNK1, WNK4, KS-WNK1)는 원위 네프론에서 이온 수송을 통합적으로 조절한다. 특히 DCT에서는 낮은 세포 내 Cl^- 농도나 저칼륨혈증일 때 WNK-SPAK/OSR1 경로가 활성화되어 NCC를 인산화·활성화함으로써 Na^+ 재흡수가 증가한다. 저칼륨 상태에서 KS-WNK1은 WNK 소체를 형성·안정화하여 WNK4-SPAK 신호를 증폭한다. 반면, ENaC과 ROMK는 주로 SPAK 비의존 경로로 조절되며, L-WNK1과 WNK4는 클라트린 매개 내재화를 통해 ROMK를 억제하고 KS-WNK1은 이를 길항한다. ENaC은 알도스테론-SGK1-Nedd4-2 경로로 상향 조절되며, WNK1이 이 경로를 통해 ENaC을 촉진할 수 있다. WNK4는 기본적으로 ENaC을 억제하지만 SGK1에 의해 인산화되면 억제가 완화된다.(표 20)

4. 집합관의 수분 재흡수량과 수분통로단백 AQP2 발현

신장 집합관은 피질에서 내수질까지 길게 연결되어 있다. 항이뇨호르몬, 알도스테론, ANG II 등 여러 호르몬뿐만 아니라 교감신경

표 20. 원위곡세뇨관과 집합관에서 WNK 역할

키나아제	수송체	분절	작용 기전	순효과	주요 조절자
L-WNK1	NCC	DCT	SPAK/OSR1 경로 활성화 → NCC N-말단 직접 인산화	활성화	낮은 $[Cl^-]i$ SPAK 의존적
	ROMK	DCT, CD	인터섹틴을 통한 클라트린 매개 세포 내 이입 자극 (SPAK 비의존적)	억제	KS-WNK1에 의해 길항됨 SPAK 비의존적
	ENaC	CD	SGK1 활성화 → SGK1이 Nedd4-2를 인산화하여 억제 → ENaC 유비퀴틴화 및 분해 감소	활성화 (간접적)	SGK1 필요 SPAK 비의존적
WNK4	NCC	DCT	SPAK/OSR1 경로의 강력한 활성자 → NCC 직접 인산화	활성화	낮은 $[Cl^-]i$, 낮은 K^+ FHHt 돌연변이는 WNK4 양/활성 증가
	ROMK	DCT, CD	클라트린 매개 세포 내 이입 자극 (SPAK 비의존적)	억제	FHHt 돌연변이는 억제 강화
	ENaC	CD	1. 기본적, 키나아제 비의존적 억제. 2. SGK1 활성화를 통해 자극 가능.	이중적 (억제/활성화)	기본적 억제는 FHHt 돌연변이에서 소실됨. 억제는 SGK1 인산화에 의해 역전됨
KS-WNK1	NCC	DCT	저칼륨혈증 시 WNK 소체에서 WNK4와 SPAK/OSR1의 신호 증폭	활성화 (증폭)	낮은 K^+에 대한 강력한 반응에 필수적 키나아제 활성 없음
	ROMK	DCT, CD	L-WNK1 매개 세포 내 이입을 길항하여 막에서 ROMK 제거 방지	활성화 (간접적)	L-WNK1과의 비율이 식이 K^+에 의해 조절됨
	ENaC	CD	알도스테론에 의해 발현 유도됨; ENaC 매개 Na^+ 수송 자극	활성화	알도스테론 의존적 경로

및 국소 인자들도 집합관 수송에 영향을 준다. 수분 재흡수량은 단위 면적당·단위 시간당 피질 집합관에서 제일 높은 반면, 수분통로 단백인 AQP2 발현은 내수질 집합관에서 제일 강하다. 이런 차이는 삼투 구동력(Driving force)과 물의 투과성(Permeability)이 서로 다른 개념이기 때문이다. 수식으로 표현하면 다음과 같다.

$$Jw = Pf\ (\text{AQP2 등}) \times A(\text{표면적}) \times \Delta\pi(\text{간질-내강의 삼투압 차})$$

Jw(water flux per length)는 단위 면적당·단위 시간당 이동한 물의 양을 뜻하며 단위는 보통 μl/cm²/min이다. 원위곡세뇨관과 연결세관의 희석된 내강액이 피질 간질(약 300 mOsm/kgH_2O)을 처음 마주하는 피질 집합관에서 Δπ가 가장 커, Jw는 최대가 된다. 수질 집합관으로 내려갈수록 항이뇨호르몬 자극에 의한 수분이 재흡수되어 내강 삼투압이 간질에 수렴하면서 Δπ가 감소하므로, AQP2 발현이 더 많아지더라도 Jw는 오히려 낮다. 반면 AQP2 발현은 내수질 집합관에서 가장 높으며, 이는 매우 높은 수질 간질 삼투압에 대해 신속히 평형에 도달하기 위한 최대 투과성 확보를 의미한다.

5. 수분통로단백 AQP2의 조절 기전

집합관 주세포의 AQP2 수분통로단백은 항이뇨호르몬(AVP)의 자극에 따라 세포 내 위치 및 발현량이 조절되며 요농축에 결정적인 역할을 하는 단백질이다.(표 21) AQP2는 세포 내 운반소포(AQP2 함유소포)가 이동하여 내강막에 삽입되거나 다시 내재화 혹은 세포 내 이입(internalization 혹은 endocytosis)되는 단기조절(short-term regulation)과 Aqp2 유전자 전사와 단백 생성 및 분해 등의 장기조절(long-term regulation) 기전에 따라 조절되며, 주세포를 경유하는 물의 재흡수에 관여하여 소변 농축에 기여하고 있다. AQP2의 막으로의 이동(trafficking)과 내재화 과정 및 단백 생성과 분해 경로는 매우 다양한 조절 기전이 관여하고 있다.[28] 기본적으로 AQP2 단백질은 세포 내

표 21. 집합관 주세포에서 항이뇨호르몬에 의한 작용

항이뇨호르몬 작용
AQP2 함유 소포 외포작용(exocytosis) 촉진
AQP2 함유 소포 세포 내 이입(endocytosis) 억제
AQP2 단백 반감기 증가
AQP2 전사 촉진
세포 내 Ca^{2+} 이온 증가
액틴 세포골격 조절
액틴 탈중합(Depolymerization of filamentous actin)
Microtubule-의존성 AQP2 재배열
치밀이음 투과도 증가
세포 자멸사(Apoptosis) 억제
세포 분열 억제
주세포 크기 증가
ERK1/2 활성도 감소

운반소포(AQP2 함유소포)에 저장되어 있다가, AVP 자극 시에 소포가 내강막과 융합하면서 AQP2가 내강막에 발현되고 그만큼 물의 투과도가 증가한다.[29] AQP2 함유 소포의 이동에는 AQP2의 인산화, RhoA 인산화(actin depolymerization) 및 세포 내 칼슘농도 변화(칼슘 의존성 non-muscle myosin 활성) 등이 중요하게 관여하고 있다.[28]

1) 단기 조절에 의한 세포 내 소포에서 내강막으로의 이동

AVP는 집합관 주세포의 기저외측막에 발현하는 V2 수용체(V2R)에 결합하여 Gs-단백 연계 Adenylate Cyclase(AC)를 활성화하고, 이로 인해 증가된 세포 내 cAMP가 Protein Kinase A(PKA)를 활성화함으로써 신호가 개시된다. 활성화된 PKA는 AQP2 단백질의 세포질 C-말단에 존재하는 Ser256 잔기를 인산화하여 AQP2 함유 소포가 내강막으로 신속하게 이동, 삽입되도록 한다.[30] 이 과정에서 PKA가 직접 AQP2를 인산화할 뿐만 아니라, 세포골격 조절 단백질인 RhoA를 인산화(Ser188 잔기)하여 비활성화함으로써 F-actin 탈중합(actin depolymerization)을 유도하여 AQP2 함유 소포의 이동에 장벽이 되는 세포 골격을 제거한다. 이는 AQP2-소포의 내강막으로의 접근성을 높이는 중요한 단계이다. RhoA는 GTP와 결합한 활성 상태(RhoA-GTP)일 때 주로 세포막에 위치하며, 이곳에서 하위 효과기(effector) 단백질들과 상호작용하여 다양한 세포 반응(예: 액틴 세포골격 조절)을 유도한다.[31] 그에 반해, Ser188 잔기가 인산화된 RhoA-GTP는 RhoGDIα와 결합하며, 이렇게 형성된 인산화된 RhoA-GTP-RhoGDIα 복합체는 세포막에서 떨어져 나와 세포질로 이동하게 된다. 즉, PKA에 의한 인산화는 활성 상태인 RhoA-GTP를 세포막의 작용 위치에서 이탈시켜 세포질로 격리시키며, 결과적으로 ROCK과 같은 하위 효과기 단백질들과 상호작용할 수 없게 되어 RhoA의 신호 전달 기능이 억제된다.[32] 그러나 RhoA의 Ser188 인산화는 RhoA의 유비퀴틴-프로테아좀 분해로부터의 보호 효과도 보고된 바 있다.[31] 또한, PKA 신호는 Rab 단백질(Rab11 등)과 같은 소포 이동 인자를 활성화하고, SNARE 복합체(VAMP2, syntaxin-3, SNAP23)를 조절하여 AQP2-소포가 내강막과 결합하도록 한다. 이러한 복잡한 과정을 통해 AVP 작용 수분 내에 주세포 내강막에 AQP2 발현이 크게 증가하고 물 재흡수가 촉진된다.[30, 33]

AQP2의 번역 후 수식(Post-translational modification) 또한 중요한

영향을 미친다.[28, 34] 대표적으로, PKA에 의한 Ser256 인산화는 AQP2의 막으로의 이동에 관여하며, Ser269의 인산화는 AQP2의 막 잔류(membrane retention)를 증가시키고 내재화를 억제하여 물 재흡수 효과를 지속시킨다.[35, 36] 반면, AQP2의 Ser261은 AVP 자극 시에 오히려 탈인산화되는데, 이는 AQP2의 유비퀴틴화 감소-리소좀 분해 억제-막 잔류 연장과 연관된다.[37-39] AQP2 Ser261 잔기 탈인산화는 AVP 자극 시 PP2C 계열 등 인산가수분해효소가 관여하는 것으로 제시되며, ERK1/2 감소 등 MAPK 활성 변화가 간접적으로 기여한다.[37, 38] Ser261 탈인산화는 AQP2의 유비퀴틴화를 억제하여 리소좀 경로를 통한 분해를 막고 세포막 잔류를 연장시키므로 집합관의 수분 재흡수 효율을 증가시킨다.[39]

2) AQP2 단백의 내재화

항이뇨호르몬 자극이 소실되면 내강막의 AQP2 단백질은 세포 내로 회수된다. 이 과정은 AQP2의 C-말단(Lys270)에 K63-연결의 짧은 유비퀴틴 사슬이 부착되면서 촉진되며, 주로 클라트린 매개 세포 내 이입을 통해 세포 안으로 유입된다.(그림 14) 내재화된 AQP2는 먼저 초기 엔도좀(early endosome)으로 이동하며, 이곳에서 분해 혹은 재활용 운명이 정해진다. 초기 엔도좀의 대표적인 마커인 EEA1(Early Endosome Antigen 1)은 FYVE 도메인을 가진 단백질로, 단백질 분류가 일어나는 초기 엔도좀에 주로 존재하며, 초기 분류 과정에 관여한다. 유비퀴틴화된 AQP2는 초기 엔도좀 막의 ESCRT-0 복합체(Hrs/HGS + STAM)가 가진 UIM(Ubiquitin-Interacting

Motif) 도메인에 의해 인식 및 포획된다. Hrs(Hepatocyte growth factor-regulated tyrosine kinase substrate)는 클라트린과 함께 엔도좀의 특정 마이크로도메인에 AQP2를 붙잡아 재활용 경로로 빠져나가는 것을 막고, 다중소포체(multivesicular body, MVB) 형성에 필수적인 ESCRT(Endosomal Sorting Complexes Required for Transport) 기구를 엔도좀 막으로 모집하는 첫 단계 역할을 수행한다.[40-42]

Hrs에 의해 시작된 신호는 ESCRT 기구의 순차적 조립으로 이어진다. Hrs는 자신의 PSAP 모티프를 통해 ESCRT-I 복합체의 소단위인 TSG101과 직접 결합하여 ESCRT-I 전체를 엔도좀 막으로 끌어들인다. 이렇게 모집된 ESCRT-I은 유비퀴틴화된 AQP2를 전달받은 뒤, 연이어 ESCRT-II와 ESCRT-III 복합체를 순차적으로 모으며, 이 ESCRT 복합체들은 엔도좀 막을 엔도좀 내강 쪽(세포질에서 멀어지는 방향)으로 함입시켜 작은 내강 소포(intraluminal vesicle, ILV)를 형성한다. 이 과정에서 AQP2와 같은 막단백질들은 새로 생성되는 소포의 막 안으로 분류되어 삽입된다. 여러 개의 내강 소포를 포함하게 된 이 엔도좀 구조물을 다중소포체(MVB)라고 부르며, 이는 단백질 분해 또는 외부 분비를 위한 중간 정거장 역할을 한다.[40-42]

MVB 안으로 AQP2가 최종적으로 삽입되고 분류되는 과정은 LIP5(lysosomal trafficking regulator-interacting protein 5)에 의해 조율된다. LIP5는 AQP2(C-말단 230-243 잔기 내 leucine-rich 영역)와 직접 결합하며, 동시에 ESCRT-III 복합체 및 vacuolar protein sorting 4(Vps4) ATPase와 상호작용하여 ESCRT 기구의 해체(disassembly) 및 재활용을 촉진하는 역할을 수행한다.[42, 43] 이러한 다중 작용을 통해

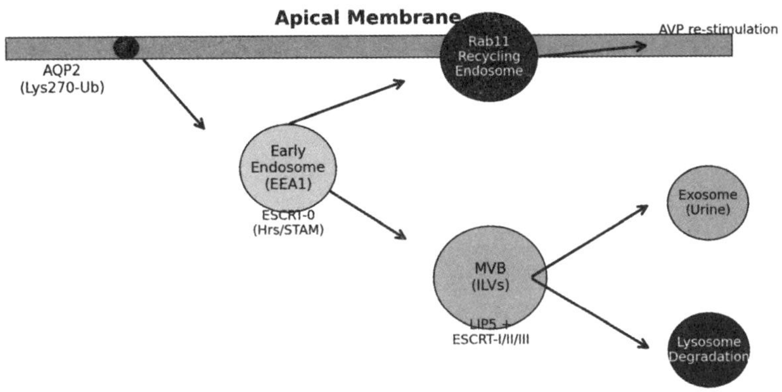

그림 14. AQP2 내재화 과정

LIP5는 AQP2가 MVB의 내강 소포(ILV) 안으로 완전히 분류되도록 촉진하는 동시에, Vps4의 ATPase 활성을 조절하여 ESCRT 기구를 해체 및 재활용시킨다. 최종적으로 AQP2를 내포한 MVB는 두가지 경로를 따른다. 즉, 하나는 리소좀과 융합하여 AQP2 단백질을 분해시키거나, 다른 하나는 세포막과 융합하여 ILV를 엑소좀 형태로 방출하는 경로이다. 소변에서도 이러한 엑소좀 형태의 AQP2가 검출된다. 한편, 일부 AQP2는 분해되지 않고 Rab11이 관여하는 재활용 엔도좀(recycling endosome)으로 이동하여 세포 내에 저장되었다가, 이후 AVP 자극 시 다시 내강막으로 재배치된다.[42]

3) AQP2 단백의 유비퀴틴화 및 분해 경로

인간 AQP2의 X-선 구조(2.75 Å 해상도)에서 C-말단은 짧지만 유연한 α-헬릭스(잔기 230-243)를 이루며, 네 개의 protomer 각각에서 서로 다른 conformation을 취한다. 이와 같은 C-말단의 유연성은 Pro225-Pro226으로 이루어진 hinge region에서 기인하는 것으로 생각되며, 구조모델에는 포함되지 않았지만 이 헬릭스 이후의 무질서한 C-말단에 위치한 Lys270이 세포질 쪽으로 노출되어 K63-linked 유비퀴틴화되기 쉬운 환경을 제공하는 것으로 생각된다.[43]

AQP2 단백질의 일부는 유비퀴틴(ubiquitin) 표지를 통해 리소좀(lysosome) 혹은 프로테아좀(proteasome)으로 이동하여 분해된다.[44-47] 유비퀴틴 단백질(총 76개의 아미노산으로 구성) 내에 있는 7개의 라이신(lysine)의 위치는 K6, K11, K27, K29, K33, K48, K63이다. 실제로 AQP2 C-말단의 라이신(Lys270) 잔기에 유비퀴틴이 부착되면 주로 K63-linked ubiquitination에 의해 리소좀(lysosome)을 통한 분해가 촉진된다. 이는 AQP2 단백의 주요 분해경로로서 장기간의 항이뇨(antidiuretic) 상태가 해소될 때 증가한 AQP2 단백질의 양을 조절하는 역할을 한다. 프로테아좀(proteasome)을 통한 분해(K48-linked ubiquitination)는 주로 잘못 접히거나 손상된 단백질의 분해와 관련된 경로이다. Lys270을 유비퀴틴화할 수 없도록 변형된 돌연변이(AQP2-K270R) AQP2는 세포막에 계속 남아 AQP2 단백 분해가 현저히 감소한다. 반면, Lys270에 유비퀴틴이 공유결합된 융합 단백질(AQP2-Ub)을 인위적으로 발현시키면 해당 단백질은 빠르게 분해된다.[45] AQP2 단백의 유비퀴틴화에 관여하는 E3 ligase는 NEDD4, NEDD4L, CHIP, Cullin-RING E3 ligase 등이 알려져 있다.[39, 46, 47] 이 중 Cullin-RING E3 ligase는 AQP2를 직접 유비퀴틴화하기보다는 WNK-칼슘-ERK 경로를 억제하여 AQP2의 Ser261

인산화를 감소시킴으로써, 그 결과 AQP2가 세포막에 안정적으로 축적된다.

4) AVP의 지속적 신호와 AQP2 발현 증가

반대로, 지속적인 AVP 신호가 존재하는 조건에서는 AQP2 단백질의 유비퀴틴화와 분해 과정이 억제되고 재활용(recycling)이 증가하며, AQP2의 반감기가 연장되고(mpkCCD세포에서는 약 9시간에서 14시간으로 연장), 총 단백질량이 증가한다.[46, 48, 49] AVP의 장기간 자극은 cAMP 반응요소(cAMP Response Element, CRE)를 통해 Aqp2 유전자의 발현을 증가시키는 전사 수준의 조절을 유도한다. 이는 체내 수분 결핍 상태 혹은 혈장 삼투질 농도 증가 상태에서 신장이 집합관 주세포 AQP2 발현을 증가시켜 수분 재흡수와 함께 소변 농축 능력을 높이는 적응 기전이다.

Aqp2 전사 조절에 관해 살펴보면, cAMP 반응요소(CRE)는 Aqp2 유전자의 전사 개시 부위(transcription start site, TSS) 기준 약 −310~−304 bp(GACGTCA)에 위치한다. CRE의 핵심 서열(core sequence, 5′-GACGTCA-3′)은 Aqp2 유전자의 cAMP 반응성에 매우 중요하며, 이 서열을 삭제하거나 변이(예: GTGGTCA)시키면 cAMP 반응이 완전히 소실된다. 따라서 Aqp2 유전자 프로모터 내 CRE는 바소프레신에 의한 Aqp2 유전자 발현 유도에 중요한 역할을 한다. 초기 연구에서는 바소프레신 신호 전달의 하위 단계로서 cAMP 반응 요소(CRE)와 cAMP 반응성 전사인자인 CREB(cyclic AMP-responsive element binding protein)가 중심적인 역할을 한다고 알려져 왔다. CREB는

표 22. Aqp2 유전자 전사에 관여하는 전사인자

전사인자	역할	기전
C/EBPβ	Enhancer에 결합	Aqp2 전사 시작점(TSS)으로부터 약 5.8kb 하류에 있는 enhancer에 결합하여, cAMP/PKA 신호 전달을 통해 전사 신장(transcriptional elongation)을 촉진
Elf3	Promoter에 결합	Aqp2 프로모터의 Ets 요소에 결합하며, GSK3β 인산화를 통해 기초 전사 및 바소프레신 유도 전사를 조절
Ets1	Enhancer에 결합	Enhancer내의 AP-1 모티프와 상호작용하며, Promoter-Enhancer 간의 소통을 위해 염색질 루핑(chromatin looping)을 촉진
Jun	Promoter에 결합	Aqp2 프로모터 내 TRE 모티프에 결합
Junb	Promoter에 결합	프로모터에서 전사 인자(TF) 복합체를 안정화
NF-kB (Nfkb1)	Promoter에 결합	염증 발생 시 Promoter-Enhancer 영역에서 활성 인자(activator)와 경쟁함으로써 Aqp2 유전자의 전사를 억제
Atf1	Enhancer에 결합	CRE 유사 모티프(CRE-like motifs)를 통해 cAMP 반응성 enhancer(cAMP-responsive enhancers)에 결합 가능성
Nr4a1	β-카테닌과 상호작용	스트레스 반응성 전사 인자(TF)로, β-카테닌과 상호작용하여 Aqp2 유전자 전사를 조절할 것으로 여겨짐

잘 알려진 전사인자로서, PKA에 의해 Serine 133에서 인산화되면 타깃 유전자 프로모터의 CRE 부위에 결합할 수 있게 된다. 그러나 최근 ChIP-seq 분석에서 CREB가 Aqp2 유전자 인근 390 kb 범위 내에 결합하지 않는 것으로 나타나, 이전에 제시된 "바소프레신 신호에 따른 CREB의 직접적인 역할"이라는 가설과 상충된다. 대신 CREB는 간접적으로 작용하거나, CREM, ATF1, C/EBPβ 등 다른 cAMP-민감성 전사인자로 대체될 수 있음이 제시된다. 특히 C/EBPβ는 바소프레신 자극에 따라 Aqp2 유전자 하류에 위치한 enhancer에 결합하며, 세포 내 cAMP 농도가 C/EBPβ의 발현 및 활성화를 조절한다. 세포 내 cAMP가 증가하면 C/EBPβ의 핵 이동

(nuclear translocation)을 촉진하거나 CREB와 C/EBPβ 사이의 이량체(dimer) 형성을 통해 C/EBPβ의 전사 활성을 증가시키는 것으로 알려져 있다.(표 22) 또한, 전사 후 조절기전으로 miRNA 연구가 활발하며, miR-32와 miR-137은 AQP2 mRNA의 3′-UTR을 타겟으로 하여 AQP2 단백질 발현을 억제하는 것으로 보고되었다.

5) 다양한 단백질과 상호작용

AQP2는 네 개의 단위체가 결합한 동형사합체(homotetramer)로 세포막 및 세포질에 발현하며, 각 단위체의 C-말단이 세포질로 돌출되어 다양한 신호 단백질과 상호작용한다.(표 23) 이러한 상호작용은 AQP2 단백질의 수송 및 분해 과정에 중요하다. AQP2는 PKA 매개 인산화를 통해 조절되며, 이를 위해 AKAP(A-kinase anchoring protein)가 PKA를 AQP2-소포 근처에 위치시킨다.[50] 집합관 주세포에서 발현되는 AKAP18δ/AKAP220은 AQP2-소포 인근에 PKA를 정박시켜 cAMP 신호를 전달한다. 또한, AKAP-Lbc는 RhoA 교환인자(Guanine nucleotide Exchange Factor: GEF) 역할을 수행하여 RhoA를 활성화한다. 즉, GEF는 GDP를 GTP로 교환하는 것을 촉진하여, 소형 G 단백질을 활성 형태(GTP 결합 상태)로 전환시킨다(basal GEF 활성). 그러므로 AVP 자극이 없는 기저상태의 경우에는 AKAP-Lbc는 RhoA를 활성화 상태로 유지하여 액틴 중합을 촉진하고, 이로 인해 AQP2-소포의 막 접근을 차단한다. 그러나 AVP 자극에 의해 세포 내 cAMP 농도가 증가하게 되면, AKAP-Lbc에 결합한 PKA가 RhoA를 인산화(Ser188 잔기)하여 앞서 기술한 것처럼 비활성화함으

표 23. AQP2와 상호작용하는 주요 단백질

분류	단백질(Protein)	AQP2와의 주요 상호작용 및 기능
인산화 및 조절	PKA(Protein Kinase A)	AQP2의 특정 세린 잔기(S256)를 인산화하여 세포막으로의 이동 및 삽입 촉진 혹은 유지
	AKAP(A-kinase anchoring protein)(예: AKAP-Lbc)	AQP2 함유 소포 근처 또는 세포막 특정 위치에 PKA를 고정시켜 효율적인 인산화 유도. AKAP-Lbc는 RhoA GEF로도 작용.
	PP2A(Protein Phosphatase 2A)	AQP2를 탈인산화하여 세포 내로의 내재화(internalization) 촉진
액틴 리모델링 및 소포 이동	RhoA	GTP 결합 시 활성화되어 액틴 중합을 촉진, AQP2-소포의 세포막 접근 억제. PKA에 의해 인산화(Ser188)되면 비활성화됨.
	RhoGDI(Rho GDP dissociation inhibitor)	RhoA의 GDP/GTP 결합 상태 및 세포 내 위치 조절에 관여
	Myosin Vb	Rab11과 상호작용하며 AQP2 함유 소포를 액틴 필라멘트를 따라 세포막으로 이동시키는 모터 단백질
	Rab11	재활용 엔도솜(recycling endosome)에서 AQP2 함유 소포의 내강막 표적화(apical targeting)에 관여하는 GTPase
	Filamin A	액틴 결합 단백질로, AQP2와 상호작용하여 세포막에서의 AQP2 안정성 및 분포 조절
PDZ 도메인 매개 상호작용	Sipa1l1(Signal-induced proliferation-associated 1 like 1)	AQP2의 C-말단 PDZ 결합 모티프와 상호작용하여 AQP2 내재화 조절
	SNX27(Sorting nexin 27)	AQP2의 C-말단 PDZ 결합 모티프와 상호작용하여 리소좀 분해로부터 AQP2를 구출하고 재활용 경로로 유도
	Vps35(Vacuolar protein sorting-associated protein 35)	Retromer complex의 구성원으로, AQP2의 재활용 및 세포 내 정상적 위치 유지에 기여
	Rab7	Vps35와 협력하여 AQP2의 내강막 재표적화 조절, 후기 엔도솜/리소좀 경로 관련
단백질 분해 (유비퀴틴화)	Hsp70/Hsc70(Heat shock protein 70/cognate 70)	AQP2 단백질에 결합하는 분자 샤페론
	CHIP(STUB1, Carboxyl terminus of Hsc70-interacting protein)	E3 유비퀴틴 리가아제로, Hsp70/Hsc70과 협력하여 AQP2에 유비퀴틴을 결합시켜 프로테아좀 분해 유도
	Nedd4(Neural precursor cell expressed developmentally down-regulated protein 4)	AQP2의 K270 잔기를 포함한 특정 라이신 잔기에 유비퀴틴을 결합시켜 내재화 및 리소좀 분해를 촉진하는 E3 유비퀴틴 리가아제
소포 융합 (SNARE)	VAMP2(Vesicle-associated membrane protein 2)	AQP2 함유 소포에 존재하는 v-SNARE 단백질로, 세포막과의 융합에 관여
	Syntaxin-3	세포막에 존재하는 t-SNARE 단백질로, VAMP2와 결합하여 AQP2 함유 소포의 융합 매개
	Munc18(예: Munc18b)	SM(Sec1/Munc18-like) 단백질로, SNARE 복합체 형성 및 막 융합 과정 조절
세포 내 이입 혹은 내포작용 (Endocytosis)	EPS15(Epidermal growth factor receptor pathway substrate 15)	유비퀴틴화된 AQP2를 인식하여 클라트린 매개 내재화 혹은 내포작용 초기 단계에 관여할 것으로 추정함
	AP2(Adaptor Protein 2)	클라트린 어댑터 복합체로, 유비퀴틴화된 AQP2를 클라트린 코팅 소포 형성에 연결하여 내재화 촉진
	Caveolin-1	클라트린 비의존적 내재화 경로에 관여
탈유비퀴틴화	USP4(Ubiquitin Specific Peptidase 4)	AQP2에 결합된 유비퀴틴을 제거하는 탈유비퀴틴화 효소(DUB)로, AQP2의 세포막 잔류 시간 증가 및 안정성 향상
내강막 표적화	MAL(Myelin and Lymphocyte protein)	지질 래프트(lipid raft)와 연관되어 AQP2의 내강막으로의 정확한 수송 및 표적화에 기여

로써 F-actin 탈중합(actin depolymerization)을 유도하여 AQP2-소포의 이동 장벽을 제거한다. 초고해상도 현미경을 이용한 연구에 따르면, 세포 내 AQP2-소포는 미세한 액틴 그물망 속에 존재하며, RhoA-액틴 경로의 활성 변화는 이 그물망 내에서 AQP2-소포의 위치와 이동성을 조절한다. AVP 자극이 없는 기저상태에서 AKAP-Lbc와 RhoA 결합을 저해하는 저분자 화합물(Scaff10-8)을 처리하면 RhoA 활성화가 선택적으로 억제되고 AQP2의 막 발현이 증가하여, AKAP-Lbc-RhoA 복합체가 AQP2 막 이동의 중요한 억제자임이 확인되었다.[51] 이와 더불어, 새로운 연구들은 AVP-PKA 경로 이외에도 AQP2를 내강막으로 이동시킬 수 있음을 보여주는데, 예를 들어, erlotinib으로 EGF 수용체를 억제하는 경우 PKA 활성 증가 없이도(cAMP/PKA 비의존적) PDK1/RSK 경로가 활성화되어 AQP2의 S256 잔기를 직접 인산화함으로써 AQP2-소포의 막 축적을 유도할 수 있음이 보고되었다.

PKA에 의한 AQP2 인산화의 반대 과정, 즉 탈인산화는 PP2A·PP2B(칼시뉴린)·PP1·PP2C 등 여러 인산가수분해효소(Protein Phosphatase)가 잔기/상황에 따라 매개하며, 이는 AQP2의 내재화 및 세포 내 잔류를 조절한다. 실제로 AVP 자극 시 수십 초 이내에 AQP2의 S256 인산화가 급속히 증가한 뒤, 수 분 내에 S261 잔기의 탈인산화가 뒤따르는 연속적 과정이 밝혀졌고, 또한 S256의 인산화가 선행되어야만 S269의 인산화가 발생하는 순차적인 조절이 보고되었다. 이는 특정 인산화 부위들의 시간적 순서와 상호의존성이 AQP2의 막 이동과 회수에 중요함을 보여준다. PP2C는 S261 잔기의 탈인산화에 관여하는 후보로 제시된 바 있으며, 칼시뉴린(PP2B)은 AQP2 탈인산화(pS261)와 인산화(pS269)를 매개하여 AQP2의 막 잔류에 기여한다. 따라서 칼시뉴린 억제제(예: cyclosporine, tacrolimus) 사용 시 소변 농축 장애(신성 요붕증)가 발생하는 기전 중 하나로 AQP2 조절 이상이 지목된다.

AQP2 함유 소포의 세포막 수송에는 액틴 세포골격과 이를 이용한 모터 단백질이 중요한 역할을 한다. 예를 들어, 액틴 기반의 소포 수송에는 Myosin Vb와 같은 운동 단백질과 이와 상호작용하는 Rab11과 같은 Rab GTPase가 관여하며, 액틴 결합 단백질인 Filamin A도 AQP2와 상호작용하여 세포막에서의 안정성 및 분포에 영향을 줄 수 있다. Ezrin은 ERM(ezrin/radixin/moesin) 계열에 속하는 액틴 결합 단백질로, 세포막과 액틴 세포골격을 연결하며, Ezrin의 N-말단 FERM 도메인이 AQP2의 C-말단과 직접 결합하여 AQP2의 세포 내 이입(endocytosis)을 촉진하는 역할을 한다. 이러한 Ezrin의 기능은 AQP2 인산화(S256)나 세포 내 cAMP 농도와는 무관하게 독립적으로 작용하는 것으로 알려져 있다.[52]

한편, AQP2 단백의 C-말단은 PDZ-결합 모티프를 가지고 있으며, 여러 PDZ 도메인 단백질들과 상호작용하여 세포 내 수송 경로를 조절한다. 예컨대, PDZ 단백질인 Sipa1l1은 AQP2와 상호작용하여 AQP2의 세포 내 이입을 조절하는 것으로 알려져 있으며, 이 상호작용은 AVP 자극 소실조건에서 AQP2 내재화(internalization)를 더욱 가속시킬 수 있다.[53] 또 다른 PDZ 도메인 단백질인 Sorting nexin 27(SNX27)은 AQP2와 결합하여 리소좀 분해로부터 AQP2를 구출하고 재활용 경로로 돌려보낸다.[44] SNX27이 결핍되면 AQP2의 재활용이 감소하고 리소좀 분해가 증가하여 AQP2 발현이 저하되고 오토파지가 활성화된다.[44] 또한, retromer complex의 중심 구성원인 Vps35가 결핍되면 AQP2가 재활용되지 않고 분해 경로로 진행되며, Rab7 GTPase는 Vps35와 함께 AQP2의 내강막 재표적화를 조절한다.[54, 55]

AQP2는 세포 내 단백질 분해 시스템과도 밀접하게 상호작용한다. AQP2 단백질의 접힘(folding)에 이상이 생기거나 양이 과도하게 많아지면, 분자 샤페론(molecular chaperone)인 Heat shock protein 70/Heat shock cognate 70(Hsp70/Hsc70) 등과 결합하여 분해 경로로 유도될 수 있다. 이 과정에서 분자 샤페론은 E3 ubiquitin ligase인 CHIP(STUB1)과 협력하여 AQP2에 유비퀴틴(ubiquitin)을 붙이고, 이는 프로테아좀(proteasome)에 의한 분해를 촉진한다.[56] 실제로 CHIP이 결핍된 생쥐 모델이나 세포주에서 CHIP 발현을 억제하면, AQP2의 유비퀴틴화가 감소하여 단백질 안정성이 증가한다.[49] 반대로 CHIP을 과발현시키면 AQP2 단백질 분해가 촉진된다. 그러나 CHIP의 E3 ligase 활성 부위(U-box)를 제거한 돌연변이(CHIP-delUbox)를 발현시켜도 AQP2 분해는 여전히 일어났으므로 CHIP은 AQP2를 직접 유비퀴틴화하는 효소라기보다는, CHIP이 HSP70와 결합하고 또 다른 E3 ligase인 MDM2를 끌어들여 AQP2의 유비퀴틴화 및 프로테아좀 분해를 담당하는 것으로 보인다.[56] 최신 연구에 따르면, CHIP은 E3 ligase일 뿐만 아니라 PKA 앵커단백질(AKAP)로서의 기능도 겸하여, PKA를 CDK18과 연결함으로써

AQP2의 S261 잔기 인산화를 조절한다는 사실이 밝혀졌다. 이 외에도 AQP2와 결합할 수 있는 E3 ligase는 전술한 바대로 NEDD4/NEDD4L 등이 있다.

Hsp70/Hsc70 샤페론은 AQP2의 세포 내 수송에도 중요하게 관여하는데, Hsc70은 클라트린 매개 세포 내 이입(clathrin-mediated endocytosis)에 중요한 단백질로써, Hsc70의 기능을 억제하면 AQP2의 내재화가 감소하여 세포막에 축적되는 결과가 초래된다.[57] 한편, Hsp70-2의 발현을 억제하면 포스콜린(forskolin)에 의한 AQP2의 S256 인산화가 저해되고, AQP2의 내강막 이동이 감소한다.[58]

또한, AQP2를 포함하는 소포(vesicle)가 세포막과 융합하거나 세포막에서 다시 세포 내부로 들어오는 내재화 과정에도 다양한 단백질의 상호작용이 필수적이다. 내강막으로 소포 수송 및 융합에는 MAL(Myelin and Lymphocyte protein) 등과 같은 지질 래프트(lipid raft) 연관 단백질이 관여하여 AQP2의 정확한 막 표적화에 기여한다. 막 융합 시에는 소포막에 존재하는 v-SNARE 단백질(예: VAMP2)과 세포막(표적막)에 있는 t-SNARE 단백질(예: Syntaxin-3)이 결합한다. 이 결합 과정은 Munc18과 같은 SM(Sec1/Munc18-like) 단백질에 의해 정교하게 조절된다.[59] AQP2가 유비퀴틴화(주로 K270 잔기)되면 이 유비퀴틴화는 AQP2의 내재화를 촉진한다.[60] AQP2가 K270에서 K63-연결 유비퀴틴화되면 AP2-클라트린 의존 내재화 후 MVB/리소좀 분해로 향한다. 즉, 유비퀴틴 표지화된 AQP2가 EPS15와 같은 내부화 인자(internalization factor)에 의해 인식된 후, 클라트린 어댑터(clathrin adaptor) 단백질 복합체인 AP2와 결합하여 클라트린 매개 세포 내 이입을 통해 세포 내부로 유입된다.[61, 62] 한편, AQP2는 일부 부가적인 클라트린 비의존적 내재화 경로를 통해서도 세포 내로 유입될 수 있으며, 이 과정에는 Caveolin-1이 관여하는 것으로 알려져 있다. 그러나 AQP2 내재화의 주요 경로는 클라트린 매개 내재화이다.

USP4와 같은 탈유비퀴틴화 효소(DUB, deubiquitinating enzyme)는 AQP2에 부착된 유비퀴틴을 제거함으로써 AQP2가 세포막에 더 오래 머무르도록(막 잔류, membrane retention) 촉진한다.[63] 아울러, USP4는 AQP2의 단백질 반감기(protein half-life)를 연장시켜 분해를 억제함으로써, 세포 내 전체 AQP2의 발현량을 유지하는 데에도 중요한 역할을 한다. USP4가 결핍되면 AQP2의 유비퀴틴화 수준이 증가하고 결과적으로 세포막에서의 AQP2 발현이 감소한다. 최근의 오믹스 및 유전학 연구들은 AQP2 조절에 관한 새로운 자료를 제시하고 있다. 예를 들어, 저칼륨혈증에서 칼륨 고갈 하루 만에 집합관 내 AQP2 단백질이 약 20~30% 감소하며, 이는 오토파지 활성 증가와 연관됨이 보고되었다. 결론적으로, AQP2는 이처럼 다양한 단백질들 간의 복잡한 상호작용을 통해 세포 내 적재적소에 위치하도록 정교하게 조절되며, 이들은 체내 수분 균형을 유지하는 데 중요 역할을 수행한다.

6) AVP에 의한 인산화

항이뇨호르몬은 집합관 주세포의 V2 수용체-Gs 단백질-adenylyl cyclase 6(AC6)-cAMP 축을 통해 PKA 중심의 인산화

네트워크를 유도하며, 최근에는 실험 쥐의 내수질 집합관 세포와 마우스의 피질 집합관 세포(mpkCCD) 모두에서 공통으로 변화하는 45개 단백질의 51개 인산화 부위가 발표되었다.[29] 이들 부위 중 상당수가 PKA에 의해 이루어지며, 동시에 ERK1/2 표적 부위의 탈인산화가 동반되어, 항이뇨호르몬 자극에 의해 PKA 활성화 및 Raf-MEK-ERK 억제가 병행되는 형태를 보였다. 베이지안 통계 분석법을 이용한 다른 연구에서도 33개의 증가 부위 중 30개가 PKA-catalytic subunit α 표적이었으며, 18개의 감소 부위 중 15개가 ERK1/2 표적으로 예측되어 이들 결과를 정량적으로 뒷받침하였다.[64] 소수의 예외 부위는 CDK18, CAMK2D, AMPKα1, CDC42BPB 등의 표적일 가능성이 제시되었다. 한편, 대규모 인산화체학(429개 변동 phosphopeptides) 연구에서는 PKA가 조절하는 하위 6개 키나아제[salt-inducible kinase 2(SIK2), cyclin-dependent kinase 18(CDK18), Ca^{2+}/calmodulin-dependent protein kinase kinase 2(CAMKK2), protein kinase D2(PRKD2), ERK1(MAPK3), myosin light chain kinase(MYLK)]가 전체 항이뇨호르몬 조절 부위의 약 81%를 설명하고 있다.[65]

항이뇨호르몬의 대표 표적 단백질과 인산화 부위는 AQP2와 세포질 소포수송, 세포골격, 칼슘, 전사 등을 포함한다. AQP2의 C-말단 S256/S264/S269 부위는 항이뇨호르몬 자극으로 인산화가 증가해 내강막 표적화 및 체류를 촉진하고, S261은 인산화가 감소하여 AQP2의 내재화를 억제한다. RhoA 교환 인자인 Rho guanine nucleotide exchange factor 2(ARHGEF2)의 S885는 PKA로 인해 인산화되며, GEF 활성이 억제되고 RhoA 신호가 약화되어 F-액틴 탈중합(depolymerization)과 함께 AQP2-함유 소포의 내강막 접근성이 향상된다. 소포의 막 융합 보조 인자인 NSFL1 cofactor p47(NSFL1C)의 S176 인산화 증가는 VCP/p47 복합체 활성을 향상시켜 막에서의 소포 융합을 촉진한다. 반면 Exocyst complex component 7(EXOC7)의 S250과 Stromal interaction molecule 1(STIM1)의 S575는 ERK의 표적으로 항이뇨호르몬에 의해 탈인산화되어 각각 기저막 쪽으로의 AQP2 exocytosis를 억제(내강막으로의 편향성 강화)하고, store-operated Ca^{2+} entry를 감소시킨다. Inositol 1,4,5-trisphosphate receptors(ITPR1)의 S1588/S1755는 PKA에 의해 인산화가 증가되어 소포체(ER)로부터 세포질로의 Ca^{2+} 방출을 유도할 수 있으며, β-카테닌 S552의 인산화 증가는 β-카테닌의 핵내 축적과 함께 Aqp2 전사를 활성화시킨다. PRKAR2A S96은 cAMP 부재시에 인산화되며, 항이뇨호르몬 자극에 의해 인산화가 감소된다.

6. 시상하부의 바소프레신 분비 조절 기전

시상하부(hypothalamus)는 혈장 삼투질 농도의 미세한 변화를 감지하여 체내 수분 항상성을 유지하는 중추적 역할을 수행한다. 이 과정은 삼투압 수용기 뉴런에 의한 감지, 전기화학적 신호 전달, 바소프레신 합성과 분비, 그리고 신장에서의 수분 재흡수를 통한 피드백 조절로 구성된다.[66-68] 삼투수용체 신경세포는 주로 시상하부의 전방복측 영역에 위치한 organum vasculosum laminae terminalis(OVLT) 및 subfornical organ(SFO) 등에 존재하며, 이들로부터 감지된 삼투압 정보는 supraoptic nucleus(SON)와 paraventricular nucleus(PVN)의 바소프레신 합성 뉴런으로 전달된다.[69, 70] 이들 신경세포는 세포막에 존재하는 기계적 민감성 이온 채널인 TRPV(transient receptor potential vanilloid) 채널[32]을 통해 삼투압 변화를 감지한다.[71] 혈장 삼투질 농도가 정상 범위(약 280~295 mOsm/kgH_2O)를 벗어나 증가하면, 삼투 현상에 의해 세포 내부의 수분이 세포 외부로 이동하여 세포가 수축한다. 이 세포 수축은 TRPV1 채널을 활성화하여 탈분극되고, 이때 전압 의존성 칼슘 채널(VGCC)을 통한 Ca^{2+} 이온이 세포 안으로 유입된다. 반대로 혈장 삼투질 농도가 낮아지면 세포가 팽창하고 채널 활성이 억제되어 세포막이 과분극됨으로써 흥분성이 감소한다. AQP4가 발현하는 별아교세포(astrocyte) 등 신경교세포(glial cell)는 저삼투압 변화를 감지하여 (TRPV4 매개) glycine 수용체 작용제(agonist)인 타우린을 방출함으로써 OVLT의 삼투수용체 신경세포를 억제한다.[72]

전술한 대로, 바소프레신 합성 뉴런에서 삼투압 변화에 의해 TRPV1 채널이 활성화되어 세포막이 탈분극되면, 전압 의존성 칼슘 채널이 활성화되어 세포 내 Ca^{2+} 이온이 유입된다. Ca^{2+} 이온은 중요한 이차 전달자로 작용하여 일련의 신호전달 경로를 활성화한다.[73]

---

32 OVLT의 삼투수용체 신경세포는 TRPV1, TRPV4가 발현하고, SON의 바소프레신 합성 뉴런에는 TRPV1, TRPV2 발현이 보고되어 있다.

세포 내 Ca^{2+} 농도 증가는 AC1/AC8-cAMP-PKA, ERK-MSK/RSK, CaMK 등의 경로를 통해 CREB(Ser133)를 활성화할 수 있으며, CREB의 CBP/p300과 결합하여 AVP 전사가 촉진될 수 있다.[74] cAMP 신호는 CREB3L1을 경유해 AVP 전사를 촉진하기도 한다. TonEBP/NFAT5와 CREB3L1은 PVN/SON에서 AVP 프로모터에 직접 작용하며, 탈수 및 고삼투 조건에서 생체 내에서 기능적 역할이 규명되었다.

바소프레신의 합성과 수송은 매우 정교한 과정을 거친다. 활성화된 거대세포 뉴론(시상하부의 SON과 PVN에 위치한 대형 신경분비 신경세포; activated magnocellular neurons)에서 AVP 유전자 발현이 증가하면, 이 유전자는 mRNA로 전사되고, 이후 preprovasopressin으로 번역된다.[75] 이 바소프레신 전구체는 소포체(endoplasmic reticulum)에서 신호서열(signal peptide) 절단과 코펩틴(copeptin)의 N-당화를 거쳐 pro-vasopressin이 된다. 이 전구체는 골지체를 통과하면서 성숙한 분비 과립으로 포장되는데, 이 과립 안에는 바소프레신과 결합하는 운반 단백질인 neurophysin II와 바소프레신 전구체의 C-말단 당펩타이드(glycopeptide)인 코펩틴(copeptin)이 함께 존재하여 축삭 수송(axonal transport)과 저장이 안정적으로 이루어지도록 한다.[76] 바소프레신, neurophysin II, 코펩틴은 화학적으로는 별개의 펩타이드 구조물이지만, 원래는 하나의 큰 전구체 단백질(preprovasopressin)에서 유래했으며, 같은 분비 과립 안에 포장되어 같은 경로를 통해 뇌하수체 후엽으로 운반된다. 즉, 완성된 호르몬 함유 과립은 미세소관을 따라 축삭 수송 시스템을 통해 시상하부-뇌하수체로(tract)를 따라 뇌하수체 후엽까지 이동하며, 축삭 말단의 Herring 소체에 축적된다.[77] 이 과정은 고전적인 신경분비 경로를 따르며, 축삭 운송 도중 prohormone이 절단되어 최종적으로 활성 호르몬인 AVP가 형성된다. 이러한 전기생리학적 활성화와 축삭 이동 기전으로 혈장 삼투질 농도 변화에 신속하게 대응하며, 체내 수분 재흡수를 효과적으로 조절하는 중요한 역할을 수행한다.[77] 바소프레신의 축삭 수송 속도는 호르몬의 분비요구보다는 합성 속도와 긴밀하게 연관되어 조절된다.[77]

분비된 바소프레신은 체액 항상성 유지에 중요한 역할을 한다.[78] 혈장 삼투압 증가나 혈압 감소와 같은 자극이 있으면, 뉴런에서 발생한 활동전위가 축삭을 타고 후엽 말단에 도달하여 전압 의존성 칼슘채널을 열고 칼슘이온의 유입을 유도한다. 고농도의 세포 내 칼슘은 SNARE(Soluble N-ethylmaleimide-sensitive factor Attachment protein REceptor) 단백질 복합체의 막 융합을 유발하고, 그 결과 exocytosis 과정을 통해 바소프레신이 혈류로 방출되게 한다.

분비된 바소프레신은 신장의 집합관에 있는 V2 수용체에 결합하여 AQP2 수분단백의 발현과 막 삽입을 촉진함으로써 수분 재흡수를 증가시킨다. 이로 인해 소변량이 감소하고 체내 수분 보유량이 증가하여 혈장 삼투질 농도가 정상화된다. 삼투압 변화 외에도 순환 혈액량 감소와 혈압 저하는 대동맥궁과 경동맥동의 압력수용체(baroreceptor)를 통해 감지되어 미주신경(vagus nerve)과 설인신경(glossopharyngeal nerve)을 통해 연수(medulla oblongata)로 신호를 전달하고, 연수는 이 신호를 시상하부로 중계하여 바소프레신 분비를 자극한다. 또한, ANG II는 시상하부 뇌실주위기관(Circumventricular Organs)의 OVLT와 SFO와 같은 혈액뇌장벽이 없는 뇌 영역의 AT1 수용체에 결합하여 바소프레신 분비를 촉진한다. 스트레스 호르몬인 cortisol은 상황에 따라 바소프레신 분비에 복합적인 영향(예: 급성 스트레스 시 증가 가능성, 특정 조건에서는 억제 역할)을 미친다.[79] 예를 들면, cortisol 결핍 시(예: Addison's disease)에는 비삼투성 자극 및 시상하부에서 분비가 증가된 Corticotropin-Releasing Hormone(CRH) 등의 원인으로 바소프레신 분비가 증가하여 저나트륨혈증의 원인이 되기도 한다.[80] Norepinephrine를 PVN 부위에 주입하면 바소프레신 분비를 증가시킬 수 있다. 심방나트륨 이뇨 펩타이드(atrial natriuretic peptide, ANP)는 바소프레신 분비를 억제한다. 이러한 다양한 조절 기전은 체액 항상성 유지를 위한 정교한 시스템을 형성하며, 시상하부-뇌하수체-신장 축의 중요한 부분을 구성한다.

급만성 신부전 상황은 시상하부에서 바소프레신 생산과 분비조절에 큰 영향을 미친다. 급성 신부전 발생 시, 바소프레신 수치는 혈장 삼투압 변화보다는 주로 쇼크, 패혈증, 수술, 스트레스, 구역 등 급성 질환과 관련된 비삼투성 자극에 의해 급격히 상승하는 경우가 많다. 이로 인해 핍뇨기에는 체액 저류가 악화하고 저나트륨혈증이 발생할 수 있으며, 때로는 부적절 항이뇨호르몬 분비 증후군(SIADH)과 유사한 상태를 보일 수 있다. 하지만 회복기에는 신장 세뇨관 손상으로 인해 바소프레신에 대한 저항성 및 수분통로단백 AQP2 발현 감소 등이 동반되어 다뇨증이 발생할 수도 있다. 만성 콩팥병 환자에서는 바소프레신 및 그 대리 표지자인 코펩틴 수치가 만성적으로 상승하며, 신기능이 저하될수록 증가하는 경향이 있다.[81] 코펩틴 상승은 질병 진행의 예측 인자로 알려졌지만, 코펩틴 자체의 신장 청소율 감소도 수치 상승에 기여할 것으로 여겨진다. 만성 콩팥병이 진행됨에 따라 신장은 바소프레신의 항이뇨 작용에 대한 저항성이 점차 커지는데, 이는 주로 V2 수용체 발현 감소, 수분통로단백 AQP2 발현 감소와 세뇨관 구조 손상 때문이다. 이로 인해 소변 농축 능력이 떨어지고 결국 등장뇨(isosthenuria) 상태가 된다. 역설적으로, 신장의 항이뇨 반응은 저하됨에도 불구하고 만성적으로 상승된 바소프레신은 V2 및 V1a 수용체를 통해 과여과, 신비대, 염증, 섬유화, 혈압상승 등을 촉진하여 만성 콩팥병의 진행 자체에 악영향을 미칠 수 있다.[82, 83]

7. 신장 사이세포의 주요 기능

사이세포(Intercalated Cell, IC)는 신장의 원위세뇨관(특히 연결세관)과 집합관에 존재하는 특수한 상피세포이다.(그림 15) 이들은 주세포 사이에 분포하여 산-염기 항상성 조절에 중요하게 관여하고 있으며, 최근 연구에 따르면 포타슘 재흡수(A형) 및 병원균 감염과 면역반응(선천 면역) 등 광범위한 역할이 밝혀지고 있다. 신장 피질(연결세관 및 피질 집합관)에는 A형, B형, 비A 비B형의 세 가지 아형의 사이세포가 존재하며, 각 아형마다 고유한 수송 단백질 조합과 세포 구조를 가져 서로 다른 생리 기능을 수행한다. 그에 반해, 수질 집합관(특히 외수질)

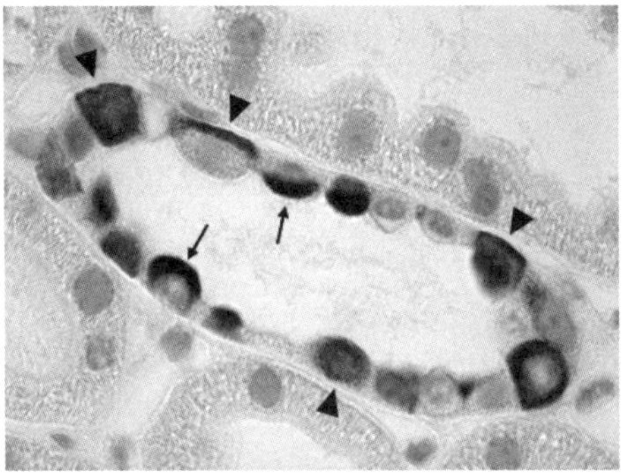

그림 15. 집합관 사이세포(H^+-ATPase 발현)

에는 A형 사이세포가 존재한다. 〈그림 15〉에서 화살표로 표시한 세포가 A형 사이세포이며(내강막에 H^+-ATPase 발현), 화살머리로 표시한 세포는 B형 세포이다(세포질 혹은 기저외측막에 H^+-ATPase 발현).

1) 산-염기 항상성 조절

사이세포의 가장 핵심적인 기능은 체내 산-염기 균형 조절이다. 신체 대사와 식이로 생성되는 비휘발성 산 혹은 고정산(non-volatile acid 혹은 fixed acid)은 신장을 통해 배설되어야 하며, 사이세포가 중요한 역할을 한다. A형 사이세포는 산을 분비하고 중탄산염을 재흡수하는 기능을 한다. 세포 내강막에 발현된 H^+-ATPase와 H^+/K^+-ATPase(non-gastric ATP12A)는 세포 내 수소 이온을 능동적으로 내강으로 분비한다.[84] 이 과정에서 세포 내 탄산탈수효소(carbonic anhydrase type II, CAII)의 작용으로 CO_2와 H_2O로부터 H^+와 HCO_3^-가 생성된다. 생성된 HCO_3^-는 기저외측막의 음이온 교환기(anionic exchanger type 1: AE1, SLC4A1 유전자)를 통해 혈액으로 재흡수되어 체내

화학완충(chemical buffer) 시스템을 보강한다. A형 사이세포의 H^+-ATPase 활성은 pH 변화, 중탄산이온(HCO_3^-) 농도 변화 등에 민감하게 반응한다. H^+/K^+-ATPase는 산 분비와 함께 포타슘 재흡수에도 관여하며, 특히 산증이나 저칼륨 상태에서 중요한 역할을 한다.

B형 사이세포는 A형과 반대로 중탄산이온(HCO_3^-)을 내강으로 분비하는 기능을 수행한다. 내강막의 pendrin(SLC26A4 유전자)을 통해 HCO_3^-를 내강으로 분비하고 Cl^- 이온을 세포 안으로 유입한다.[84-86] 또한, 소듐 의존성 Cl^-/HCO_3^- 교환기(Na^+-dependent chloride-bicarbonate exchanger: NDCBE, SLC4A8 유전자)가 내강막에서 발현한다고 알려졌으나,[87] 외수질 및 내수질 집합관에서는 상이한 결과가 보고되어, 앞으로 정확한 발현 위치 및 역할은 더 규명할 필요가 있다. B형 사이세포는 특히 대사성 알칼리증 상태에서 과도한 염기를 배설하여 체액의 pH를 정상화하는 데 중요하다. 따라서 pendrin 유전자가 결손되면 내강의 HCO_3^- 농도와 pH가 낮아지는데, 이로 인해 같은 집합관 내에서 ENaC의 발현과 기능이 감소된다.[88, 89] 비록 pendrin은 B형 사이세포에, ENaC는 주세포에 위치하지만, pendrin이 조절하는 내강 환경이 간접적으로 ENaC의 활성에 영향을 미쳐 결과적으로 소듐 재흡수가 저하된다.

비A 비B형 사이세포는 B형 사이세포와 마찬가지로 내강막에 소듐 비의존적 Cl^-/HCO_3^- 교환체(pendrin)를 갖지만, A형 사이세포처럼 내강막을 따라 H^+-ATPase를 발현한다. 따라서 비A 비B형 사이세포는 중탄산염을 분비하거나 H^+를 분비하는 세포이거나, 이 두 기능 사이에서 상호 전환될 수 있다고 여겨진다. 또한, 비A 비B형

사이세포는 연결세관에서 가장 높은 발현을 보이는데, 이 구간은 체외 관류(in vitro perfusion)로 연구하기 어려워서, 이 세포 유형의 수송 특성은 A형이나 B형 사이세포만큼 명확히 규명되지 못하였다.[84, 90] 사이세포는 체내 산-염기 상태 변화에 따라 표현형을 바꿀 수 있다(phenotypic modulation)는 보고가 있다. 만성적인 산증 상태에서는 B형 사이세포가 A형으로 전환되어 산 분비 능력을 높일 수 있는데, 이러한 전환 과정에는 헨신(Hensin, DMBT1 유전자)과 같은 세포 외 기질 단백질의 침착 등이 관여한다.[91]

2) 전해질 항상성 조절

집합관에서의 NaCl 재흡수는 주로 주세포에 의해 이루어지며, 여기서 내강막의 ENaC와 기저외측막의 Na^+,K^+-ATPase가 중심적인 역할을 한다. 그러나 B형 사이세포도 Cl^- 재흡수를 통해 간접적으로 NaCl 재흡수에 기여할 수 있다. B형 사이세포는 내강막에 발현하는 pendrin(SLC26A4)을 통해 Cl^-을 세포 내로 재흡수하고, 동시에 HCO_3^-를 내강으로 분비한다. 이 경로는 특히 체내 염소 결핍 상태나 알도스테론 분비 증가 시에 활성화되어 Cl^- 재흡수를 촉진하고 혈압 조절에 기여한다. 실제로 pendrin의 발현은 Cl^- 이온 농도, 알도스테론, ANG II 등 다양한 요인에 의해 조절된다. 한편, A형 사이세포는 산-염기 조절뿐 아니라 포타슘 재흡수에도 관여한다. 저칼륨 식이 상태에서는 내강막의 H^+/K^+-ATPase(특히 외수질 집합관)가 활성화되어 H^+를 내강으로 분비하고 동시에 K^+를 재흡수함으로써 체내 칼륨 농도를 유지한다.

3) 호르몬에 의한 조절

사이세포의 기능은 호르몬과 국소 신호에 의해 정교하게 조절된다. ANG II는 연결세관과 피질 집합관의 사이세포에서 AT1 수용체를 통해 H^+-ATPase 활성을 증가시키며, pendrin을 통한 Cl^- 재흡수 경로를 촉진한다. 알도스테론 역시 사이세포에서 H^+-ATPase 활성을 자극하고, pendrin의 발현과 기능을 증가시켜 산 분비와 NaCl 재흡수에 영향을 미친다. 사이세포는 mineralocorticoid 수용체(MR)를 발현하며, MR의 기능은 Ser843 인산화 상태에 따라 달라진다. ANG II는 MR의 Ser843 탈인산화를 유도하여(ANG II-mTOR 신호가 ULK1을 억제하여 Ser843 탈인산화를 유도함) MR을 알도스테론에 민감한 상태로 전환시킴으로써 pendrin과 H^+-ATPase의 발현 및 활성을 증폭시킨다. A형 사이세포에는 (프로)레닌 수용체(PRR, ATP6AP2)가 높게 발현되어 있으며, 이는 H^+-ATPase의 보조 소단위로서 산 분비 기전에 중요한 역할을 한다.[33] 한편, 주세포는 프로레닌과 레닌을 합성 및 분비할 수 있으며, 이들이 인접한 사이세포의 PRR에 결합하면 RAAS 의존 경로(ANG II 생성)와 비의존 신호(예: ERK-COX-2-PGE_2)가 활성화되어 세포 간 기능적 연결을 매개할 수 있다.

4) 선천 면역 반응

사이세포는 신장 세뇨관 상피에서 선천 면역 방어에 중요한 역

33 Atp6ap2(PRR)의 신세뇨관 특이적 결손 마우스 연구에서 전신 RAS 변화 없이도 요농축 장애와 원위 신세뇨관 산증이 발생하는 것이 관찰되어, PRR은 H^+-ATPase의 보조 소단위로서 산분비와 요농축에 필수적인 단백질이라는 점이 강조되고 있다(J Am Soc Nephrol 27(11):3320-3330, 2016).

할을 수행한다. 이들은 병원체 연관 분자 패턴(Pathogen-Associated Molecular Patterns, PAMPs), 예를 들어 세균의 지질다당류(LPS)를 인식하는 톨 유사 수용체(Toll-Like Receptor), 특히 TLR4를 발현한다. 병원체 감염이나 허혈과 같은 스트레스 상황에서, 신장 세뇨관 세포들, 특히 사이세포를 포함한 집합관 세포들은 디펜신(defensin), RNase7과 같은 항균 펩타이드(Anti-Microbial Peptides, AMP)를 생성 및 분비하며, Neutrophil Gelatinase-Associated Lipocalin(lipocalin 2, NGAL)도 소변으로 분비하는 데 기여한다.[92, 93] NGAL은 일부 세균(특히 그람 음성균)이 철분 획득에 사용하는 enterobactin과 같은 특정 유형의 siderophore와 결합하여 세균의 철분 이용을 차단함으로써 세균의 성장을 저해하는 정균 작용을 한다. 또한, A형 사이세포의 H^+-ATPase에 의한 산 분비 기능은 요로의 산성 환경을 유지하여 요로 감염 방어에 기여한다. 실제로 A형 사이세포 기능이 손상된 동물 모델(H^+-ATPase B1 subunit 결손 등)에서는 요로의 산성화 능력이 저하되어 요로 감염에 대한 저항력이 감소한다는 보고가 있다. 최근 연구에 따르면, 사이세포는 염증 반응 시 사이토카인과 케모카인을 분비하여 면역 세포의 이동과 활성화를 조절하는 역할도 수행한다. 예를 들어, 사이세포는 IL-6과 MCP-1(혹은 CCL2)을 분비하여 염증 부위로 면역 세포를 유도하고, 이는 감염에 대한 신속한 면역 반응을 촉진한다. 이처럼 사이세포는 신장 내 선천 면역 반응에서 병원체 인식, 항균 물질 분비, 면역 세포 조절 등 다양한 기전을 통해 중요한 방어 역할을 수행한다.

8. 집합관 관련 유전 질환의 분자 기전과 동물 모델

신장 집합관 세포에 발현하는 수송운반체나 채널단백질에 선천적 유전 결함이 발생하면 희귀 유전 질환으로 이어진다. 대표적인 질환으로 리들 증후군, 신성 요붕증, 가성 저알도스테론증 1형(PHA1), 원위 신세뇨관 산증(distal RTA) 등이 있다.

1) 리들(Liddle) 증후군

리들 증후군은 상염색체 우성으로 유전되는 희귀한 고혈압 질환으로, 집합관 주세포의 소듐 채널(ENaC)의 과도한 활성화로 발생한다. ENaC의 β 또는 γ 소단위(SCNN1B, SCNN1G)의 C-말단 PY 모티

표 24. 리들 증후군과 고든 증후군 비교

특징	고든 증후군(Gordon Syndrome)	리들 증후군(Liddle Syndrome)
다른 이름	가성 저알도스테론증 2형	가성 고알도스테론증
유전 양상	상염색체 우성/열성	상염색체 우성
유전적 결함	WNK1, WNK4, CUL3, KLHL3	SCNN1B, SCNN1G
주요 분자 결함	NCC의 지속적 활성화	ENaC의 지속적 활성화
주요 영향 네프론 구획	원위곡세뇨관	연결세관 / 집합관
Na^+ 수송에 미치는 영향	재흡수 증가	재흡수 증가
K^+ 수송에 미치는 영향	분비 감소	분비 증가
혈청 K^+	높음 (고칼륨혈증)	낮음 (저칼륨혈증)
혈청 HCO_3^-	낮음 (산증)	높음 (알칼리증)
혈장 레닌/알도스테론	낮음/정상 혹은 높음	낮음/낮음
치료	티아지드계 이뇨제	ENaC 차단제(아밀로라이드)

프 돌연변이가 원인으로, 이로 인해 유비퀴틴 리가아제(Nedd4-2)의 결합이 차단되면서 ENaC의 분해가 감소하고 소듐 채널이 세포막에 과도하게 축적된다. 이로 인해 지속적인 소듐 재흡수로 고혈압, 저칼륨혈증, 대사성 알칼리증이 발생한다.(표 24) 동물 모델 연구에서는 이러한 ENaC의 발현 증가와 함께 혈압 상승이 관찰되었으며, ENaC 억제제와 저염식이로 혈압을 정상화할 수 있음이 입증되었다. 임상적으로 혈장 레닌과 알도스테론이 모두 억제된 저레닌·저알도스테론성 가성 고알도스테론증 양상을 보이며, 레닌은 억제되지만 알도스테론은 증가하는 원발성 알도스테론증과 감별 진단에 중요한 소견이다.

2) 신성 요붕증(Nephrogenic Diabetes Insipidus, NDI)

신성 요붕증은 항이뇨호르몬(ADH)에 대한 신장의 반응 결여 때문에 다량의 희석된 소변이 배출되는 질환이다. 환자의 약 90%는 X-연관성으로 AVPR2 유전자 돌연변이에 의해 발생하며, 나머지는 상염색체성으로 AQP2 유전자 돌연변이에서 비롯된다. AVPR2 유전자 돌연변이는 V2 수용체의 오접힘으로 세포막 발현이 감소하거나 기능이 상실된다. AQP2 유전자 돌연변이는 단백질의 세포막 이동을 방해하여 심각한(상염색체 열성) 또는 비교적 경증(상염색체 우성)의 형태로 나타난다. Avpr2 또는 Aqp2 결손 생쥐 모델은 심한 요농축 장애를 나타내며, 최근 연구에서는 변이된 V2 수용체에 샤페론 약물을 투여하여 세포막 발현과 기능 회복 가능성을 확인하였다.

3) 가성 저알도스테론증 1형(Pseudohypoaldosteronism type I, PHA1)

상염색체 열성 PHA1은 ENaC의 α, β, γ 소단위 유전자(SCNN1A, SCNN1B, SCNN1G)의 돌연변이에 기인하며, 생후 초기부터 심각한 소듐 손실, 저혈압, 고칼륨혈증을 유발한다. 반면 상염색체 우성 PHA1은 미네랄로코르티코이드 수용체(MR, NR3C2)의 돌연변이로 신장 내 알도스테론에 대한 국소적 반응이 저하되어 나타나며, 상대적으로 증상이 경하고 나이가 들면서 증상이 완화된다. 치료는 고용량의 소듐 보충과 함께, 고칼륨혈증 관리를 위한 포타슘 섭취 제한 및 칼륨 결합제(Patiromer 등) 투여 등으로 이루어진다.

4) 원위 신세뇨관 산증(distal RTA)

원위 신세뇨관 산증은 집합관 사이세포의 산 분비 기능 장애로 발생하는 질환이다. 상염색체 열성 형태는 H^+-ATPase의 b1(ATP6V1B1) 또는 a4(ATP6V0A4) 소단위 돌연변이가 원인으로, 특히 ATP6V1B1 돌연변이는 감각신경성 난청과 관련된다. 상염색체 우성 형태는 anion exchanger 1(SLC4A1) 유전자 변이로 빈혈을 동반할 수 있다. 이들 유전자 변이로 인해 집합관 사이세포의 산 분비 기능이 저하되면 지속적인 대사성 산증, 저칼륨혈증(일부 형태), 소변 내 칼슘 배설 증가에 따른 신결석증 및 신석회화, 성장 지연 등이 나타난다. Atp6v1b1 결손 생쥐 모델에서는 산부하 시 뚜렷한 대사성 산증과 근위세뇨관의 보상적 암모니아 생산 증가가 관찰되었다. 최근 연구에 따르면 전사 인자 Foxi1의 돌연변이도 H^+-ATPase의 발현 감소를 통해 원위 RTA 발병에 관여하는 것으로 밝혀졌다. 자세한 병태생리는 아래에 별도의 소제목으로 기술하고자 한다.

기타 관련 희귀 질환으로 바소프레신 V2 수용체의 지속적 활성화를 특징으로 하는 신성 부적절 항이뇨 증후군(Nephrogenic Syndrome of Inappropriate Antidiuresis, NSIAD)과 외견상 미네랄로코르티코이드 과다증(Apparent Mineralocorticoid Excess, AME)이 있다. NSIAD는 X-연관 AVPR2 유전자의 활성 돌연변이(gain-of-function mutation, 예: R137C 또는 R137L 변이)로 인해 바소프레신 결합 없이도 V2 수용체가 구조적으로 활성화되어 발생한다. 이는 주로 유아기에서 심한 저나트륨혈증으로 발현한다. AME는 11β-HSD2 유전자 이상으로 미네랄로코르티코이드 수용체가 코티솔에 과도하게 활성화되는 질환이다.

9. 원위 신세뇨관 산증의 병태생리

1) 정의

원위 신세뇨관 산증(distal renal tubular acidosis, dRTA)은 신장의 원위부 세뇨관에서 수소 이온을 소변으로 분비하는 능력에 장애가 발생하여 체내에 산이 과도하게 축적되는 질환이다. 이러한 산의 축적은 혈액의 pH를 낮추는 대사성 산증을 유발한다. 원위 신세뇨관 산증 환자는 심한 전신 산증 상태에서도 소변 pH를 5.5 이하로 효과적으로 낮추지 못하는 특징을 보인다. 원위세뇨관(연결세관)과 집합관은 이러한 최종적인 소변 산성화 과정을 담당하고 있으며, 주로 A형 사이세포를 통해 수소 이온을 능동적으로 분비한다. 따라서 원위 신세뇨관 산증(dRTA)은 신장의 산 배설 능력 저하로 인해 발생하는 일련의 증후군이라고 할 수 있다.

원위 신세뇨관 산증은 다음과 같은 임상증상을 나타낸다. 원위 신세뇨관 산증은 집합관에서의 수소 이온 분비 장애로 인해 중탄산염 재생에 문제가 생겨 발생하는 질환이며 이로 인해 소변의 적정산(titratable acid) 감소와 암모늄 이온(NH_4^+) 배설 저하가 나타나고, 소변 pH가 5.3 이상으로 지속적인 알칼리성을 보이며, 알칼리 부하 후 소변-혈액 PCO_2 차이가 낮게 측정된다. 이러한 산배설 장애는 정상 anion gap을 동반하는 고염소혈증성 대사성 산증(hyperchloremic metabolic acidosis)을 유발하며, 체액량 감소나 특정 이온 통로(H^+/K^+-ATPase 등)를 통한 신장의 K^+ 이온 소실로 저칼륨혈증이 흔히 동반된다. 장기적으로는 고칼슘뇨증(hypercalciuria), 저구연산뇨증(hypocitraturia) 및 알칼리성 소변 환경으로 인해 신장결석증이나 신석회화증(nephrocalcinosis)이 발생할 위험이 크고, 특히 소아에서는 성장 지연과 구루병(rickets)이 나타날 수 있다.

2) 원위 신세뇨관 산증의 병태생리

원위 신세뇨관 산증의 주된 병태생리는 연결세관과 집합관의 A형 사이세포에서 수소 이온 분비 기능 이상이다. 정상적인 산성화 과정은 A형 사이세포의 내강막에 위치한 H^+-ATPase 펌프가 세포 내의 수소 이온을 소변(즉, 세뇨관 내강)으로 능동적으로 수송한다. 동시에, 기저외측막에 있는 음이온 교환기(anionic exchanger type 1: AE1)는 중탄산(HCO_3^-) 이온을 세포에서 혈액으로 내보내고 Cl^- 이온을 세포 내

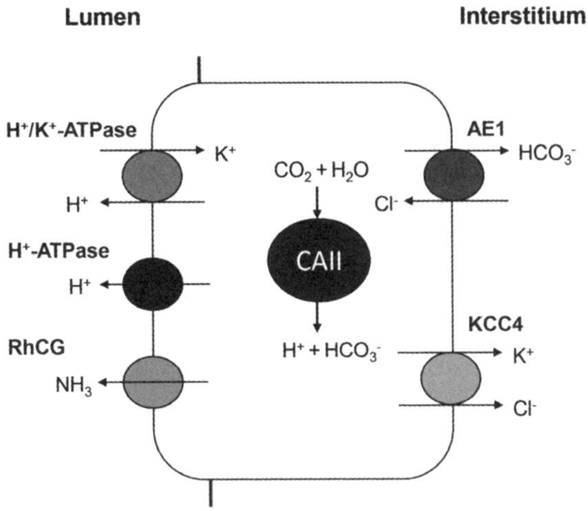

그림 16. A형 사이세포

로 유입시킨다. 세포 내에 존재하는 탄산탈수효소(carbonic anhydrase type II, CAII)는 CO_2와 H_2O로부터 H^+ 이온과 HCO_3^- 이온의 생성을 촉매하여 H^+-ATPase 펌프와 AE1의 작용에 필요한 기질(즉, H^+ 이온과 HCO_3^- 이온)을 제공한다.(그림 16)

A형 사이세포의 기능 이상은 이러한 핵심 단백질들의 결함이나 기능 저하로 인해 발생할 수 있다. 유전적 돌연변이는 H^+-ATPase 펌프의 소단위체나 AE1의 구조와 기능을 변화시켜 단백질이 세포막으로 제대로 이동하지 못하게 하거나, 정상적인 활성을 나타내지 못하게 하며, 드물게 CA II의 유전적 결핍도 원위 신세뇨관 산증의 원인이 될 수 있다. 이러한 기능 이상은 결국 소변으로의 효과적인 H^+ 이온 분비를 방해하여 혈액 내 산 축적을 초래하고, 소변 pH를 적절히 낮추지 못하게 만든다. 일부 연구에서는 Na^+ 재흡수 장애로

인한 전압 의존성 메커니즘 이상으로 H^+ 이온과 K^+ 이온의 분비에 동시적인 장애가 발생하는 경우도 보고하고 있다.

3) 원위 신세뇨관 산증의 주요 원인

원위 신세뇨관 산증(distal RTA, 제1형)은 주로 집합관(특히 A형 사이세포)에서의 H^+ 이온 분비 장애로 인해 요 산성화 실패와 신생 HCO_3^- 생성 저하가 발생하는 질환이다. 주요 발생 기전은 네 가지로 정리된다.

① 분비 결함(Secretory defect): 내강막에 발현하는 H^+-ATPase, H^+/K^+-ATPase 또는 기저외측막의 Cl^-/HCO_3^- 교환체가 기능 장애로 인해 집합관에서 H^+ 이온 분비가 억제되는 상태(예: 유전, 후천 요인)

② 농도 기울기 결함(Gradient defect): 내강막이나 치밀이음의 투과성이 증가하여 세뇨관 내강에서 H^+ 이온이 역확산되는 경우(예: amphotericin B)

③ 전압 의존성 RTA(Voltage-dependent): Na^+ 재흡수 장애로 발생하며, 내강-음성 전위를 형성하지 못해서 H^+ 및 K^+ 이온의 분비가 방해될 때 발생한다. 일반적으로 원위 신세뇨관 산증은 저칼륨혈증을 동반하지만, 전압 의존성 RTA는 고칼륨혈증을 동반한다(예: amiloride, triamterene, 저알도스테론증, sickle cell nephropathy).

④ 암모니아 배설 결함(Ammonia excretion defect): A형 사이세포의 H^+ 분비 장애로 인해 NH_3가 내강에서 NH_4^+로 충분히 포획되지 못하거나, 또는 Rhcg 같은 ammonia transporter 이상으로 집합관 내강으로의 NH_3 분비가 감소하여, 결과적으로 NH_4^+ 배설

이 감소한다. 반면 4형 RTA(고칼륨혈증/알도스테론 결핍)는 근위세뇨관 ammoniagenesis 감소가 주된 기전이다.

병인은 유전적 요인과 후천적 요인으로 분류할 수 있다.

① 유전적 요인

SLC4A1 유전자는 적혈구막 및 신장 A형 사이세포의 기저외측막에 존재하는 Cl^-/HCO_3^- 교환체인 AE1(eAE1, kAE1)을 암호화한다. 이 유전자는 두가지 주요 전사체를 생성하는데, 전체 길이(911 아미노산)의 적혈구형 Band 3 단백질(eAE1)과 N-말단 65개 아미노산이 결실된 신장형(kAE1, 846 아미노산)이다. SLC4A1의 변이는 주로 상염색체 우성 또는 열성으로 유전되는 원위 신세뇨관 산증 및 유전성 구상적혈구증(Hereditary Spherocytosis), 동남아시아 난형적혈구증(Southeast Asian Ovalocytosis, SAO) 같은 적혈구 질환과도 연관된다.[94, 95] 특정 돌연변이가 신장에서만 이상을 일으키는 현상은 적혈구에만 존재하는 샤페론 단백질인 glycophorin A가 일부 AE1 돌연변이 단백질의 세포 내 접힘 또는 수송 결함을 보완하여 적혈구막으로 정상 이동을 가능하게 하나, 신장에서는 이 보호 작용이 없어 병변이 발현된다.[96] 변이의 종류와 발병 기전은 다양한데, 단백질이 세포 내에 축적되거나 분해가 촉진되기도 하며, 일부 우성 dRTA 돌연변이(예: G609R)는 단백질이 기저외측막 대신 내강막으로 잘못 표적화되어 기능 이상을 초래하기도 한다.[97] 한편, 동남아시아 지역에 흔한 SAO 유발 돌연변이는 말라리아 저항성과 연관이 있는 것으로 알려졌으며, 대표적인 열성 dRTA 돌연변이 G701D는 심한 대사성 산증 시 용혈성 빈혈을 동반할 수 있다.[98] AE1이 결실된 마우스 모델은 심각한 대사성 산증을 보이며, 인간의 R589H 돌연변이를 모방한 R607H 유전자를 가진 마우스에서는 A형 사이세포에서 H^+-ATPase의 막으로의 이동 및 발현 감소가 관찰되어 산 배출 장애를 유발하며, AE1 돌연변이가 다른 단백질에도 영향을 미칠 수 있음을 시사하였다.[99]

ATP6V1B1 및 ATP6V0A4 유전자는 H^+-ATPase 펌프의 특정 소단위체를 코딩하며, 이들의 변이는 주로 상염색체 열성 원위 신세뇨관 산증과 관련이 있다. 특히 ATP6V1B1 유전자 변이는 감각신경성 난청을 동반하는 경우가 많으며,[100, 101] 신장 피질 집합관에서의 ATP6V1B1 발현 위치는 〈그림 15〉와 같다. 추가하면, H^+-ATPase 즉 V-ATPase는 세포질에 위치하는 V1 도메인(ATP 가수분해)과 세포막을 관통하는 V0 도메인(H^+ 수송)으로 구성된다. 일반적으로 V1 도메인은 A_3, B_3, E_3, G_3와 C_1, D_1, F_1, H_1로 알려져 있으며, V0 도메인은 a, c-ring(여러 c 소단위체), d, e 등으로 이루어져 있다. 최근 연구에 따르면, 전사 인자인 FOXI1이나 기능이 아직 완전히 명확하지는 않지만 V-ATPase 조립 등에 관여할 것으로 추정되는 WDR72 유전자 등의 변이 또한 원위 신세뇨관 산증의 발병과 깊은 관련이 있는 것으로 밝혀졌다.[102, 103]

신장에서 FOXI1은 AE1(SLC4A1), AE4(SLC4A9), 그리고 V-ATPase의 여러 소단위들(A, B1, E2, a4 등)의 발현을 조절하는 핵심적인 마스터 조절인자(master regulator)로 작용한다고 알려져 있다.[104] 이러한 유전자 변이는 해당 유전자가 암호화하는 단백질의 구조적 또는 기

표 25. 원위 신세뇨관 산증(Type 1, Distal RTA)의 유전성 원인

유전자 (Gene)	단백질/효소 (Protein/Enzyme)	주요 기능 및 역할	유전양상
SLC4A1	음이온 교환기 1 (Anion Exchanger 1, AE1, Band 3)	A형 사이세포의 기저외측막에서 Cl^-/HCO_3^- 교환을 통해 HCO_3^- 재흡수에 관여	주로 상염색체 우성(AD), 일부 열성(AR)
ATP6V1B1	H^+-ATPase (V-ATPase) B1 소단위	A형 사이세포의 내강막에 발현하는 H^+-ATPase(V-ATPase)의 구성 요소로, H^+ 이온 분비	상염색체 열성 (AR)
ATP6V0A4	H^+-ATPase (V-ATPase) A4 소단위	A형 사이세포의 내강막에 위치하는 V-ATPase의 V0 도메인 구성 요소로, H^+ 분비 및 펌프 조립/기능에 중요	상염색체 열성 (AR)
ATP6V1C2	H^+-ATPase (V-ATPase) C2 소단위	V-ATPase의 V1 도메인 구성 요소로, H^+ 분비에 관여	상염색체 열성 (AR)
FOXI1	Forkhead box protein I1(전사 인자)	H^+-ATPase 관련 유전자(예: ATP6V1B1, ATP6V0A4) 및 Pendrin(SLC26A4) 등의 발현을 조절하는 전사 인자	상염색체 열성 (AR)
WDR72	WD-repeat 단백질 (WDR72)	산 분비 세포의 단백질 수송 또는 V-ATPase 조립/안정성에 관여할 것으로 추정	상염색체 열성 (AR)

능적 이상을 초래하여, 결과적으로 신장 연결세관과 집합관의 산 분비 능력을 저하시키고 원위 신세뇨관 산증을 유발한다.(표 25)

② 자가면역 질환

자가면역 질환은 후천적 원위 신세뇨관 산증의 중요한 원인 중 하나이다. 특히 쇼그렌 증후군(Sjögren syndrome)은 원위 신세뇨관 산증과 가장 흔하게 연관된 자가면역 질환으로 알려져 있다. 전신성 홍반 루푸스(SLE) 및 류마티스 관절염과 같은 다른 자가면역 질환 또한 원위 신세뇨관 산증을 유발할 수 있는데, 주된 발병 기전으로는 집합관 세포의 H^+-ATPase나 AE1 같은 특정 수송체에 대한 자가항체 형성 또는 T림프구를 매개로 한 세포 면역 반응에 의한 세뇨관 손상이 지목된다. 특히 H^+-ATPase의 B1 소단위체와 carbonic anhydrase II에 대한 자가항체가 쇼그렌 증후군 환자에서 발견된다. 일부 환자의 경우에는 면역계 이상 활성을 시사하는 고감마글로불린혈증(hypergammaglobulinemia)이 관찰되기도 한다. 정확한 자가항체의 종류 및 역할 규명, 그리고 치료 전략 등 앞으로 추가 연구가 필요하다.

③ 약물 사용

일부 약물은 후천성 원위 신세뇨관 산증의 원인이 되는데, 대표적인 예로 항진균제인 암포테리신 B(amphotericin B)는 원위세뇨관 세포막의 H^+ 이온 투과성을 비정상적으로 증가시켜 분비된 H^+ 이온이 다시 역누출(back-leak)되게 하거나 세포에 직접적인 손상을 가하여 산 분비 능력을 저하시킨다. 또한, 조울증 치료에 사용되는 리튬(lithium)은 집합관 사이세포의 H^+-ATPase 기능을 방해하거나 만성 사용 시 세뇨관간질 손상을 유발하여 원위 신세뇨관 산증을 일으킬 수 있으며, 신성 요붕증을 유발하는 잘 알려진 약물이다. 이 외에도 특정 항암제(예: ifosfamide의 경우 Fanconi 증후군, pRTA, dRTA 초래), 유기용제(예: 톨루엔 흡입에 의한 경우) 등도 원위세뇨관의 산성화 기능에 장애를 초래하여 산증을 일으킬 수 있다.

④ 다른 질환과의 연관성

원위 신세뇨관 산증은 겸상적혈구병(Sickle Cell Disease), 만성 요로폐쇄, 신장 이식, 간경변 등 다양한 다른 질환들과 연관되어 발생할 수 있다. 이러한 질환들은 신장 조직에 침윤, 염증 또는 구조적 이상을 유발하여 원위부 세뇨관의 기능을 방해하고 산 배설 장애를 초래할 수 있다.

4) 저칼륨혈증 발생 기전

① H^+ 분비 장애와 그에 따른 K^+ 분비 촉진: 원위 신세뇨관 산증에서 H^+ 분비가 감소하면, 이를 보상하여 전기적 중성을 유지하려는 과정에서 주세포에서의 K^+ 분비가 증가한다. 즉, H^+가 적절히 배설되지 못함에 따라, 대신 K^+가 소변으로 과도하게 배출되어 저칼륨혈증을 유발한다. 이러한 K^+ 분비 증가는 주세포 내강막에 위치한 K^+ 통로인 ROMK 및 BK 채널의 활성 증가와 관련이 있다. 일부 원위 신세뇨관 산증 형태에서는 H^+/K^+-ATPase의 기능 장애로 인해 K^+ 재흡수가 감소하여 저칼륨혈증에 기여한다.

② 만성 산증 및 체액량 감소로 인한 알도스테론 분비 증가: 만성적인 대사성 산증 상태는 산증으로 인해 이차적으로 발생하는 세포외액량 감소와 그에 따른 혈역학적 변화 및 교감신경계 활성화 등으로 인해 간접적으로 레닌-안지오텐신-알도스테론 시스템을 자극할 수 있다.[105] 원위 신세뇨관 산증 환자에서 관찰되는 세포외액량 감소는 H^+ 이온 분비 장애로 인한 Na^+ 재흡수 감소 또는 소변으로 Na^+가 다른 음이온과 함께 소실되거나, 다뇨 등으로 인해 발생할 수 있다. 증가한 알도스테론은 연결세관과 집합관 주세포에 작용하여 Na^+ 재흡수를 촉진하는 한편, K^+ 분비를 증가시켜 더욱 저칼륨혈증을 유발한다.

5) 신석회화증 및 신장 결석 발생 기전

① 만성 대사성 산증으로 인한 뼈의 완충 작용 및 칼슘 용출 증가: 체내 산을 중화하기 위해 뼈에 저장된 알칼리 성분(주로 탄산칼슘, 인산칼슘)이 혈액으로 용출되며, 이 과정에서 칼슘이 함께 빠져나와 혈중 칼슘 농도가 일시적으로 증가하고, 신장을 통해 과도하게 배설되어 고칼슘뇨증(hypercalciuria)을 유발한다.

② 저구연산염뇨증(hypocitraturia): 구연산염(citrate)은 소변 내에서 칼슘과 결합하여 칼슘 결정의 형성을 억제하는 역할을 한다. 만성 대사성 산증 상태에서는 신세뇨관 세포 내로 Na^+-dicarboxylate transporter를 통해 구연산염의 재흡수가 증가하고 대사가 촉진되어 소변으로의 구연산염 배설이 감소하므로 소변 내 칼슘 결정 형성 억제 능력이 약화된다. 여과된 구연산염의 65~90%는 근위세뇨관에서 재흡수되며, 이는 내강막에 발현하는 Na^+-dicarboxylate 공동수송체 1(NaDC1, SLC13A2)을 통해 이루어진다. NaDC1은 구연산염을 citrate-3가 아닌 2가(divalent) 형태인 citrate-2로만 수송한다. 산증 상태에서 구연산염의 재흡수가 증가하는 기전으로는, 낮은 pH는 수송되는 형태인 2가 구연산염(citrate-2)의 비율을 증가하며, endothelin-1/ETB 수용체 신호 전달을 통해 NaDC1 mRNA 및 단백질 양을 증가시키는 것으로 알려져 있다.[106]

③ 상대적으로 높은 소변 pH: 전신적 산증에도 불구하고 원위세뇨관의 산성화 기능 장애로 소변 pH가 상대적으로 높게 유지되며, 인산칼슘 결석은 알칼리성 소변에서 더 잘 형성된다.

6) 요 음이온 차(urine anion gap, UAG)

요 음이온 차는 주로 정상 음이온 차(normal anion gap) 대사성 산증(고염소혈증성 대사성 산증)의 원인을 감별하는 데 사용되는 지표로, 신장의 산 배설 능력을 간접적으로 평가하는 데 사용된다. 이는 소변으로 배설되는 측정되지 않는 양이온인 암모늄(NH_4^+)의 양을 추정하는 데 도움을 주며, 계산식은 다음과 같다.

$$\text{Urine anion gap} = (\text{소변 } Na^+ + \text{소변 } K^+) - \text{소변 } Cl^-$$

UAG가 음수 값을 보이는 경우, 이는 소변으로 암모늄(NH_4^+)과 같은 측정되지 않은 양이온이 충분히 배설되고 있음을 시사하며, 반대로 UAG가 양수 값을 나타내는 경우, 이는 신장에서의 암모늄(NH_4^+) 배설이 부적절하게 감소했음을 시사한다. 이러한 소견은 신장이 소변을 적절히 산성화하지 못하는 상태, 즉 신세뇨관 산증(Renal Tubular Acidosis, RTA), 특히 제1형(원위) 및 제4형(저알도스테론증) RTA를 시사한다. 자세한 내용은 제8장에서 기술한다.

7) 알칼리 부하 후 측정하는 소변-혈액 간 이산화탄소 분압 차이(U-B PCO_2)

소변의 이산화탄소 분압(PCO_2)은 소변 내 용존 CO_2 및 H_2CO_3에서 유래한 CO_2의 양을 반영하며, 신장의 산 분비 능력을 평가하는 지표로 사용된다. 알칼리 부하로 인해 세뇨관 내강에 중탄산염(HCO_3^-)이 풍부해지면, 원위세뇨관에서 분비된 수소 이온(H^+)이 이와 결합하여 H_2CO_3를 형성하고, 이는 다시 H_2O와 CO_2로 분해된다. 따라서 소변 내 높은 PCO_2 수치는 활발한 산 분비 활동을 간접적으로 시사한다.[107] U-B PCO_2 검사는 특히 원위 신세뇨관 산증의 유형을 감별하는 데 사용된다. 자세한 내용은 제8장에서 기술한다.

제7장

신장의 산-염기 평형 조절 및 암모니아 운반과 배설

제7장 | 신장의 산–염기 평형 조절 및 암모니아 운반과 배설

1. 산–염기 평형 유지와 신장의 핵심 역할

정상적인 생리 기능 유지를 위해 체액의 산–염기 균형은 매우 정밀하게 조절되어야 한다. 신장은 정상적인 식사를 하는 성인 기준 하루 약 1 mmol/kg(예: 70 kg 성인에서 약 70 mmol)의 고정산(fixed acid)을 배설하고, 이 과정에서 소모된 중탄산염(HCO_3^-)을 같은 양만큼 재생성하여 혈중 농도를 일정하게 유지한다. 체액의 산증(acidosis)은 이온 채널 기능 변화를 초래하여 신경 흥분성을 감소시키고 의식 저하나 혼수를 유발할 수 있다. 심장에서는 부정맥 발생 위험을 높이고 심근 수축력을 약화시키며, 말초 혈관 이완을 유도하여 혈압 저하를 일으키기도 한다. 대사 측면에서는 인슐린 저항성을 유발하여 혈당 조절을 어렵게 하고, 해당 과정(glycolysis)을 억제하며, 스트레스 호르몬인 카테콜아민에 대한 세포 반응성을 감소시킨다.[1, 2] 만성적으로 산증이 유지되면 단백질 분해가 촉진되어 근육 소실이 야기되고, 뼈의 미네랄 용출이 증가하여 골 질환(예: 골연화증, 골다공증)이 유발되거나 악화된다.[3] 또한, 염증 반응이 증가하며 만성 콩팥병의 진행이 가속되는 중요 위험인자로 작용한다.[4] 반대로, 체액의 알칼리증(alkalosis)은 전신적인 세동맥 혈관 수축을 유발하여 뇌 또는 심근 혈류를 감소시킬 수 있으며, 이는 부정맥, 의식 혼란, 경련 및 발작으로 이어질 수 있다. 또한, 헤모글로빈의 산소 친화도를 비정상적으로 증가시켜 말초 조직으로의 산소 방출을 저해하고, 혈중 이온화 칼슘(Ca^{2+})이 단백질(주로 알부민)에 결합하는 비율을 높여 유효 칼슘 농도를 감소시킴으로써 저칼슘혈증 증상을 유발할 수 있다.[5]

이처럼 중요한 산-염기 항상성은 주로 폐를 통한 호흡 조절과 신장의 정교한 재흡수 및 분비 조절 기전에 의해 유지된다. 호흡계는 혈중 이산화탄소 분압(PCO_2)이나 pH 변화에 빠르게 반응하여 환기량을 조절함으로써 급성 및 만성적인 조절에 기여한다. 반면, 신장은 신체가 산 부하(acid loading)에 직면했을 때 소변의 산성화를 증가시키고 산 배설을 늘리는 반응을 보이나, 이는 대략 수 시간에서 수일에 걸쳐 점진적으로 느리게 이루어진다.[6] 신장의 산-염기 조절은 크게, 사구체에서 여과된 다량의 중탄산염(bicarbonate, HCO_3^-)을 재흡수(reabsorption)하고, 대사 과정에서 생성된 비휘발성 산[non-volatile acid 혹은 fixed acid(고정산)]을 효과적으로 배설하며, 배설된 산에 상응하는 양의 중탄산염을 새롭게 재생성(regeneration)하는 세 가지 핵심적인 과정으로 이루어진다.[6, 7]

2. 중탄산염의 재흡수 및 재생산 개요

신장은 하루 약 180 L의 원뇨를 여과하며, 여기에는 하루에 약 4,320 mEq(중탄산염의 혈중 농도 24 mEq/L × 180 L/day = 4,320 mEq)에 달하는 많은 양의 중탄산염이 포함되어 있다. 정상 상태에서는 여과된 중탄산염의 거의 100%가 세뇨관을 따라 재흡수된다. 이 중 약 80%에 이르는 대부분의 재흡수는 근위세뇨관에서 이루어진다. 이 과정의 첫 단계는 근위세뇨관 세포의 내강막에 위치한 Na^+-H^+ exchanger type 3(NHE3, SLC9A3)와 H^+-ATPase(V-ATPase) 펌프에 의한 능동적인 수소 이온(H^+) 분비이다. 분비된 H^+는 세뇨관 내강에 있는 막 결합형 탄산탈수효소 IV형(CAIV)의 촉매 작용을 받아 여과된 HCO_3^-와 반응하여 탄산(H_2CO_3, carbonic acid)을 형성하고, 이는 즉시 이산화탄소(CO_2)와 물(H_2O)로 분해된다. CO_2는 쉽게 확산을 통해 세포막을 통과하여 근위세뇨관 세포 내로 유입되고, 물과 함께 세포질 내에 풍부하게 존재하는 탄산탈수효소 II형(CAII)에 의해 다시 H^+와 HCO_3^-로 전환된다(수화 반응). 이렇게 세포 내에서 생성된 HCO_3^-는 세포 기저외측막에 위치한 electrogenic Na^+-HCO_3^- cotransporter(NBCe1, SLC4A4)를 통해 1개의 Na^+와 함께 3개의 HCO_3^-가 세포 밖(간질액 및 혈액)으로 이동한다.

정상적인 조건에서 소듐과 중탄산염의 농도는 세포 안보다 세포 밖이 더 높기 때문에 근위세뇨관 세포의 기저외측막을 통한 소듐과 중탄산염의 재흡수가 발생한다면 그 농도 차이를 역류할 수 밖에 없다. 그러나 NBCe1은 일차능동수송을 담당하고 있지 않은데

어떻게 중탄산염의 세포 밖으로의 이동이 가능할까? 여러 가지 답이 있을 수 있으나, 제3장 근위세뇨관의 재흡수와 분비에서 설명한 바와 같이, 세포 안은 세포 밖보다 전기적으로 더 음전하이므로 전기적 구배가 electrogenic NBCe1을 통해 중탄산염을 세포 안에서 밖으로 이동할 수(밀어낼 수 있는) 있는 주된 힘으로 작동할 수 있다. 그러나 coupling ratio가 Na^+:HCO_3^- = 1:3일 경우 이런 설명이 가능하나, 1:1이나 1:2의 경우에는 중탄산염이 반대로 세포 밖에서 안으로 이동될 수 있으며, 이런 경우 간혹 proximal RTA(renal tubular acidosis)의 원인이 되기 한다. 한편, 세포 내에서 생성된 H^+는 다시 내강막의 NHE3나 H^+-ATPase를 통해 내강으로 분비되어 재활용된다. 또한, 근위세뇨관 후반부에서는 염소 재흡수의 증가로 내강 전위가 양성(lumen-positive)으로 전환된다(약 +2 mV). 이 전위는 주로 양이온의 세포사이 경로(paracellular pathway)를 통한 재흡수를 돕는다. 중탄산염(HCO_3^-)의 대부분은 근위세뇨관 전반부에서 NHE3-CA-NBCe1 경로로 재흡수되며, 후반부에서의 HCO_3^- 세포사이 경로 재흡수 기여는 크지 않다.

근위세뇨관에서 여과된 중탄산염의 약 80%가 재흡수된 후, 남은 양의 상당 부분(여과된 총량 기준 약 10~15%)은 헨레고리 굵은오름다리에서 재흡수가 일어난다. 이곳에서의 재흡수는 세포경유 경로(transcellular mechanism)를 따르며, 내강막에서는 주로 Na^+/H^+ 교환체인 NHE3 및 H^+-ATPase를 통해 H^+가 세관강 내로 분비된다. 중탄산염 재흡수에서 굵은오름다리 기저외측막 수송 과정은 복합적이다. 기저외측막의 Cl^-/HCO_3^- 교환체 AE2(SLC4A2)는 HCO_3^-를 세포 밖으로 유출(efflux)하는 주요 경로 중 하나이다. 이와 함께 전기적으로 중성인 Na^+-HCO_3^- 공동수송체(electroneutral NBCn1, SLC4A7)도 기저외측막에 존재하는데, 특히 만성 대사성 산증 시에 발현이 크게 증가한다.[8] 만성 대사성 산증 상태의 굵은오름다리 세포에서는 기능적으로 Na^+ 의존적인 HCO_3^-의 세포 내 유입(influx)이 증가하며, 이는 발현이 증가한 NBCn1을 통해 이루어진다. 즉, 기저외측막의 NBCn1을 통한 Na^+ 의존적 HCO_3^- 세포 내 유입은, 만성 대사성 산증에서 굵은오름다리에서 증가하는 NH_4^+ 재흡수 및 수질 내 농축 과정을 보조하는 역할(예: NH_4^+ 해리 시 발생하는 H^+를 중화하기 위해 간질액의 HCO_3^-를 세포 내로 재유입)을 할 수 있다.[8] 따라서 굵은오름다리 기저외측막에서 NBCn1의 역할은 상황(특히 산-염기 상태)에 따라 조절될 수 있으며, HCO_3^- 세포 내로의 유입 경로 외에 암모늄 이온(NH_4^+) 수송과 연계된 중요한 기능을 가진다.[8]

산(H^+) 배설과 새로운 중탄산염(HCO_3^-) 재생산은 긴밀하게 연결된 과정이다. 단백질 대사에서 생성되는 황산, 인산 등의 고정산이 중탄산염과 반응하여 중화되며, 소모된 중탄산염은 신장에서 지속해서 보충되어야 한다. 이를 위해 여과된 중탄산염의 재흡수(회수 과정)와 함께, 신장은 매일 생성되는 고정산(약 50~100 mEq/day)을 소변으로 배설하며 이와 같은 양의 중탄산염(HCO_3^-)을 재생성한다. 신장은 크게 두 가지 기전을 통해 중탄산염을 재생성한다. 첫째는 근위세뇨관에서의 암모니아 생성(ammoniagenesis) 및 세뇨관 전체를 통한 배설과정이다. 이 과정은 산 배설 및 중탄산염 재생성의 가장 중요하고 강력한 기전이며, 아래에 자세하게 설명된다. 둘째는 주로 집합관의 A형 사이 세포(Type A intercalated cell)에서의 CO_2 수화 과정, 즉 생성된 H^+은 소변으로 분비되고, 새로운 HCO_3^-는 혈액으로 재흡수된다. 분비된 H^+는 소변 내 인산염(HPO_4^{2-})과 같은 완충제와 결합하여 $H_2PO_4^-$(적정산, titratable acid)의 형태로 배설된다. 적정산의 형태로 매일 생성되는 고정산의 약 1/3을 처리한다. 암모니아 배설은 평상시에는 적정산 배설과 양적으로 비슷하거나 조금 우세하며, 특히 산증의 경우에는 암모니아 배설량이 급격히 증가하는 반면, 적정산 배설량 증가는 상대적으로 작다.

신장의 순 산 배출(Net Acid Excretion, NAE)은 소변 암모니아 배설과 적정산 배설로 이루어진다[NAE=(소변 암모늄 배설량 + 적정산 배설량) − 소변 중탄산염 배설량]. 소변 pH가 6.0 미만일 경우 소변 HCO_3^- 배설은 거의 무시할 수 있으므로, 간편하게 NAE = NH_4^+ + 적정산 배설량으로 생각할 수 있다. 적정산이란 주로 혈중에서 여과된 완충 염기(예: HPO_4^{2-})가 세뇨관에서 분비된 H^+ 이온과 결합하여 생성된 후 소변으로 배설되는 약산(예: $H_2PO_4^-$)의 형태로 존재하는 산을 의미하며, 그 양은 소변 pH를 7.4로 되돌리는 데 필요한 강염기 양으로 측정된다. 적정산이란 단일 화학물질이 아니라 소변으로 분비된 수소 이온(H^+)과 결합하는 소변 내 여러 가지 완충물질들의 집합체를 의미하며, 그런 기전으로 소변으로 배출된 산의 총량을 측정하는 개념이다. 예를 들면, 인산(phosphate, pKa =6.8), 요산(uric acid, pKa = 5.8), creatinine(pKa = 5.0) 등이다. 그에 반해 암모늄 이온(NH_4^+)은 pKa 값이 너무 높아(pKa = 9.2) 적정산 측정 과정에서 산으로 감지되지 못한다. 주로 신장의 집합관에 위치한 A형 사이세포가 혈액의 산성도에 반응하여 수소 이온(H^+)을 H^+-ATPase 등에 의해 내강으로 분비하면 내강에 존재하는 인산염(HPO_4^{2-})과 같은 완충물질과 결합하여 $H_2PO_4^-$의 형태로 전환된다. 이 과정으로 인해 소변의 pH가 과도하게 떨어지는 것을 방지하면서도(집합관 내강의 산도를 지나치게 낮추면 농도 차이에 의해 세포의 산 분비에 어려움이 있으므로) 효과적으로 산을 제거할 수 있다. 이렇게 수소 이온 한 개가 배설될 때마다 세포 내에서는 새로운 중탄산 이온(HCO_3^-) 한 개가 생성되어 혈액으로 돌아가, 산을 중화하는 데 소모되었던 체내 완충 능력을 보충하는 중요한 역할을 수행한다.

체액의 산-염기 균형은 신장의 고정산 배설뿐만 아니라 전신 pH가 내인성 유기산(케톤산, 젖산) 생성 속도를 직접 조절하는 음성 되먹임 시스템에도 영향을 받는다. 산증 시에는 유기산 생성을 억제하고 알칼리증 시에는 촉진하여, 당뇨병성 케톤산증이나 젖산증에서 추가적인 pH 급락을 방어하며, 그 효과는 신장의 산 배설 능력 변화보다 더 신속하고 클 수 있다. 신장에서 암모니아는 근위세뇨관 세포 내에서 아미노산(주로 glutamine) 대사를 통해 생성되어 소변으로 분비되거나 신정맥으로 유입된다. 소변으로 배설된 암모니아만이 체내 산을 중화하고 새로운 중탄산염 생성에 기여하며, 신정맥으로 유입된 암모니아는 간에서 요소 합성에 사용되어 중탄산염을 소모함으로써 산-염기 조절 효과가 상쇄된다. 따라서 근위세뇨관에서의 암모니아 생성 및 분비는 산-염기 항상성 유지에 핵심적 역할을 한다.

암모니아는 비전하성 기체인 NH_3와 양이온인 NH_4^+ 형태로 존재하며, 두 형태 모두 특정 막 단백질 운반체에 의해 운반된다. 과거에는 비전하성 기체인 NH_3가 작고 전하가 없는 분자이므로 세포막의 지질 이중 층을 자유롭게 확산할 것으로 여겨졌으나,[9] 다음과 같은 연구 결과들을 통해 NH_3의 막 투과성이 기존 이론과는 달리 제한적임이 알려지게 되었다. 첫째, 직접적인 측정의 결과 신장의 피질, 외수질, 내수질 사이에 NH_3 농도 차이가 관찰되었으며.[10] 이는 NH_3 이동에 장벽, 즉 제한된 투과성이 존재함을 시사한다. 둘째, NH_3 수송에서 신장 근위세뇨관과 집합관 사이에 NH_3 투과성의 차이가 있음이 확인되었다.[11] 셋째, 수질 굵은오름다리에서 내강막의 NH_3 투과성이 매우 낮으며, 내강막에서의 암모니아 투과성은 주로 NH_4^+ 투과성에 의해 좌우된다는 것을 보여주었다.[12, 13] 이와 일치하게 위와 대장 상피세포의 내강막 역시 NH_3 투과성이 거의 없는 것으로 알려졌다.[14, 15]

이러한 결과를 바탕으로, 세뇨관에서 지질 이중 층 세포막을 통한 NH_3 투과성이 제한적이며, Rhesus 당단백질 계열과 아직 확립되지는 않았지만 일부 수분통로단백질(AQP1, AQP8 등)이 NH_3를 수송하는 것이 알려졌다.[16, 17] 또한, NH_3는 전하를 띠지 않지만, 분자 내 전자 분포가 비대칭적이어서 물(H_2O)이나 요소(urea)와 같이 극성을 나타낸다. 극성 분자는 비극성인 지질 이중 층을 통과하는 데 제약을 받으며, 특히 헨레고리 굵은오름다리의 내강막과 같은 일부 세포막에서는 NH_3 투과성이 매우 낮은 사실과 부합한다.[12, 13]

암모니아 분자 자체의 화학적, 물리적 특성으로, 암모니아는 비전하성인 NH_3 형태와 양전하를 띤 NH_4^+ 형태로 존재하며, 이 둘은 체액 내에서 $NH_3 + H^+ \leftrightarrow NH_4^+$ 반응을 통해 빠르게 상호 전환되는 평형 상태에 있다. 이 반응의 평형 상수(pKa)는 약 9.2로 높은 반면,

생체 내 정상 pH는 7.4이므로 pKa 9.2보다 훨씬 낮기 때문에, 대부분의 암모니아는 NH_4^+ 이온 형태로 존재한다. 즉, Henderson-Hasselbalch 식[pH = pKa + log([NH_3]/[NH_4^+])]에 따라 계산해 보면, pH 7.4에서는 7.4 = 9.2 + log([NH_3]/[NH_4^+])가 되어 [NH_3]/[NH_4^+]의 비율은 약 1/63이다. 따라서 체내 암모니아의 약 98.4%는 NH_4^+ 이온 형태로, 그리고 약 1.6%만이 NH_3 분자 형태로 존재한다. NH_4^+의 비율은 pH가 변해도 90% 후반에서 크게 벗어나지 않아 상대적으로 안정적이지만, NH_3의 비율은 pH 변화에 따라 변화하는데, 예를 들어, pH가 7.4에서 7.2로 감소하면(acidemia), NH_3의 비율은 약 1.6%에서 약 1.0%로 약 37% 감소한다. 이는 NH_3를 운반하는 기전이 생체 내 pH 변화에 크게 영향을 받는다는 것을 의미한다.

NH_4^+ 이온은 크기나 전하 분포 면에서 포타슘 이온(K^+)과 매우 유사하다. 이 때문에 NH_4^+는 일부 K^+ 수송 단백질(채널, 공동수송체, 펌프 등)에 의해 K^+ 대신 인식되고 운반될 수 있으며 이는 신장 암모니아 운반에서 중요한 원리이다. 또한, 근위세뇨관의 주요 Na^+/H^+ 교환체인 NHE3나 헨레고리 굵은오름다리의 기저외측막 NHE4는 H^+ 대신 NH_4^+를 교환하여 운반하기도 한다.

3. 신장 내 암모니아 생성과 운반의 개요

1) 신장 내 암모니아 생성

신장에서 암모니아 생성은 주로 근위세뇨관 세포에서 이루어진다.[18](그림 17) 주된 재료는 아미노산인 글루타민(glutamine)으로, 세뇨관 내강액에서 내강막에 발현하는 B°AT1(Sodium-dependent neutral amino acid transporter, SLC6A19) 및 ASCT2(Alanine, Serine, Cysteine Transporter 2, SLC1A5) 수송체를 통해 세포 내로 유입된다.[19] 다른 하나는 대사성 산증과 같은 특정 조건에서 중요한 경로로, 세뇨관주위 혈액(peritubular blood)의 글루타민이 기저외측막에 위치한 SN1 혹은 SNAT3(SLC38A3) 수송체를 통해 세포 내로 유입되는 것이다.[20] 대사성 산증에서 SN1 발현이 증가하여 혈액으로부터 글루타민 흡수를 촉진하며, 이는 암모니아 생성 증가로 이어져 산-염기 균형을 조절하는 데 중요한 역할을 한다. 세포로 유입된 글루타민 중 대사되지 않은 일부는 기저외측막에 위치한 교환 수송체 LAT2(SLC7A8) 등을 통해 다시 세포 밖으로 운반되어 혈액으로 재흡수된다.[21, 22] Nrf2 전사인자 결핍 마우스 연구에서는 SNAT3 발현 및 조절이 현저히 감소하지만 암모니아 생성 및 배설 능력은 정상적으로 유지되는 것으로 나타나, SNAT3 외 다른 보상경로의 중요성을 시사한다.[23]

근위세뇨관 세포 내로 들어온 글루타민은 미토콘드리아로 이동하여 대사 과정을 거치는데, 먼저, PDG(Phosphate-Dependent Glutaminase) 효소에 의해 글루타민은 글루탐산(glutamate)과 암모늄 이온(ammonium ion, NH_4^+)으로 분해되고, 이후 GDH(Glutamate Dehydrogenase) 효소에 의해 글루탐산은 2-옥소글루타르산(2-oxoglutarate 혹은 α-ketoglutarate)과 또 다른 암모늄 이온(NH_4^+)으로 전환된다.[24] 한편, α-ketoglutarate는 TCA 회로로 들어가 에너지 생성에 사용되거나, phosphoenolpyruvate carboxykinase(PEPCK)

등을 포함하는 포도당 신생합성(gluconeogenesis) 과정을 통해 포도당으로 전환된다. 이 포도당 신생합성 과정에서 최종적으로 중탄산염(HCO_3^-)이 생성된다. 결국, 이 과정에서 한 분자의 글루타민으로부터 총 두 분자의 암모늄 이온(NH_4^+)과 두 분자의 중탄산염(bicarbonate ion, HCO_3^-)이 생성된다.(그림 17)

$$\text{Glutamine}(C_5H_{10}N_2O_3) \rightarrow 2\ NH_4^+ + 2\ HCO_3^-$$

생성된 암모늄 이온(NH_4^+)은 내강막의 NHE3(Na^+-H^+ exchanger 3) 교환체를 통해 소듐 이온과 교환되는 방식으로 세뇨관 내강으로 분비되며, 일부는 H^+ 이온 분비와 함께 NH_3 형태로 분비될 수도 있다. 동시에 생성된 중탄산염(HCO_3^-)은 기저외측막의 NBCe1A(electrogenic Sodium Bicarbonate Cotransporter 1A, SLC4A4) 수송체를 통해 혈액으로 이동하여 체내 중탄산염 농도를 높이는데 이는 새로운 중탄산염을 생성(regeneration)하는 과정에 해당한다. 대사성 산증(metabolic acidosis) 상태의 경우, 신장 근위세뇨관의 암모니아 생성이 현저히 증가한다.[25] 이는 기저외측막 글루타민 수송체인 SN1의 발현 증가와 암모니아 생성 관련 효소들, 즉 PDG, GDH, PEPCK(Phosphoenolpyruvate Carboxykinase) 등의 발현 및 활성 증가를 통해 이루어진다.[26] PEPCK 효소는 α-ketoglutarate의 대사 과정에 관여하여 결과적으로 중탄산염(HCO_3^-) 생성을 촉진한다. 반대로, 암모늄 이온(NH_4^+)을 다시 글루타민으로 전환시켜 암모니아 생성을 억제하는 글루타민 합성효소(Glutamine Synthetase)의 활성은

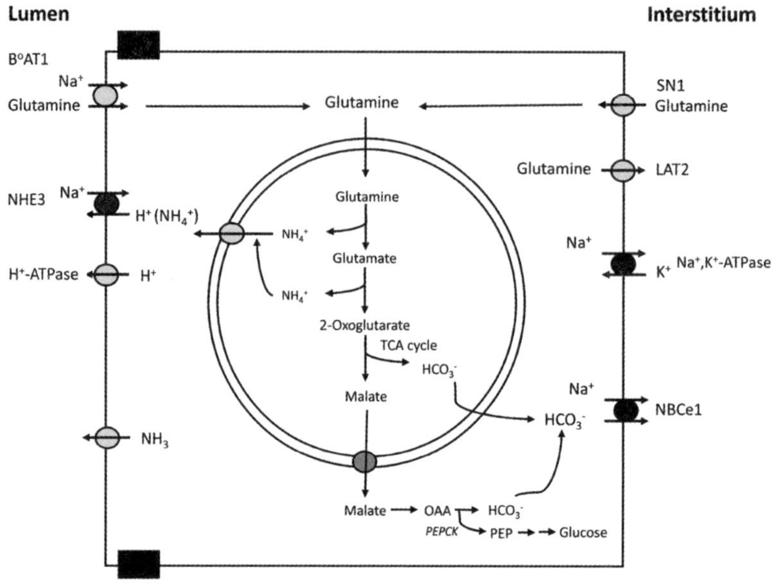

그림 17. 근위세뇨관의 암모니아 생성 및 수송

산증 조건에서는 감소하여, 결과적으로 순 암모니아 생성량이 늘어나게 된다.[27]

신장에서 생성된 암모니아는 세뇨관 상피세포의 운반 조절을 통해 소변으로 배설되거나 신정맥을 통해 전신 순환으로 들어간다. 평상시에는 총 암모니아의 50%만 소변으로 배설되지만, 급성 대사성 산증 시에는 운반 조절 기전이 빠르게 작동하여 수 시간 내에 소변 배설 비율이 70~80%까지 증가한다. 이는 암모니아 생성 증가에 수일이 소요되는 것과 달리 신속한 산-염기 조절 반응이다. 그러나 운반 조절만으로는 한계가 있어 만성 산 부하에는 암모니아 생성량 자체의 증가가 필수적이다. 신정맥으로 들어간 암모니아는 간에서 중

탄산염을 소모하므로, 실제 산-염기 조절에 기여하는 것은 소변으로 배설되는 암모니아뿐이다.

2) 신장 내 암모니아 이동 경로

① 근위세뇨관: 주요 생성 부위인 근위세뇨관에서 생성된 암모늄이온(NH_4^+)은 내강으로 분비된다.[28]

② 헨레고리(내림가는다리 및 오름다리): 근위세뇨관 이후 세뇨관액이 헨레고리의 내림가는다리를 지나면서 일부 암모니아가 추가적으로 분비되어, 헨레고리의 가장 아랫 부분에 도달하는 암모니아양은 최종 소변 배설량의 약 160%에 달하게 된다.[29] 그러나 헨레고리의 굵은오름다리에서 암모니아가 대량으로 재흡수된다.[30] 굵은오름다리에서 재흡수의 주된 기전은 내강막의 NKCC2 수송체를 통해 암모늄이온(NH_4^+)이 소듐, 포타슘, 염소 이온과 함께 세포 내로 들어오는 것이다(NH_4^+는 K^+자리에 결합함).[29] 이렇게 재흡수된 암모니아는 신장 수질(medulla) 내 간질액(interstitium)으로 이동하여, 피질에서 수질 심부로 갈수록 농도가 높아지는 암모니아 농도 구배를 형성하는 데 중요한 역할을 한다. 이 농도 구배는 집합관에서의 암모니아 분비를 촉진하는 원동력이 된다.

③ 원위세뇨관(원위곡세뇨관과 연결세관): 굵은오름다리에서의 재흡수를 거쳐 원위곡세뇨관이 시작되는 지점(미세천자술 연구에서 '초기 원위세뇨관'으로 측정되는 부위)에 도달하는 암모니아양은 최종 소변 배설량의 20~40% 수준으로 감소한다.[29] 이후 원위곡세뇨관과 연결세관을 지나면서 약간의 암모니아 분비가 일어나며, 최종적으로 대부분의

암모니아 분비는 집합관에서 이루어져 최종 소변 암모니아 농도가 결정된다.

④ 집합관: 집합관에서의 암모니아 분비는 주로 간질액의 암모니아(NH_3/NH_4^+)가 기저외측막의 Rhesus B glycoprotein(Rhbg)을 통해 세포 내로 들어오는 것으로 시작된다. 또한, 내수질 집합관에서는 기저외측막의 Na^+,K^+-ATPase가 K^+ 대신 NH_4^+를 세포 내로 운반하여 암모니아 유입에 기여한다. 세포 내로 유입된 암모니아는 내강막의 Rhesus C glycoprotein(Rhcg)을 통해 NH_3 형태로 내강으로 분비되며, 이와 동시에 내강막의 H^+-ATPase 및 H^+,K^+-ATPase가 분비한 H^+ 이온과 결합하여 내강에서 NH_4^+로 전환되는 과정을 통해 최종적으로 소변으로 배출된다.

4. 근위세뇨관에서의 암모니아 운반

근위세뇨관에서 생성된 암모니아는 세뇨관 내강 쪽으로 분비된다. 내강막의 암모니아 분비 기전은 다음과 같다.[29](그림 17)

① NHE3(Na^+-H^+ exchanger 3): NHE3가 근위세뇨관 암모니아 분비의 상당 부분을 담당한다. NHE3는 원래 Na^+와 H^+를 교환하지만, 세포 내 NH_4^+가 H^+ 결합 자리를 대체할 수 있어 Na^+와 교환함으로써 NH_4^+를 내강으로 분비할 수 있다. 대사성 산증과 같은 조건에서는 NHE3의 발현과 활성이 증가하여 암모니아 분비 촉진에 기여할 수 있다. 하지만 생체 외(in vitro) 미세관류 연구 결과나, NHE3 억제

제 또는 유전자 결손(knockout) 연구에서 암모니아 분비에 생각보다 큰 영향을 미치지 않는다는 상반된 결과도 보고되어,[31] NHE3 단독으로는 근위세뇨관 암모니아 분비를 완전히 설명하기 어려우며 다른 경로도 함께 고려해야 한다.

② Ba^{2+} 민감성 K^+ 채널(Barium-sensitive K^+ channels): 이 경로의 정확한 생리적 중요성은 아직 완전히 규명되지 않았으나, NH_4^+가 K^+와 물리화학적으로 유사하기 때문에, 일부 내강막 K^+ 채널을 통해 NH_4^+가 이동할 수 있다. 바륨(Ba^{2+})에 의해 억제되는 이 경로는 세포 내부의 음전위 때문에 주로 내강에서 세포 내로 NH_4^+를 재흡수하는 데 더 유리하게 작용할 것으로 생각되지만,[32] 분비에도 일부 기여할 가능성을 배제할 수는 없다. 다만, 특정 조건에서 NHE3와 이 경로를 함께 억제해도 암모니아 분비가 완전히 차단되지는 않는다.[33]

③ 병행 H^+ 및 NH_3 분비: NH_3 이동은 단순한 지질 확산(diffusion)일 수도 있고, 근위세뇨관 내강막과 기저외측막에 발현하는 수분통로단백(Aquaporin-1, AQP1)과 같은 수분통로단백이 매개할 수도 있으나, 아직 AQP1의 직접적인 역할은 규명되지 않았다.[17, 34, 35] 수소이온은 내강막에서 NHE3나 H^+-ATPase를 통해 H^+가 분비되므로, 내강에서 NH_3는 수소이온과 결합하여 NH_4^+로 전환되는 과정을 통할 수 있다. 이 병행 분비 경로는 NHE3와 K^+ 채널이 모두 억제되었을 때도 여전히 암모니아 분비가 약 50% 정도 유지되는 현상을 설명하는 데 기여할 수 있다.[29]

5. 헨레고리관의 암모니아 운반

근위세뇨관을 떠난 세뇨관액은 헨레고리관으로 들어간다. 여기서 암모니아는 재흡수와 분비의 복잡한 과정을 거치며, 이는 신장 수질 내 농도 구배 형성에 매우 중요하다.

1) 내림가는다리(Descending Thin Limb, DTL)

이 부분에서는 주변 간질(interstitium)의 높은 암모니아 농도로 인해 소량의 암모니아가 세뇨관 내강으로 분비된다. 실험 결과, 주로 NH_3 투과성이 NH_4^+ 투과성보다 높아 NH_3 형태로 이동하는 것으로 보이나, 이 분비 과정에 관여하는 구체적인 운반체는 아직 명확히 밝혀지지 않았다. 다만, NH_3 투과성에 기여할 가능성이 있는 단백질로 수분통로단백(Aquaporin-1, AQP1)이 제기되고 있지만, 내림가는다리에서의 암모니아 분비에 AQP1이 주요한 역할을 하는지는 아직 추가 연구가 필요하다.

2) 굵은오름다리(Thick Ascending Limb, TAL)

헨레고리에서 암모니아 운반의 핵심은 바로 굵은오름다리에서의 대량 재흡수이다.[33] 여기서 재흡수된 암모니아는 신장 수질 간질에 축적되어 신피질에서 수질 심부로 갈수록 높아지는 암모니아 농도 구배(corticomedullary ammonia gradient)를 형성하고 유지하는 데 결정적인 역할을 한다. 이 농도 구배는 이후 집합관에서의 최종적으로 암모니아 분비에 필수적인 구동력으로 작용한다.

내강막에서 재흡수 기전은 다음과 같다.

① NKCC2(Sodium-Potassium-2 Chloride Cotransporter 2): 굵은오름다리 내강막에서 NH_4^+ 재흡수를 매개하는 가장 중요한 운반체이다. NKCC2는 원래 Na^+, K^+, $2Cl^-$을 세포 내로 함께 수송하는데, NH_4^+가 K^+와 생물리적 특성(Ionic radius, Stokes radius, Mobility in H_2O, Transference No. in H_2O)이 거의 유사하여 K^+ 결합 부위에 대신 결합함으로써 Na^+, $2Cl^-$과 함께 세포 내로 효율적으로 재흡수된다. 고리이뇨제(loop diuretics, 예: furosemide)는 NKCC2를 특이적으로 억제하여 NH_4^+ 재흡수를 차단한다.[33]

② K^+ 농도의 영향: 내강의 K^+ 농도는 NKCC2를 통한 NH_4^+ 재흡수에 영향을 미친다. NH_4^+와 K^+가 같은 결합 부위를 두고 경쟁하기 때문에, 저칼륨혈증 상태에서는 K^+와의 경쟁이 줄어 NH_4^+ 재흡수가 증가하고, 고칼륨혈증 상태에서는 경쟁이 심화되어 NH_4^+ 재흡수가 감소한다.

기저외측막에서 간질로의 암모니아 수송 기전은 다음과 같다.

① NHE4(Na^+-H^+ exchanger 4): 이 교환체는 Na^+와 NH_4^+를 교환하는 방식으로(Na^+ 유입/NH_4^+ 유출) NH_4^+를 세포 밖으로 운반한다. NHE4 유전자 결손 시 굵은오름다리의 암모니아 재흡수가 현저히 감소하며, 7일 동안 마우스에 산을 부하하면 소변으로 NH_4^+ 배출 및 순 산 배출(net acid excretion)이 감소한다.[36] 특히 대사성 산증 시 발현이 증가하여 암모니아 재흡수 증가에 중요한 역할을 하는 것으로 보인다.

② 중탄산염 셔틀(Bicarbonate Shuttle): 이 경로는 세포 내 NH_4^+가 NH_3와 H^+로 해리되며, NH_3는 아직 명확히 규명되지 않은 경로(단순 확산 또는 미확정 운반체)를 통해 간질로 나가고, 동시에 기저외측막의 NBCn1(Electroneutral Na^+-HCO_3^- Cotransporter 1)이 Na^+ 와 HCO_3^-를 세포 내로 들여와 NH_4^+ 해리로 인해 남겨진 H^+를 효과적으로 제거한다.[8, 37] 대사성 산증이나 저칼륨혈증 시 NBCn1의 발현 및 활성이 증가하여 이 경로를 통해 암모니아 배출이 촉진된다.[8, 37]

6. 원위세뇨관과 집합관에서의 암모니아 운반

헨레고리를 지난 세뇨관액은 원위곡세뇨관(Distal Convoluted Tubule, DCT), 연결세관(Connecting Tubule, CNT)을 거쳐 집합관(Collecting Duct, CD)으로 흘러간다. 이 구간, 특히 집합관에서는 최종적인 소변의 암모니아 농도를 결정하는 중요한 분비 및 조절이 일어난다.

1) 원위곡세뇨관 및 연결세관

이 부위에서의 암모니아 운반에 관한 직접적인 연구는 기술적인 어려움으로 인해 제한적이다. 원위곡세뇨관은 암모니아 수송에 큰 역할을 하지 않는 것으로 생각되나, NCC의 활성은 하류 네프론(연결세관과 집합관)으로 전달되는 세뇨관액의 양과 조성을 변화시켜 간접적으로 집합관에서의 암모니아 분비에 영향을 줄 수 있다. 연결세관은 암모니아 운반체인 Rhbg와 Rhcg를 발현하고, 산 분비 및 암모니아 배설에 중요한 사이세포도 포함하고 있어, 암모니아 운반에서 원위곡세뇨관보다 더 중요한 역할을 할 가능성이 있다.

2) 집합관

최종 소변으로 배설되는 암모니아의 상당 부분(약 60~80%)이 바로 이 집합관에서 분비되며, 이는 체내 산-염기 상태에 따라 정교하게 조절된다. 주요 분비 기전은 다음과 같다.

① 집합관 암모니아 분비는 수소 이온(H^+) 분비와 NH_3 분비가 병행하여 일어난다. 즉, 내강막의 H^+-ATPase나 H^+/K^+-ATPase 펌프가 H^+를 내강으로 분비하여 내강 pH를 낮춘다.

② 이와 동시에 내강막을 통해 NH_3가 세포에서 내강으로 이동하여 분비된 H^+와 빠르게 결합하여 NH_4^+로 전환된다.

③ 이런 NH_4^+ trapping 과정은 내강의 NH_3 농도를 효과적으로 낮게 유지시켜, 세포 내에서 내강으로의 NH_3 농도 구배를 지속적으로 형성함으로써 NH_3 분비를 촉진한다.

④ 이 병행 분비 과정에는 세포질에서는 탄산탈수효소 II(Carbonic Anhydrase II, CA II)의 발현이 필요하다.

집합관 사이세포에서 암모니아 분비를 위해서는 간질에서 집합관 사이세포 안으로 암모니아가 들어와야 하며 주요 기전은 다음과 같다.

① Na^+,K^+-ATPase: 기저외측막에서 K^+ 대신 NH_4^+를 세포 내로 일차능동수송할 수 있으며, 특히 간질의 NH_4^+ 농도가 높은 내수질

집합관에서 암모니아 흡수 및 분비에 중요한 역할을 한다. 저칼륨혈증 시에는 간질 K^+ 농도 감소로 인해 이 펌프를 통한 NH_4^+ 흡수가 증가하여 암모니아 분비를 촉진할 수 있다.

② Rhbg(Rhesus B glycoprotein): 주로 기저외측막에 위치하며, NH_3와 NH_4^+를 모두 운반할 가능성이 제기되어 간질 암모니아 흡수에 기여할 수 있다. 특히 대사성 산증이나 저칼륨혈증 같은 자극 상태에서 발현이 증가하며 중요한 역할을 한다.

③ Rhcg(Rhesus C glycoprotein): 주로 내강막에 있지만, 일부는 기저외측막에도 발현되어 암모니아 흡수에 관여할 수 있다.

④ HCN2(Hyperpolarization-activated cyclic nucleotide-gated channel 2): 사이세포의 기저외측막에서 평상시(basal condition) NH_4^+ 흡수 경로 중 하나일 가능성이 제기되었으나, 더 구체적인 연구가 필요하다.

7. 집합관 암모니아 분비의 핵심, Rh 단백질과 기타 조절 인자들

① Rhcg(Rhesus C glycoprotein): 대부분 집합관 내강막에서 암모니아 분비를 담당한다. Rhcg의 가장 중요한 기능적 특징은 NH_4^+가 아닌 NH_3를 선택적으로 수송하는 것이다. 집합관 내강은 분비된 H^+로 인해 pH가 낮고 축적된 NH_4^+ 농도가 높아, NH_4^+의 전기화학적 구배는 오히려 세포 안쪽(재흡수 방향)으로 향한다. 따라서 NH_4^+ 형태로는 효율적인 분비가 어렵다. Rhcg가 NH_3를 통과시키기 때문에, 세포 내의 비교적 높은 NH_3가 내강의 낮은 NH_3 농도 쪽으로

이동하는 것이 가능해진다. 내강으로 나온 NH_3는 H^+와 결합하여 NH_4^+로 전환됨으로써, 내강 NH_3 농도를 계속 낮게 유지시켜 NH_3의 분비가 지속될 수 있게 한다. Rhcg는 연결세관부터 내수질 집합관까지 넓은 범위의 세뇨관 분절에 걸쳐 발현되며(특히 A형 사이세포), 그 발현량과 세포막 위치는 산-염기 상태에 따라 조절된다. 예를 들어, 만성 대사성 산증이나 저칼륨혈증 시 Rhcg 단백질 발현량이 증가하거나 세포 내 소포체에 있던 Rhcg가 내강막으로 이동하는 것이 촉진되어 암모니아 분비 능력이 증가한다.

② H^+/K^+-ATPase: 내강막에서 H^+를 분비하여 NH_3 trapping에 기여하는 역할 외에, NH_4^+ 자체를 운반할 가능성도 제기된다(H^+ 결합 부위 또는 K^+ 결합 부위 이용).

③ NH_3 확산(Diffusion): Rhcg가 유전적으로 제거된 마우스의 집합관에서도 약간의 내강막 NH_3 이동이 관찰되므로, 내강막을 통한 비단백질 매개 단순 확산(non-carrier-mediated diffusion)이나 아직 알려지지 않은 다른 NH_3 운반 경로가 존재할 가능성도 있다. 하지만 전체적인 암모니아 분비량 조절에는 Rhcg와 같은 운반체 매개 운반(protein-mediated transport)이 훨씬 더 중요할 것으로 여겨진다.

④ 만성 콩팥병이 진행하여 사구체 여과율이 분당 30 mL/1.73m^2 미만으로 감소하면,[만성 콩팥병(CKD) G4~G5 단계에 해당] 신장의 산 배설 능력의 한계로 인해 환자의 약 30~50%에서 대사성 산증이 발생한다. 만성 콩팥병에서 나타나는 대사성 산증은 골이영양증이나 근육 소실 같은 전신적 문제를 일으킬 뿐만 아니라, 산증 자체가 신장 내 염증 반응과 섬유화를 더욱 촉진하여 만성 콩팥병을 더욱 진행하게 하

는 위험 인자이다. 만성 콩팥병 환자에서 나타나는 대사성 산증의 병태생리는 순 산 배출(Net Acid Excretion)의 저하, 특히 암모늄(NH_4^+) 생성 및 배설의 장애이다. 대부분의 환자들은 원위세뇨관의 소변 최대 산성화 능력(최저 pH 도달 능력)은 비교적 잘 보존되는 반면, 체내 산 부하량에 비해 소변 암모늄 배설량이 현저하게 감소하는 특징을 보인다. 이러한 현상의 주된 원인으로는 만성 콩팥병 진행에 따른 기능성 네프론 수적 감소와 더불어, 남아 있는 네프론에서 암모니아 생성에 관여하는 효소(근위세뇨관의 PDG, GDH, PEPCK)와 글루타민 수송체(SNAT3 등), 그리고 암모니아 분비를 담당하는 수송체(근위세뇨관의 NHE3, 집합관의 RhCG)의 발현 및 활성이 감소하기 때문으로 생각된다. 구체적으로 어떤 기전이 더 중요한지, 염증 반응 등이 추가적으로 기여하는지에 대해서는 추가 연구가 필요하다.

제 8 장

임상에서 사용하는 신장 기능 지표

제8장 | 임상에서 사용하는 신장 기능 지표

1. 혈장 또는 혈청 전해질 비교(농도 표현 방식별)

혈장 또는 혈청 전해질의 농도를 아래 두 가지 방식으로 비교하였다.(표 26)

① mg/100 ml: 무게/부피 관계에 따른 농도

② mEq/L: 반응 입자 수/부피 관계에 따른 농도

양이온의 총 농도와 음이온의 총 농도는 mEq/L로 표현될 때 서로 같으나, 농도를 mg/100 ml로 표현할 때는 이러한 "동등성"이 성립하지 않는다. Equivalent Weight의 정의는 다음과 같다. 물질들은 g 대 g 또는 mg 대 mg으로 반응하지 않고, 자신의 당량(equivalent weights)에 비례하여 반응한다. 물질의 화학적 당량 정의는 "어떤 물질의 당량은 1.008 g의 수소(1 g 원자량, 1몰, 전하량 1) 또는 8.00 g의 산소(산소의 당량은 원자량 16.00 g을 원자가 2로 나눈 8.00 g이며, 이는 1몰의 전하를 제공하는 양에 해당)를 대체하거나 이들과 반응하는 무게"를 말한다. 즉 이들과 화학적으로 동등한 양을 의미한다. 물질의 당량은 원자량을

표 26. 정상 혈청 전해질 농도

전해질(Electrolyte)	일반적인 정상 범위(mEq/L)	일반적인 정상 범위(mg/dL)
양이온(Cations)		
Sodium(Na^+)	136 – 145 mEq/L	313 – 334 mg/dL
Potassium(K^+)	3.5 – 5.1 mEq/L	14 – 20 mg/dL
Calcium(Ca^{2+}) – Total	4.3 – 5.1 mEq/L	8.6 – 10.3 mg/dL
Magnesium(Mg^{2+})	1.4 – 1.8 mEq/L	1.7 – 2.2 mg/dL
음이온(Anions)		
Chloride(Cl^-)	98 – 107 mEq/L	348 – 380 mg/dL
Bicarbonate(HCO_3^-)	22 – 29 mEq/L	134 – 177 mg/dL
Phosphate(as P)	1.5 – 2.6 mEq/L	2.5 – 4.5 mg/dL(성인 기준)
Proteinate(단백질 음이온)	12 – 20 mEq/L	전하량 항목이므로 질량 단위를 적용하지 않음*

* 총단백 6.0~8.3 g/dL, 알부민 3.5~5.0 g/dL. Cl^-, HCO_3^-, P는 특정 화학종이므로 질량단위를 기입하였고, Proteinate는 혈장 단백이 지닌 음전하의 총합이므로 기입하지 않음.

해당 물질의 원자가(valence)로 나누어 구할 수 있다.

황산염과 유기산(organic acids)은 일반적인 혈액 검사에서 각각의 농도를 직접 측정하지 않으며, 이들의 양은 주로 음이온 차이(Anion Gap, AG)를 통해 간접적으로 추정한다. 음이온 차이 = (주요 양이온) – (주요 음이온) = (Na^+) – (Cl^- + HCO_3^-). 실제 이 값은 미측정 음이온(UA) – 미측정 양이온(UC) 의 차이며, 정상 AG의 대부분은 알부민이 차지하며(알부민 1 g/dL 감소마다 AG를 약 +2.5 mEq/L 보정), 인산염, 황산염, 젖산 등은 상황에 따라 변한다.

소듐(Na^+)은 원자량(atomic weight) 22.99 g/mol(반올림 23), 염소(Cl^-)는 35.45 g/mol(반올림 35.5)을 가진다. 1몰(mole)의 소듐(22.99 g)과 1몰의 염소(35.45 g)가 반응하여 1몰의 염화나트륨(58.44 g, 반올림 58.5)을 생성한다. 이는 다양한 물질의 그램 분자량은 무게 값이 다르지만 화학 반응에 참여하는 단위 입자 수(6.022 × 10^{23}, 아보가드로 수)는 같다는 사실에 기반한다. 소듐 23 g과 염소 35.5 g의 반응은 1당량(Eq)의 소듐(23 g)과 1당량의 염소(35.5 g)의 반응으로 간단히 표현될 수 있다.

1밀리당량(mEq)은 1당량의 1/1,000이므로 1 mEq의 소듐(23 mg)은 1 mEq의 염소(35.5 mg)와 반응한다. 일반적인 정상 혈청 소듐(Na^+) 농도는 142 mEq/L 또는 326 mg/dL이다. 정상 혈청 염소(Cl^-) 농도는 103 mEq/L 또는 365 mg/dL이다. 소듐과 염소는 밀리그램 대 밀리그램으로 반응하지 않으나, 염소 3,650 mg/L(103 mEq/L)는 나트륨 2,368 mg/L(103 mEq/L)와 반응하거나 균형을 이룬다. 즉, "반응에 참여하는 입자 수"로 표현하면, 염소 103 mEq/L는 소듐 103 mEq/L와 반응하거나 균형을 이룬다. 이는 39 mEq(142 mEq - 103 mEq)의 소듐(또는 897 mg/L, 39 × 23 = 897)의 초과분이 다른 음이온(중탄산염, 단백질 등)과 반응하도록 남게 된다.

전환 계산

mEq/L =(mg/100 ml × 10 × Valence) / Atomic weight

예를 들어, 소듐 326 mg/100 ml의 값을 mEq/L로 결정하기 위해 공식에 대입하면 다음과 같다: mEq/L =(326 mg/100 ml × 10 × 1) / 23 = 142 mEq/L.

2023년 식약처 발표에 따르면 한국인은 일일 평균 3,136 mg(소금 7.97 g)을 섭취하여, 2019년 3,289 mg(소금 8.36 g)에 비해 약 4.7% 감소한 것으로 나타났다. 남자(3,696mg)가 여자(2,576mg)보다 소듐을 더 많이 섭취하였다. 이는 WHO 권장량인 일일 소듐 섭취량 2,000 mg 미만(소금 5 g 미만)을 크게 초과하므로 일일 소듐 섭취량을 많이 줄여야 한다.

- 소금(NaCl) = 소듐(Na^+) × 2.54
- (NaCl 분자량 58.44 ÷ Na^+ 원자량 22.99 = 2.54)
- NaCl 분자량: 58.44 g/mol
- Na^+ 원자량: 22.99 g/mol
- Cl^- 원자량: 35.45 g/mol

예를 들어, 60kg 성인이 하루 5 g NaCl을 섭취한다면,

- Na^+ 이온
  - 5g NaCl 중 Na^+ = 5g × (22.99/58.44) = 1.97g = 1,970mg
  - 60kg 성인 기준: 1,970mg ÷ 60kg = 32.8 mg/kg 부하
- Cl^- 이온
  - 5g NaCl 중 Cl^- = 5g × (35.45/58.44) = 3.03g = 3,030mg
  - 60kg 성인 기준: 3,030mg ÷ 60kg = 50.5 mg/kg 부하

2. Osmolarity(오스몰 농도)와 Osmolality(오스몰랄 농도)

1) Osmolarity(오스몰 농도)

① 정의: 용액(Solution) 1 리터(L)당 녹아 있는 용질(solute)의 오스몰(osmole) 수

② 단위: Osmol/L 또는 mOsmol/L

③ 기준: 용액의 부피(Volume)

④ 특징: 용액의 부피는 온도와 압력에 따라 변할 수 있으므로, Osmolarity 값도 온도와 압력의 영향을 받는다.

2) Osmolality(오스몰랄 농도)

① 정의: 용매(Solvent) 1 킬로그램(kg)당 녹아 있는 용질(solute)의 오스몰(osmole) 수

② 단위: Osmol/kg 또는 mOsmol/kg

③ 기준: 용매의 질량(Mass)

④ 특징: 용매의 질량은 온도와 압력에 거의 영향을 받지 않으므로, 오스몰랄 농도(Osmolality) 값은 온도와 압력 변화에 비교적 안정적이다. 임상 검사실에서는 질량을 측정하는 것이 부피를 측정하는 것보다 더 정확하고, 온도와 압력 변화에 영향을 받지 않는 Osmolality를 더 선호하며 실제로 측정하는 표준적인 방법이다(예: 혈청 오스몰랄 농도, 소변 오스몰랄 농도 측정).

3) 비교

① 만약 용질이 비전해질(예: 포도당, 요소)이어서 물에 녹아도 하나의 입자로 존재한다면 1 몰 = 1 오스몰이 된다. 1 오스몰의 용질이 물(용매)에 녹아 용질과 용매의 최종 용액 부피가 1 리터가 되면 1 Osmol/L(1 Osmolarity)이 된다.

② 만약 용질이 전해질(예: NaCl)이면 물에 녹아 여러 개의 입자로 나

뉜다. NaCl은 Na^+와 Cl^-, 즉 2개의 입자로 나뉘는데 1 몰의 NaCl은 (이상적으로) 2 오스몰의 입자를 만든다. 이 경우 1 몰의 NaCl을 녹여 최종 용액 부피를 1 리터로 만들면 약 2 Osmol/L(2 Osmolarity)가 된다.

③ 만약 용질이 비전해질(1 몰 = 1 오스몰)이라면 1 오스몰의 용질에 용매(물) 1 kg을 넣으면 1 Osmol/kg(1 Osmolality)가 된다.

④ 만약 용질이 전해질(예: 1 몰 NaCl ≈ 2 오스몰)이라면 1 몰의 NaCl에 용매(물) 1 kg을 넣으면 약 2 Osmol/kg(2 Osmolality)가 된다.

⑤ 따라서 Osmolarity는 최종 용액 부피 기준(용질 + 용매)이며, Osmolality는 용매 질량 기준이다.

3. 요 삼투압 농도 혹은 요 오스몰랄 농도(Urine Osmolality)

1) 근본 원리

전술한 대로 오스몰랄 농도(Osmolality)는 용매(Solvent) 1 kg당 용질의 오스몰 수이며, 오스몰 농도(Osmolarity)는 용액(Solution) 1 리터(L)당 용질의 오스몰 수이다. 소변은 체내 대사 과정에서 생성된 노폐물과 전해질 등(이들을 통칭하여 용질)을 수분(용매)에 녹여 몸 밖으로 배설하는 수단이다. 소변 삼투압 농도(Urine Osmolality)는 소변 내 물 1 kg(또는 1 L, 물의 밀도를 1로 가정)당 녹아 있는 총 용질 입자의 수[총 삼투 활성 입자(이온, 요소, 포도당 등)의 총 오스몰 수]를 의미한다[단위: mOsm/kgH_2O(osmolality) 또는 mOsm/L(osmolarity)]. 소변은 대부분이 물이므로(물의 밀도 ≈ 1), 임상적으로 두 값은 거의 동일하게 사용된다.

소변 삼투압 농도(mOsm/kg 혹은 mOsm/L) = 소변 내 총 용질량(mOsm) / 소변 부피(kg 혹은 L)

위 정의에서 다음과 같은 관계를 얻을 수 있다.

소변 부피(L) ≈ 소변 내 총 용질량(mOsm) / 소변 삼투압 농도(mOsm/L)

이를 하루(24시간) 단위로 확장하면,

하루 소변량(L/day) ≈ 하루 총 용질 배설량(mOsm/day) / 평균 소변 삼투압 농도(mOsm/L)

2) 생리적 의미

① 우리 몸은 단백질 대사 산물인 요소, 섭취한 염분 등 매일 일정량의 용질을 반드시 배설해야 한다. 신장은 이 정해진 양의 용질을 배설하기 위해 체내 수분 상태에 맞춰 소변의 농도를 정밀하게 조절한다.

② 따라서 신장이 하루 동안 배설해야 하는 총 용질의 양은 정해져 있고, 신장이 소변을 얼마나 농축시키거나 희석시키는지(소변 삼투압 농도)에 따라 그 용질을 실어 내보내기 위해 필요한 물의 양, 즉 소변량이 결정되는 것이다.

예: 하루 500 mOsm의 용질을 배설해야 할 때,

- 물을 적게 마셔 소변을 1,000 mOsm/L로 농축하면, 소변량은 500 / 1,000 = 0.5 L

• 물을 많이 마셔 소변을 100 mOsm/L로 희석하면, 소변량은 500 / 100 = 5 L

따라서 하루 총 용질 배설량이라는 배설해야 할 양과, 그 양을 얼마나 진하게 또는 묽게 실어 나를지 결정하는 소변 삼투압 농도에 따라 필요한 운반 수단(물, 즉 소변)의 양, 즉 소변량이 결정된다.

3) 임상 적용

① 수분 및 전해질 균형 평가: 체내 수분 상태와 신장의 반응을 평가하는 데 중요한 지표 중 하나이다. 정상적으로는 수분 섭취량에 따라 50 mOsm/kgH_2O(최대 희석)부터 1,200 mOsm/kgH_2O(최대 농축)까지 폭넓게 조절할 수 있다. 탈수 시에는 증가하고, 수분 과다 시에는 감소한다.

② 다뇨증 감별 진단: 다뇨증(Polyuria)의 원인을 감별하는 데 필수적이다. 중추성 또는 신성 요붕증에서는 vasopressin 생산 및 분비 부족, 혹은 신장 반응도 저하로 인해 소변을 농축하지 못하여 혈장 삼투압이 높음에도 불구하고 낮은 요 삼투압(300 mOsm/kgH_2O 이하)을 보인다. 반면, 심인성 다갈증(psychogenic polydipsia)에서는 과도한 수분 섭취로 인해 요 삼투압이 매우 낮지만, 수분 제한 시 정상적으로 소변이 농축된다.

③ 저나트륨혈증 감별 진단: 저나트륨혈증 환자에서 요 삼투압을 측정하여 원인을 감별한다. SIADH에서는 혈장 삼투압이 낮음에도 불구하고 부적절하게 농축된 소변을 보인다. 반면, 수분 중독

(Water intoxication)과 같은 과도한 수분섭취에서는 최대한 희석된 소변(< 100 mOsm/kgH_2O)을 보인다.

④ 신장 농축 능력 평가: 만성 콩팥병 등에서 신장의 농축 능력이 저하되면 요 삼투압이 혈장 삼투압(약 280~290 mOsm/kgH_2O)과 비슷한 수준으로 고정되는 경향(isosthenuria)을 보인다. 이는 항이뇨호르몬 수용체(V2R)와 수분통로단백(AQP2)의 발현 감소와 관련이 있다.[1, 2]

4. 긴장도(Tonicity)와 삼투압 농도(Osmolality) 비교

체액 균형과 세포 부피를 이해하는 데 있어 긴장도와 삼투압 농도는 필수적인 개념이다. 두 개념 모두 용질의 농도를 다루지만, 세포막을 통한 수분 이동에 미치는 실질적인 영향에서 차이가 있다. 삼투압 농도는 모든 용질을, 긴장도는 비투과성 용질만을 고려한다.

1) 삼투압 농도(Osmolality)

① 정의: 용매(Solvent) 1 kg당 녹아 있는 모든 용질의 총 오스몰 수를 의미하며 단위는 보통 mOsm/kgH_2O로 표시된다.

② 계산(추정치): 2 × Na^+(mEq/L) + Glucose(mg/dl)/18 + BUN(mg/dl)/2.8은 혈청의 삼투압 농도를 추정하는 계산식이다. 공식으로 계산된 삼투압 농도의 단위는 mOsm/kgH_2O이다.[34]

---

34 임상에서는 밀도≈1 가정하에 mOsm/L와 혼용하기도 한다.

③ 특징: 삼투압 농도는 세포막을 자유롭게 통과할 수 있는 용질[예: 요소(Urea), BUN으로 측정됨]과 통과하기 어려운 용질(예: 소듐, 포도당)을 모두 포함하여 계산한다. 즉, 용액 내 총 입자 수를 반영한다.

2) 긴장도(Tonicity) 또는 유효 삼투압 농도(Effective Osmolality)

① 정의: 용액 내에서 세포막을 효과적으로 통과하지 못하는 비투과성 용질(non-penetrating solutes)만의 농도를 의미한다. 이는 세포막을 경계로 실질적인 삼투압 기울기를 형성하여 수분 이동 및 세포 부피 변화를 유발한다.

② 계산(추정치): 2 × Na^+(mEq/L) + Glucose(mg/dl)/18은 긴장도를 추정하는 계산식이며, 이 공식에서는 세포막을 비교적 자유롭게 통과하는 요소(BUN)를 제외하고, 주로 세포외액에 머무르며 수분 이동에 큰 영향을 미치는 소듐과 포도당만을 포함한다.

③ 특징: 긴장도는 세포의 부피 변화를 예측하는 데 사용된다. 용액이 세포에 대해 등장성(isotonic), 저장성(hypotonic), 고장성(hypertonic)인지를 판단하는 기준이 된다.

3) 왜 긴장도가 총 삼투압 농도보다 세포막 수분 이동에 더 중요한가?

① 그 이유는 세포막의 선택적 투과성과 용질의 투과성 차이에 있기 때문이다.

② 세포막의 역할: 세포막은 물을 비교적 자유롭게 통과시키지만, 대부분의 용질, 특히 이온(Na^+ 등)이나 큰 분자(포도당 등)는 통과를 제한하는 반투과성 막이다.

③ 투과성 용질의 영향: 요소와 같은 투과성 용질은 세포막을 쉽게 통과하여 세포 내외 농도가 평형을 이루므로, 혈액 내 요소 농도가 높아 총 삼투압이 증가해도 지속적인 삼투압 차이를 만들지 못한다. 따라서 일시적인 수분 이동은 유발할 수 있으나 장기적인 세포 부피 변화에는 거의 영향을 주지 않는다.

④ 비투과성 용질의 영향: 반면, 소듐(Na^+)과 같은 비투과성 용질은 주로 세포외액에 머무르며 단순 확산으로는 세포막을 통과하지 못한다. 따라서 세포외액의 소듐 농도가 변화하면 세포 안팎 사이에 지속적인 삼투압 기울기가 형성되고, 이를 해소하기 위해 물은 소듐 농도가 높은 곳(즉, 세포외액)으로 이동한다. 포도당도 인슐린 부족 시 세포 내로 들어가지 못해 비슷한 역할을 한다.

⑤ 결과적으로 세포 안팎의 수분 이동과 그로 인한 세포 부피 변화(팽창 또는 수축)를 결정하는 것은 세포막을 통과하지 못하여 지속적인 삼투압 기울기를 만드는 용질의 농도, 즉 긴장도이다. 총 삼투압 농도는 전체 용질 농도를 반영하지만, 투과성 용질(예: 요소)은 일시적 효과만 가지므로 세포 부피 변화를 예측하는 데는 긴장도가 더 정확하고 중요한 지표가 된다.

5. 저나트륨혈증(Hyponatremia) 감별 진단

우선, 비교적 최근에 발표된 Dr. Helbert Rondon-Berrios가 제안한 저나트륨혈증 접근법을 간략히 소개하고자 한다.[3-5] 이는 전통적인 체액량 평가 기반의 알고리즘에서 벗어나, 생리적 원리에 더 충실한 접근 방식인데, 항이뇨호르몬의 상태를 중심으로, 혈청 오스몰 농도, 소변 오스몰 농도, 혈청 긴장도, 소변 소듐 농도를 사용하여 원인을 감별한다. 이 알고리즘의 핵심은 '왜 환자의 몸이 물을 배설하지 못하는가?'라는 질문에 답하는 것이다.

1단계: 혈청 오스몰 농도(Serum Osmolality) 측정 → 저나트륨혈증의 종류 확정

이 첫 단계는 전통적인 방식과 동일한데, 저나트륨혈증이 진정한 수분 과잉 상태인지를 먼저 확인한다.

혈청 오스몰 농도	종류	설명
높음 (> 295 mOsm/kg)	고장성 저나트륨혈증	고혈당, 만니톨 등 나트륨, 요소 외의 삼투 물질에 의해 발생
정상 (275~295 mOsm/kg)	등장성 저나트륨혈증	가성 저나트륨혈증. 심한 고지혈증, 고단백혈증이 원인
낮음 (< 275 mOsm/kg)	저장성 저나트륨혈증	진정한 저나트륨혈증. 체내 수분이 나트륨에 비해 상대적으로 과잉인 상태. 이후의 모든 진단 과정은 이 그룹을 대상으로 한다.

2단계: 소변 오스몰 농도(Urine Osmolality) 측정 → ADH 상태 평가

소변 오스몰 농도	ADH 상태	진단 그룹 및 병태생리
< 100 mOsm/kg	ADH 억제 상태 (ADH Off)	신장은 수분 과잉에 정상적으로 반응하여 소변을 최대한 희석시키고 있으나, 문제는 신장의 희석 능력을 초과하는 과도한 수분 섭취 또는 배설할 용질의 부족이다. • 원발성 다음증(Primary Polydipsia) • 낮은 용질 섭취(Low Solute Intake): Beer potomania, "Tea and toast" 식단 등 – 낮은 용질 상태는 때때로 100~200 mOsm/kg으로 나올 수 있어 임상 맥락을 함께 관찰해야 한다.
> 100 mOsm/kg	ADH 분비 상태 (ADH On)	신장이 수분 과잉 상태임에도 불구하고 부적절하게 소변을 농축시키고 있다. 이는 ADH가 어떤 이유로든 활성화되어 수분 배설을 막고 있음을 의미한다. ADH는 왜 분비되고 있는가? → 3단계로 진행해서 적절 혹은 부적절로 구분한다.

3단계: 혈청 긴장도(Tonicity)와 소변 나트륨 농도를 이용한 ADH 분비 원인 감별

ADH 분비 유형	병태생리	주요 검사 소견	진단 및 원인
적절한 ADH 분비	유효 순환 혈장량 감소로 인해 혈압과 관류를 유지하기 위해 ADH가'생리적으로 적절하게 분비되고 있는 상태. • 혈청 긴장도: 낮음 • 유효 순환 혈장량: 감소	• 소변 Na^+ < 30 mEq/L • 소변 Osm > 100 mOsm/kg • U(Na+K)/PNa < 1일수록 0.9% 생리식염수로 교정되기 쉬움	1. 진정한 체액 부족:구토, 설사, 출혈 등 2. 유효 혈장량 감소를 동반한 체액 과다: 울혈성 심부전, 간경변, 신증후군
부적절한 ADH 분비	유효 순환 혈장량이 정상임에도 불구하고 ADH가 병적으로 부적절하게 분비되는 상태임. 이는 항이뇨호르몬 부적절 분비 증후군(SIADH)의 정의와 일치함. • 혈청 긴장도: 낮음 • 유효 순환 혈장량: 정상	• 소변 Na^+ > 30 mEq/L • 소변 Osm > 100 mOsm/kg • U(Na+K)/PNa > 1일수록 0.9% 생리식염수 투여가 악화 유발 가능	항이뇨호르몬 부적절 분비 증후군(SIADH) 및 유사 상태: • 전형적인 SIADH: 약물, 종양, 폐 질환, 중추신경계 질환 등 • 기타: 갑상선 기능 저하증, 부신피질 기능 저하증(글루코코르티코이드 결핍), thiazide 저나트륨혈증*

* Thiazide 저나트륨혈증은 SIAD와 임상적 소견(euvolemia, high urine Na^+)이 동일하게 나타나므로, 약물 중단 후 수분 배설 능력이 회복되는지 확인하여 감별해야 함.

ADH가 분비되는 원인이 생리적으로 적절한 반응인지, 아니면 부적절한 반응인지를 구분한다. 여기서 혈청 긴장도(Effective Osmolality)와 유효 순환 혈장량 개념이 중요하다.

- 핵심 원리: 항이뇨호르몬은 ① 혈청 긴장도 상승 또는 ② 유효 순환 혈장량 감소 두 가지 자극에 의해 분비된다. 저장성 저나트륨혈증은 혈청 긴장도가 낮은 상태이므로, ADH가 분비된다면 그 원인은 반드시 유효 순환 혈장량 감소 또는 병적인 ADH 분비 둘 중 하나이다.

여기서, 부적절 항이뇨호르몬 분비 증후군(Syndrome of Inappropriate Antidiuretic Hormone Secretion, SIADH)에 관해 간단히 언급하면, SIADH는 1957년 Schwartz와 Bartter가 기관지암 환자에서 발생한 저나트륨혈증을 보고하며 처음 기술되었다.[6] 이들은 혈장 저장

성에도 불구하고 소변이 지속적으로 고장성을 유지하는 현상을 관찰했고, 이를 항이뇨호르몬의 부적절한 분비로 설명하였다. 이들이 제안한 진단 기준은 저장성 저나트륨혈증, 소변의 부적절한 농축, 정상 혈액량, 정상적인 신장, 부신, 갑상선 기능이었다. 그러나 분자진단기술의 발달은 이 질환에 대한 이해의 폭을 넓혔는데, 특히 전체 환자의 약 10~20%에서는 항이뇨호르몬 농도가 측정 한계 미만이거나 억제되어 있음에도 전형적인 SIADH 양상을 보인다. 이는 호르몬의 분비 과잉이 아닌 신장에서 항이뇨 작용 과잉임을 시사한다(nephrogenic SIAD).[7] 이에 따라 2014년 유럽 내분비학회, 중환자학회와 신장학회는 부적절 항이뇨 증후군(Syndrome of Inappropriate Antidiuresis, SIAD)이라는 용어 사용을 권장하였다.[8] SIAD는 중추성 항이뇨호르몬 분비과다뿐 아니라 신장의 V2 수용체 돌연변이나 약물에 의한 수분통로단백 AQP2 활성화 등을 모두 포함하는 상위 개념이다.

다음은 Dr. Joseph G Verbalis가 제안한 전통적인 저나트륨혈증 감별 진단법이다.[9]

1단계: 혈장 오스몰 농도 측정(저나트륨혈증 유형 분류)

저나트륨혈증(혈청 $Na^+ < 135$ mmol/L)이 확인되면 가장 먼저 혈장 오스몰 농도를 측정하여 유형을 분류한다.

① 혈장 오스몰 농도 > 295 mOsm/kgH_2O → 고장성 저나트륨혈증(원인: 고혈당, 만니톨 등 요소, 나트륨 외 삼투 활성 물질 존재)

② 혈장 오스몰 농도 = 280~295 mOsm/kgH_2O → 등장성 저나

트륨혈증[원인: 가성 저나트륨혈증(Pseudohyponatremia) – 심한 고지질혈증 또는 고단백질혈증]

③ 혈장 오스몰 농도 < 280 mOsm/kgH_2O → 저장성 저나트륨혈증(의미: 체내 수분이 용질에 비해 과잉인 상태 ▶ 2단계로 진행)

2단계: 저장성 저나트륨혈증의 원인 감별(체액 상태 평가)

저장성 저나트륨혈증으로 확인되면, 환자의 병력, 신체검진 및 임상 검사 결과를 종합하여 세포외액 상태를 평가한다.

① 체액 부족(Hypovolemic Hyponatremia) → 그룹 A

임상 소견: 구토, 설사, 기립성 저혈압, 빈맥, 피부 긴장도 감소, 구강 건조 등(▶ 3단계 – 그룹 A로 진행)

② 체액 정상(Euvolemic Hyponatremia) → 그룹 B

임상 소견: 체액 부족 또는 과다의 징후가 없음(▶ 3단계 – 그룹 B로 진행)

③ 체액 과다(Hypervolemic Hyponatremia) → 그룹 C

임상 소견: 부종, 복수, 폐부종 등 체액 과다 징후(▶ 3단계 – 그룹 C로 진행)

3단계: 소변 검사를 통한 세부 원인 감별

평가된 체액 상태 그룹별로 소변 오스몰 농도와 소변 나트륨 농도를 확인하여 최종 원인을 감별한다.

▶ 그룹 A: 체액 부족(Hypovolemic)

① 소변 $Na^+ < 20\sim30$ mmol/L

진단: 신장 외 소실(Extrarenal loss)

원인: 위장관 소실(설사),[35] 피부 소실 등

② 소변 $Na^+ > 20\sim30$ mmol/L

진단: 신장성 소실(Renal loss)

원인: 이뇨제 사용(Thiazide), 뇌성 염분 소실(Cerebral Salt Wasting, CSW), 미네랄로코르티코이드 결핍 등

▶ 그룹 B: 체액 정상(Euvolemic)

① 소변 오스몰 농도 ≤ 100 mOsm/kg H_2O

진단: 과도한 수분 섭취

원인: 원발성 다음증(Primary Polydipsia), 낮은 용질 섭취(Beer Potomania 등)

② 소변 오스몰 농도 > 100 mOsm/kgH_2O 및 소변 $Na^+ >$ 20~30 mmol/L

진단: 항이뇨호르몬 부적절 분비 증후군(SIADH)

조건: 다른 원인 배제(갑상선 기능 저하증, 부신피질 기능 저하증, 이뇨제 사용 등)

원인: 약물, 종양, 폐 질환, 중추신경계 질환 등

▶ 그룹 C: 체액 과다(Hypervolemic)

---

35 구토가 지속되면 중탄산뇨(bicarbonaturia) 때문에 소변 Na^+가 높게 나올 수 있으므로, 이 때는 소변 Cl^-이 낮게 나온다.

① 소변 Na^+ < 20~30 mmol/L

진단: 유효 순환 혈장량 감소

원인: 울혈성 심부전, 간경변, 신증후군

② 소변 Na^+ > 20~30 mmol/L

진단: 신부전(Renal Failure)

원인: 급성 또는 만성 신장 손상

6. 오스몰 갭(Osmolal Gap)

1) 원리

혈청 오스몰랄 농도를 추정하는 계산식을 위에서 기술하였는데, 여기서 파생되는 개념 중 하나는 오스몰 갭이다. 오스몰 갭은 혈액 검사를 통해 실제로 측정한 오스몰랄 농도와 공식[2 × Na^+(mEq/L) + Glucose(mg/dl)/18 + BUN(mg/dl)/2.8]으로 계산한 오스몰랄 농도 사이의 차이를 의미한다.

오스몰 갭 = 측정 오스몰랄 농도 − 계산 오스몰랄 농도

2) 중요성

① 오스몰 갭(Gap)은 계산 공식에 포함되지 않은, 측정되지 않은 삼투 활성 물질이 혈중에 존재함을 시사한다.

② 독극물 중독 진단: 오스몰 갭이 정상치(보통 < 10~15 mOsm/kgH_2O)

이상으로 증가한 경우, 메탄올, 에틸렌글리콜(부동액) 등과 같은 독성 알코올 중독을 의심한다. 이러한 물질들은 그 자체로 삼투압을 높여 갭을 만들며, 대사 과정에서 대사성 산증을 유발한다. 이소프로필 알코올(isopropanol)은 아세톤으로 대사되어 케톤혈증은 유발하지만 대사성 산증은 보통 유발하지 않는다.

7. 나트륨 분획 배설률(Fractional Excretion of Sodium, FE_{Na})

1) 원리

FENa는 사구체에서 여과된 Na^+ 중 최종적으로 소변으로 배설되는 비율(%)을 나타낸다. 계산식은 [(소변 Na^+ 농도 × 혈청 Cr 농도) / (혈청 Na^+ 농도 × 소변 Cr 농도)] × 100이다.

2) 임상 적용(저나트륨혈증)

저나트륨혈증의 원인을 감별하는 데 유용하게 사용된다.

① 체액량 감소(Volume depletion) 상태: 설사, 구토, 출혈 등으로 체액량이 감소하면, 신장은 Na^+와 수분 재흡수를 최대로 증가시킨다. 따라서 소변으로 배설되는 Na^+ 양이 낮아져서 FE_{Na}는 1% 미만으로 감소한다.

② 항이뇨호르몬 부적절 분비 증후군(SIADH): SIADH는 체액량이 정상이거나 약간 증가된 상태에서 ADH가 부적절하게 분비되어 수분 재흡수가 증가하고 희석성 저나트륨혈증(dilutional hyponatremia)

이 발생한다. 이때, 체액량 증가로 인해 RAAS가 억제되고 심방 나트륨이뇨 펩타이드(ANP) 등이 분비되어 Na^+ 재흡수가 감소하고 소변으로 배설이 촉진된다. 따라서 저나트륨혈증 상태임에도 불구하고 FE_{Na}는 1% 이상(종종 2% 이상)이 된다.

③ 기타: 급성 신손상(특히 급성 세뇨관 괴사), 염분 소실성 신병증, 이뇨제 사용 시에도 FE_{Na}가 1% 이상으로 증가할 수 있다. 따라서 임상 증상 및 다른 검사 소견을 종합적으로 고려해야 한다. 특히 이뇨제를 사용 중인 환자에서는 FE_{Na} 해석에 오류가 있을 수 있다.

8. 요산 분획 배설률(Fractional Excretion of Urate, FE_{Urate})

1) 원리

FE_{Urate}는 사구체에서 여과된 요산 중 최종적으로 소변으로 배설되는 비율(%)을 나타낸다. 요산은 주로 근위세뇨관에서 재흡수 및 분비 과정을 통해 조절되며, 체액량 변화에 영향을 받는다. 계산식은 [(소변 요산 농도 × 혈청 Cr 농도) /(혈청 요산 농도 × 소변 Cr 농도)] × 100이다.

2) 임상 적용(저나트륨혈증)

SIADH 감별 진단에 도움을 줄 수 있다.

① SIADH: 지속적인 ADH 분비로 인한 체액량 증가가 근위세뇨관에서의 나트륨 및 수분 재흡수를 억제한다. 이 과정에서 요산 재

흡수도 함께 억제되어 소변으로의 요산 배설이 증가한다. 따라서 SIADH 환자에서는 혈청 요산 농도가 낮아지면서 FE_{Urate}가 증가하는 경향(11~12% 이상)을 보인다. 저나트륨혈증과 저요산혈증, 그리고 증가된 FE_{Urate} 소견은 SIADH를 시사한다.

② 체액량 감소: 체액량이 감소된 상태에서는 근위세뇨관에서 나트륨과 함께 요산 재흡수도 증가하므로 FE_{Urate}는 일반적으로 감소(4% 이하)하거나 정상 범위(4~11%, 중앙값은 약 5~7%)를 유지한다.

③ 기타: 이뇨제 사용 시에도 FE_{Urate}가 변할 수 있어 해석에 주의가 필요하다. FE_{Urate}는 FE_{Na}가 이뇨제 사용 등으로 해석하기 어려울 때 보조적인 지표로 활용될 수 있다.

9. 삼투질 청소율(Osmolar Clearance, Cosm)

1) 원리

삼투질 청소율은 단위 시간당 혈장에서 삼투질(osmoles)이 제거되어 소변으로 배설되는 속도를 나타내는 가상의 혈장량(mL/min)이다. 즉, 배설되는 삼투질의 양을 혈장 삼투압으로 나누어 계산한다. 계산식은 (소변 삼투압 × 소변 배출 속도) / 혈장 삼투압이다. 이는 신장이 혈액에서 용질을 얼마나 효율적으로 제거하는지를 나타낸다.

2) 임상 적용

① 수분 균형 평가: 단독으로 사용되기보다는 주로 자유 수분 청

소율(solute-free water clearance, CH_2O)을 계산하기 위한 중간 단계로 사용된다. 소변 배출 속도(V)는 삼투질을 배설하는 데 필요한 최소한의 수분량(Cosm)과 순수한 물(자유 수분)의 배설량(CH_2O)의 합으로 이루어진다($V = Cosm + CH_2O$).

② 신장 기능 모니터링: 신장 질환으로 용질 제거 능력이 감소하면 Cosm이 감소할 수 있다.

③ 용질 부하 평가: 고단백 식이, 과다 염분 섭취, 고혈당 등 용질 부하가 증가하면 Cosm이 증가할 수 있다. 즉, 삼투성 이뇨(osmotic diuresis)는 포도당, 만니톨, 혹은 과도한 염분과 같이 세뇨관에서 재흡수되지 않는 용질이 많을 때 발생하며 결과적으로 소변량이 많아지며 소변의 삼투질 농도(Uosm)도 증가하므로 Cosm도 증가한다.

10. 자유 수분 청소율(Solute-Free Water Clearance, CH_2O)

1) 원리

자유 수분 청소율은 신장이 삼투질 없이 순수한 물(자유 수분)만을 얼마나 배설하는지를 나타내는 지표이다. 소변 배출 속도(V)에서 삼투질 청소율(Cosm)을 뺀 값으로 계산한다($CH_2O = V - Cosm$).

① $CH_2O > 0$(양수): 이는 신장이 혈장보다 희석된 소변을 배설하고 있음을 의미하며, 순수한 물을 체외로 배출하고 있다는 뜻이다(예: 수분 과다 섭취, 요붕증).

② $CH_2O < 0$(음수): 이는 신장이 혈장보다 농축된 소변을 배설하고 있음을 의미하며, 순수한 물을 재흡수하여 체내에 보존하고 있다는 뜻이다. 음수 값은 $-CH_2O = TcH_2O$(Solute-Free water reabsorption)라고도 표현한다.

③ $CH_2O = 0$: 소변이 혈장과 등장성(isotonic)이다.

2) 임상 적용

• 신장의 수분 조절 능력 평가: 신장이 체액 상태에 따라 소변을 적절히 농축 혹은 희석하는 능력을 정량적으로 평가한다.

• 수분 및 전해질 장애 감별

① 요붕증: 소변 농축의 장애로 다량의 희석된 소변을 배설하며 CH_2O가 양수 값을 나타낸다.

② SIADH: 부적절한 수분 재흡수로 인해 농축된 소변을 배설하며 CH_2O가 음수 값을 나타낸다.

③ 다음 다갈증(Primary Polydipsia): 과도한 수분 섭취로 희석된 소변을 배설하며 CH_2O가 양수 값을 나타낸다.

11. 요 소듐 농도(Urine Sodium Concentration, UNa^+)

1) 원리

무작위 소변 검체에서 측정한 소변 내 소듐 이온의 농도(mEq/L)이다. 이는 소듐 섭취량, 체액량 상태, 신장 기능, 호르몬(알도스테론,

ANP 등)의 영향을 받아 변화한다.

2) 임상 적용

단독 수치보다는 임상 상황(특히 체액량 평가) 및 다른 검사 결과(혈청 Na^+, 요 삼투압 등)와 함께 해석하는 것이 중요하다.

- 체액량 감소 평가: 체액량이 부족하면 신장은 RAAS 활성화 등을 통해 소듐 재흡수를 항진하므로, UNa^+는 일반적으로 낮게($<$ 20 mEq/L) 측정된다(단, 이뇨제 사용, 염분 소실성 신병증 등 예외).
- 저나트륨혈증 감별

① 체액량 감소: $UNa^+ <$ 20 mEq/L(단, 구토로 인한 대사성 알칼리증 발생 시에는 HCO_3^- 배설을 위해 Na^+가 동반 배설되어 UNa^+가 높을 수 있음)

② SIADH: 체액량이 정상이거나 약간 증가된 상태이므로, 나트륨 배설이 증가하여 $UNa^+ >$ 40 mEq/L인 경우가 많다.

③ 신성 염분 소실(Cerebral/Renal salt wasting): UNa^+가 매우 높게($>$ 40 mEq/L) 측정된다. 심각한 저나트륨혈증과 탈수(체액량 감소)를 동반한다.

④ 급성 신손상 감별: 신전성 AKI(prerenal azotemia)에서는 $UNa^+ <$ 20 mEq/L, 급성 세뇨관 괴사(renal azotemia 혹은 acute tubular necrosis, ATN)에서는 세뇨관 손상으로 나트륨 재흡수 장애가 발생하여 $UNa^+ >$ 40 mEq/L인 경향을 보인다.

⑤ 이뇨제 효과 모니터링: 이뇨제 사용 시 UNa^+가 증가한다.

12. 요 나트륨/크레아티닌 비율(Urine Sodium/Creatinine Ratio)

1) 원리

24시간 소변 수집의 불편함을 피하기 위해, 무작위 소변 검체에서 소듐과 크레아티닌 농도 비를 측정하는 방법이다. 크레아티닌은 근육량에 따라 비교적 일정하게 배설되므로, 이를 기준으로 사용하여 나트륨 배설량을 추정한다. 즉, (소변 Na^+ 농도 / 소변 Cr 농도) 값을 이용한다. 이 비율은 24시간 총 나트륨 배설량과 어느 정도 상관관계(상관 계수: 0.5~0.7)를 가진다. 참고로 Tanaka 공식과 Kawasaki 공식은 바로 추정 24시간 크레아티닌 배설량을 나이, 성별, 키, 체중 등의 정보를 이용해 계산하여 예측하는 통계 모델이다.[10]

2) 임상 적용

① 식이 나트륨 섭취량 추정: 고혈압 환자 등에서 식이 나트륨 제한 교육의 효과를 평가하거나 섭취량을 간접적으로 추정하는 데 사용될 수 있다.

② 체액량 상태 평가 보조: UNa^+와 유사하게 체액량 상태를 평가하는 데 보조적으로 사용된다.

③ 한계점: 크레아티닌 배설량은 개인의 근육량, 식이, 신기능에 따라 변할 수 있어 24시간 배설량을 정확하게 반영하지 못할 수 있다. 또한, 소변 수집 시점에 따라 비율이 변동될 수 있다. 임상에서는 주로 경향을 파악하거나 스크리닝 목적으로 활용된다.

13. 포타슘 분획 배설률(Fractional Excretion of Potassium, FE_K)

1) 원리

FE_K는 사구체에서 여과된 포타슘 중 최종적으로 소변으로 배설되는 비율(%)을 나타낸다. 포타슘은 근위세뇨관과 헨레고리관에서 대부분 재흡수되고, 원위곡세뇨관과 집합관에서 알도스테론 등의 조절로 인해 능동적으로 분비되어 배설량이 조절된다. 따라서 FE_K는 신장의 포타슘 배설 조절 능력을 반영한다. 계산식은 [(소변 K 농도 × 혈청 Cr 농도) / (혈청 K 농도 × 소변 Cr 농도)] × 100이다.

2) 임상 적용

포타슘 대사 이상(저칼륨혈증 또는 고칼륨혈증)의 원인을 감별하는 데 중요하다.

- 저칼륨혈증 평가

① FE_K < 7%: 신장을 통한 포타슘 소실이 억제되고 있으며, 이는 포타슘 섭취 부족 또는 신장 외 경로(소화기, 피부 등)를 통한 포타슘 소실을 시사한다.

② FE_K > 10~15%: 저칼륨혈증 상태임에도 불구하고 신장을 통해 포타슘이 부적절하게 배출되고 있음을 의미하며, 이는 이뇨제 사용, RTA(Type 1, 2), 바터 증후군, 지텔만 증후군, 고알도스테론증 등 신장을 통한 포타슘 소실을 시사한다.

- 고칼륨혈증 평가

① FE_K 증가(예: > 10%): 신장이 포타슘 부하에 대해 적절히 반응

하여 포타슘 배설을 늘리고 있음을 시사하나(예: 과다 포타슘 섭취), 고칼륨혈증 평가에 FE_K는 제한적이다.

② FE_K 감소(예: < 10%): 고칼륨혈증 상태임에도 불구하고 신장의 포타슘 배설 능력이 저하되어 있음을 의미하며, 이는 저알도스테론증, 포타슘 보존 이뇨제 과다, Type 4 RTA 등을 시사한다.

14. 요 포타슘 농도(Urine Potassium Concentration, U_K)

1) 원리

무작위 소변 검체에서 측정한 소변 내 포타슘 이온의 농도(mEq/L)이다. 이는 식이 포타슘 섭취량, 혈청 포타슘 농도, 산-염기 상태, 알도스테론 수치, 소변량 등의 영향을 받아 변동한다. 따라서 단독 수치 값보다는 임상 상황, 혈청 포타슘 농도, 소변량 등과 함께 해석해야 한다.

2) 임상 적용

• 저칼륨혈증 평가: 저칼륨혈증의 원인이 신장을 통한 소실(renal loss)인지, 아니면 신장 외의 원인(extrarenal loss)인지를 감별하는 것이 중요하다.

① U_K < 15~20 mEq/L: 신장 외 포타슘 소실(예: 설사) 또는 섭취 부족을 시사한다.

② U_K > 20~30 mEq/L: 신장성 포타슘 소실(예: 이뇨제, 고알도스테론

증)을 시사한다(단, 소변량이 매우 적은 경우 농도가 높게 나올 수 있으므로 U_K나 TTKG와 함께 평가해야 함).

• 고칼륨혈증 평가: U_K 측정은 FE_K나 TTKG 계산에 필요하며, 신장의 배설 반응을 평가하는 데 사용된다. 만약 혈중 포타슘 농도가 높은데도 불구하고 FE_K나 TTKG가 낮으면 이는 신장의 포타슘 배설 능력에 문제가 있음을 의미하며, 고포타슘혈증의 원인이 신장에 있음을 시사한다.

15. 요 포타슘/크레아티닌 비율(Urine Potassium/Creatinine Ratio)

1) 원리

24시간 소변 수집 없이 무작위 소변 검체에서 포타슘과 크레아티닌 농도의 비율(소변 K^+ 농도 / 소변 Cr 농도)을 이용하여 24시간 포타슘 배설량을 추정하는 방법이다.

2) 임상 적용

• 식이 포타슘 섭취량 추정: 포타슘 섭취 상태를 간접적으로 평가하는 데 사용될 수 있다.

① 포타슘 대사 장애 평가 보조: FE_K와 유사하게 신장성 포타슘 소실 여부를 평가하는 데 보조적으로 활용될 수 있다. 예를 들어, 저칼륨혈증 환자에서 이 비율이 높다면(>13~15 mEq/g 혹은 >1.5~1.7 mmol/mmol) 신장성 소실을 의심할 수 있다.

② 한계점: Na^+/Cr 비율과 마찬가지로, 크레아티닌 배설량의 개인차 및 변동성으로 인해 정확한 24시간 배설량을 반영하지 못할 수 있다. 임상에서는 주로 경향 파악이나 스크리닝 목적으로 사용된다.

16. 경세뇨관 포타슘 농도차(Transtubular Potassium Gradient, TTKG)

1) 원리

TTKG는 피질 집합관(cortical collecting duct) 수준에서 알도스테론의 포타슘 분비 작용을 반영하는 지표로 고안되었다. 집합관 내강의 포타슘 농도와 주변 간질액의 포타슘 농도 비율을 추정하는 방식으로, 삼투압을 이용해 수분 재흡수에 따른 포타슘 농축 효과를 보정한다.

계산식은 [(소변 K^+ 농도 / 혈청 K^+ 농도) /(소변 삼투압 / 혈청 삼투압)]이다. 전체 요 삼투압(Uosm)으로 물 재흡수 효과를 보정하는 구조이므로, 계산은 소변이 혈장보다 농축되어 있고(Uosm > Posm), 원위곡세뇨관에 충분한 소듐이 전달되는 조건(UNa^+ > 20~25 mEq/L)에서 알도스테론 활성을 비교적 반영한다고 알려져 있다.

2) 임상 적용

이 지표는 피질 집합관 수준에서 요와 혈장의 삼투압이 평형에 도달해 있고(Uosm ≈ Posm), 수질 집합관에서 요가 충분히 농축되며(Uosm > Posm), 요 나트륨 농도가 일정 수준 이상(대개 > 20~25 mEq/L)

이고, 원위곡세뇨관 유속과 나트륨 전달이 비교적 안정적이라는 여러 가정에 의존한다. 그러나 실제 임상에서는 내수질 집합관에서 요소 재순환으로 인한 urea 재흡수, 비나트륨성 삼투질 증가, 이뇨제 사용, 이뇨나 고요량 상태 등으로 인해 현재는 TTKG의 신뢰도가 높지 않은 지표로 간주되며, 요 포타슘/크레아티닌 비율과 같은 다른 전해질 검사 및 임상 소견을 보조적으로 뒷받침하는 수준에서만 활용된다.

• 저칼륨혈증 평가

① TTKG $<$ 2~3: 알도스테론 자극이 부족하거나 신장의 반응이 적절함을 의미하며, 신장 외 포타슘 소실이나 섭취 부족을 시사한다.

② TTKG $>$ 4~5: 알도스테론 과다 또는 알도스테론 유사 효과(예: 일부 이뇨제)로 인해 신장에서 포타슘 분비가 부적절하게 증가되어 있음을 시사한다(신장성 포타슘 소실).

• 고칼륨혈증 평가

① TTKG $<$ 6~7: 알도스테론 부족(저알도스테론증) 또는 알도스테론 저항성(예: Type 4 RTA, 포타슘 보존 이뇨제)으로 인해 신장의 포타슘 분비 능력이 저하되어 있음을 시사한다.

② TTKG $>$ 8~10: 알도스테론 시스템은 정상적으로 작동하여 포타슘 분비를 촉진하고 있으나, 과도한 포타슘 부하 또는 다른 배설 장애 요인이 있음을 시사한다.

3) 유의점

TTKG는 특정 가정(특히 Uosm/Posm $>$ 1, $UNa^+ > 25$ mEq/L)하에 유효

하며, 요소 재흡수 등에 영향을 받을 수 있어 해석에 주의해야 한다.

17. 순 산 배설(Net Acid Excretion, NAE)

1) 원리

신장이 체내 산-염기 평형을 유지하기 위해 하루 동안 소변으로 배설하는 총 순수 산(net acid)의 양을 의미한다. 주로 식이 단백질 대사 과정에서 생성되는 고정산(fixed acid)을 배설하는 역할을 한다. NAE는 크게 두 가지 형태로 배설되는 산의 합으로 계산된다. NAE = [적정산(TA) + NH_4^+] - HCO_3^-(정확한 측정을 위하여 24시간 소변 수집이 필요함)

2) 임상 적용

만성 대사성 산증 환자에서 신장의 산 배설 기능을 직접적으로 평가할 수 있다.

① 신장 기능 정상: 위장관을 통한 HCO_3^- 소실(예: 설사)이나 외부 산 부하 증가 시에 신장의 NAE가 증가한다.

② 신장 기능 이상: 신세뇨관 산증(RTA)이나 만성 콩팥병과 같이 신장의 산 배설 능력이 저하된 경우에는 대사성 산증 상태임에도 불구하고 NAE가 부적절하게 낮아진다.

③ 측정의 어려움: 임상에서는 TA와 NH_4^+ 측정이 어려워 NAE를 직접 측정하는 경우는 드물고, 보편적으로 사용되지는 않는다.

18. 동맥혈 가스분석(Arterial Blood Gas Analysis, ABGA)

동맥혈을 채혈하여 산-염기 상태와 가스 교환을 정량화하는 검사이며, 기기에서는 pH, PaO_2, $PaCO_2$, HCO_3^- 값과 계산된 base excess를 제공하며, 이를 통해 호흡기-대사기능과 산-염기 균형을 평가한다.

① pH: 정상범위(7.35~7.45)

pH는 혈액 내 수소이온 농도의 음의 로그값으로 산도와 염기도를 나타낸다. pH는 HCO_3^-와 비례하고 $PaCO_2$와 반비례하여 HCO_3^-가 증가하면 대사성 알칼리증, $PaCO_2$가 상승하면 호흡성 산증이 된다. 다만, HCO_3^- 상승이 일차 대사성 알칼리증인지, 만성 호흡성 산증에 대한 보상인지는 $PaCO_2$와 보상 공식을 함께 보아야 한다.

② PaO_2: 정상범위(75~100 mmHg, room air 기준)

동맥 혈장에 물리적으로 용해되어 있는 산소의 분압을 의미한다. 이는 폐포에서 혈액으로 산소가 얼마나 효율적으로 이동했는지를 직접적으로 반영하는 지표이다.

③ $PaCO_2$: 정상범위(35~45 mmHg)

동맥 혈장에 용해된 이산화탄소의 분압으로, 폐포 환기에 의해 직접적으로 조절된다.

④ HCO_3^-: 정상범위(22~26 mEq/L)

혈액 내 주요 염기 물질로, 신장에 의해 생성 및 재흡수되면서 조절된다. 정상범위보다 증가하면 일차적인 대사성 알칼리증 또는 만성 호흡성 산증에 대한 보상 반응을 시사하며, 수치가 낮아지면 일차적인 대사성 산증 또는 만성 호흡성 알칼리증에 대한 보상 반응을 시사한다.

⑤ Base Excess: 정상범위(−2~+2 mEq/L)

혈액 1 L를 표준 조건(37℃, $PaCO_2$ 40 mmHg)에서 pH 7.40으로 되돌리기 위해 첨가(또는 제거)해야 할 산 또는 염기의 양을 나타낸다. 값이 2 mEq/L보다 큰 양수이면 과다한 염기(대사성 알칼리증 또는 만성 호흡성 산증의 보상)를, 그 반대로 −2 mEq/L보다 작은 음수이면 염기 부족(대사성 산증 또는 만성 호흡성 알칼리증의 보상)을 의미한다.

19. 요 음이온 차(Urine Anion Gap, UAG)

1) 원리

UAG의 계산은 UAG = ($[Na^+]$ + $[K^+]$) − $[Cl^-]$이다. 이는 소변으로 배설되는 측정되지 않는 양이온인 암모늄(NH_4^+)의 양을 추정하는 데 이용된다. 신장은 산증에 대응하여 NH_4^+ 형태로 산을 배설하는데, 이때 NH_4^+는 주로 염화물(Cl^-)과 함께 배설된다. 따라서 NH_4^+ 배설이 증가하면 그만큼 Cl^- 배설도 증가하여 UAG 값은 음수 쪽으로 이동하게 된다. 반대로 NH_4^+ 배설이 부족하면 상대적으로 Na^+, K^+ 배설이 Cl^- 배설보다 많아져 UAG는 양수 값을 갖게 된다.(그림 18)

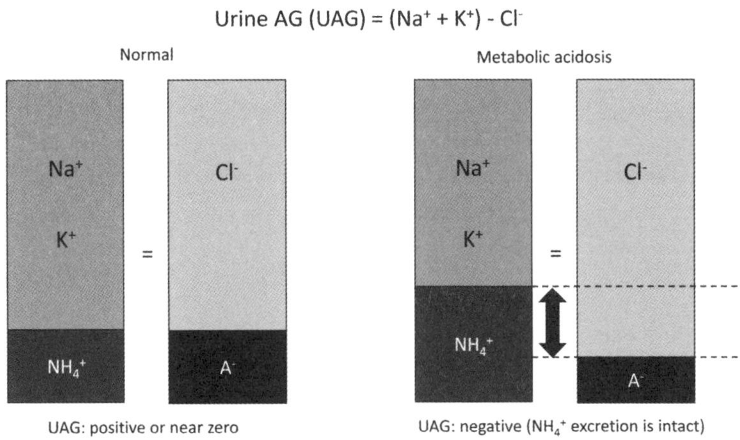

그림 18. 요 음이온 차

2) 임상 적용

주로 정상 혈청 음이온 차 대사성 산증(Normal Anion Gap Metabolic Acidosis)의 원인을 감별하는 데 사용된다.

① UAG가 음수 값을 보이는 경우, 소변으로 암모늄(NH_4^+)과 같은 측정되지 않은 양이온(unmeasured cation)이 충분히 배설되고 있음을 시사한다. 암모늄 이온은 주로 염화물(Cl^-)과 함께 배설되므로, 암모늄 배설이 많으면 (소변 Na^+ + 소변 K^+)의 합보다 소변 Cl^- 수치가 상대적으로 더 높아져 UAG가 음수가 된다. 이러한 결과는 신장의 산 배설 기능 자체는 정상이지만 비신장성 원인(예: 설사로 인한 중탄산염 소실 또는 기타 위장관 소실)을 의미하며, 고염소혈증성 대사성 산증이 나타난다. 암모늄 배설이 보존된 제2형(근위) RTA도 해당된다(급성기에는 음수, 만성기 혹은 경미한 경우에는 양수일 수 있어 제한적).

② 반대로 UAG가 양수 값을 나타내는 경우, 신장에서의 암모늄(NH4+) 배설이 부적절하게 감소했음을 시사한다. 암모늄 배설이 줄면 그와 함께 배설되는 염화물(Cl^-)의 양도 감소하여, (소변 Na^+ + 소변 K^+)의 합에 비해 소변 Cl^- 수치가 상대적으로 낮아져 UAG가 양수가 된다. 이러한 소견은 신장이 소변을 적절히 산성화하지 못하는 상태, 즉 신세뇨관 산증(Renal Tubular Acidosis, RTA), 특히 제1형(원위) 및 제4형(저알도스론증) RTA를 시사한다.

3) 유의점

체액량 감소 상태에서는 Na^+, K^+ 배설이 줄어 UAG 해석에 오류가 있을 수 있으며, 소변에 리튬이나 다량의 음이온(케톤, 락테이트 등)이 존재할 경우에도 영향을 받을 수 있다는 점에 주의해야 한다.

20. 요-혈액 PCO_2 차이(Urine to Blood PCO_2 Gradient, U-B PCO_2)

1) 원리

주로 원위부 세뇨관(특히 집합관)의 H^+ 이온 분비 능력을 평가하는 방법이다. 중탄산나트륨($NaHCO_3$)을 정맥 주사하여 혈중 및 요중 중탄산염 농도를 높인 상태에서 요 PCO_2와 혈액 PCO_2를 측정하여 그 차이를 계산한다. 정상적으로 원위부 세뇨관에서 분비된 H^+는 요중의 HCO_3^-와 결합하여 H_2CO_3를 형성하고, 이는 CO_2와 H_2O로 분해되어 요 PCO_2를 혈액 PCO_2보다 높게 만든다. H^+ 이온 분비가 원

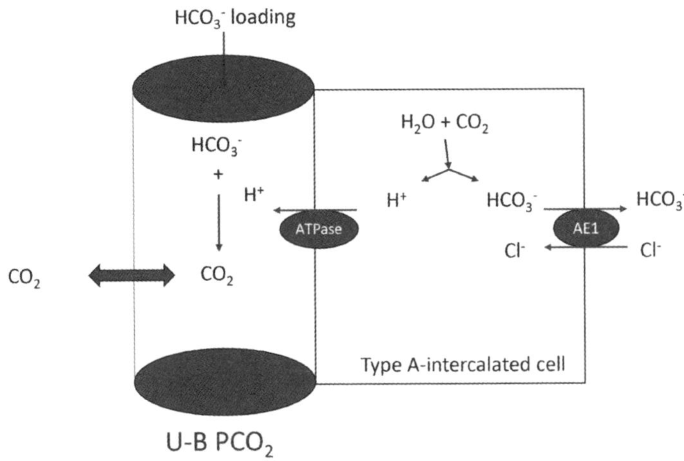

그림 19. 요-혈액 PCO_2 차이(U-B PCO_2)

활할수록 이 차이는 커진다.

2) 임상 적용

원위 신세뇨관 산증(Distal RTA, Type 1) 진단: 원위부 세뇨관의 H^+ 이온 분비 장애가 특징이다. 따라서 $NaHCO_3$ 부하 후에도 H^+ 분비가 제대로 이루어지지 않아 요 PCO_2가 충분히 증가하지 못한다. 정상인이나 근위 신세뇨관 산증, 혹은 다른 원인의 대사성 산증에서는 U-B PCO_2는 20 mmHg 이상이지만, 원위 신세뇨관 산증 환자에서는 U-B PCO_2는 20 mmHg 미만으로 작게 나타나며, 원위세뇨관의 H^+ 분비 결함을 의심할 수 있다.(그림 19) 그러나 검사 과정이 복잡하고 해석이 어려워 현재는 잘 시행되지 않으며, urine pH, UAG, 혈청 K^+, 임상 양상으로 대부분 진단이 가능하다.

21. 혈청 음이온 차(Serum Anion Gap, AG)

1) 원리

AG는 혈청 내에서 측정된 주요 양이온(주로 Na^+, 때로는 K^+ 포함)의 총 농도와 측정된 주요 음이온(Cl^-, HCO_3^-)의 총 농도 간의 차이를 나타낸다. 계산식은 $AG = [Na^+] - ([Cl^-] + [HCO_3^-])$ 또는 $AG = ([Na^+] + [K^+]) - ([Cl^-] + [HCO_3^-])$이다.[36] 이 차이는 정상적으로 혈청 내에 존재하지만 통상적인 전해질 검사에서는 측정되지 않는 음이온들(주로 알부민이며, 인산염, 황산염 및 기타 유기산 음이온이 포함된다)의 총량을 반영한다.

2) 임상 적용

대사성 산증의 원인을 감별하여 대사성 산증을 분류하는 데 기본적이고 중요한 지표이다.

① 고 음이온 차 대사성 산증(High Anion Gap Metabolic Acidosis): AG가 정상보다 증가한 경우로, 체내에 측정되지 않는 산(음이온)이 축적되었음을 의미한다. 주요 원인으로는 Glycols(ethylene glycol/propylene glycol), Oxoproline(=pyroglutamate), L-lactate(L-Lactic acidosis), D-lactate(D-Lactic acidosis), Methanol, Aspirin(salicylate), Renal failure, Ketoacidosis(Diabetic Ketoacidosis), Toluene이며 이를 첫 자를 따서 GOLD MARKeT으로 암기하기도 한다.

---

36 임상에서는 K^+ 제외식을 기본[$AG = Na^+ - (Cl^- + HCO_3^-)$, 정상치: 8~12 mEq/L, 현대 ISE 방식 이후 정상범위는 약 3~10 mEq/L]으로 한다.

② 정상 음이온 차 대사성 산증(Normal Anion Gap Metabolic Acidosis): AG가 정상 범위인 경우로, 산의 축적보다는 주로 중탄산염(HCO_3^-)의 소실로 인해 발생하며, 이때 전기적 중성을 맞추기 위해 염화물(Cl^-) 농도가 상대적으로 증가하므로 고염소혈증성(hyperchloremic) 대사성 산증이라고도 한다. 주요 원인으로는 위장관을 통한 HCO_3^- 소실(설사), 신세뇨관 산증(RTA), 염화암모늄 투여 등이 있다. 이 경우, 신장의 역할을 평가하기 위해 요 음이온 차(UAG)를 계산하게 된다.

③ 기타: 저알부민혈증은 측정되지 않는 주요 음이온인 알부민 감소로 인해 AG를 낮출 수 있으므로 보정이 필요할 수 있다(알부민 1 g/dL 감소 시 AG 약 2.5 mEq/L 감소). 표준 보정식은 AG_corr = AG(meas) + 2.5 × (4.0 − albumin[g/dL])이다. Δ/Δ 계산에는 보정 AG(AG_corr)을 사용해야 한다.

22. 델타/델타(Δ/Δ) 비율

1) 원리

델타/델타(Δ/Δ)는 환자의 산-염기 불균형 상태를 더 이해하며, 대사성 산증의 복합적인 원인을 감별하는 데 사용되는 계산 비율이며 보조 지표이다. 특히 음이온 갭(anion gap)이 증가된 대사성 산증(High Anion Gap Metabolic Acidosis) 환자에서, 동시에 발생할 수 있는 정상 음이온 갭 대사성 산증(Normal Anion Gap Metabolic Acidosis) 또는 대사성 알칼리증(Metabolic Alkalosis)과 같은 다른 산-염기 장애의 유무를 평가하는 데 사용된다: 델타/델타(Δ/Δ) = $\Delta AG/\Delta HCO_3^-$.

ΔAG: 보정 음이온 갭(AG_corr) - 정상 음이온 갭

ΔHCO_3^-: 정상 중탄산염 수치 - 측정된 중탄산염 수치

2) 임상 적용

① Δ/Δ = 1~2: 순수한 음이온 갭 증가 대사성 산증을 의미한다. 즉, 혈액 내에 축적된 미지의 산(예: 젖산, 케톤산, 살리실산 등)이 중탄산염을 중화시키는 과정에서, 중탄산염이 소모된 양만큼 음이온 갭이 정확히 증가했다는 것을 의미한다(예: 젖산 산증, 당뇨병성 케톤산증 등).

② Δ/Δ > 2: 음이온 갭 증가 대사성 산증과 함께 대사성 알칼리증(Metabolic Alkalosis)이 동반되었을 가능성을 시사한다. 음이온 갭 증가 대사성 산증으로 중탄산염이 소모되었음에도 불구하고, 대사성 알칼리증(예: 구토로 인한 염산 손실, 이뇨제 사용 등)으로 인해 중탄산염 수치가 예상보다 덜 감소했거나 심지어 정상 범위에 가깝게 유지될 수 있으며, 이런 경우 음이온 갭의 증가폭에 비해 중탄산염의 감소폭이 작아 비율이 1보다 커진다(예: 심한 구토와 함께 젖산 산증이 발생한 환자).

③ Δ/Δ < 1: 음이온 갭 증가 대사성 산증과 함께 정상 음이온 갭 대사성 산증(Normal Anion Gap Metabolic Acidosis, NAGMA)이 동반되었을 가능성을 시사한다. 정상 음이온 갭 대사성 산증은 주로 중탄산염의 직접적인 손실(예: 심한 설사, 신세뇨관 산증)이나 염소 이온의 과도한 흡수(예: 염화암모늄 투여)로 인해 발생한다.

글을 마치며

1980년대 초 의과대학에 다니던 시절, Guyton 생리학 교과서의 신장 부분을 읽으면서 신장 기능을 올바르게 이해하는 것이 어렵다고 느끼면서도 관심을 두기 시작했습니다. 모교 병원에서 인턴과 내과 전공의 수련을 시작하면서 수분, 전해질, 산-염기 대사에 대해 더 깊이 공부하게 되었고, 군의관 복무를 마칠 무렵 당시 내과 전임의 과정이 국내에 처음으로 도입되었는데, 신장내과 분과 전임의 과정을 시작하면서 환자 진료뿐만 아니라 신장 연구도 조금씩 접하게 되었습니다. 전임의 과정을 수료한 후 곧이어, 경북대 의과대학 조동규 교수님, 서울대 의과대학 한진석 교수님, 가톨릭대 의과대학 김진 교수님 덕분에, 수분통로단백질(aquaporin, AQP)을 연구하는 덴마크 오후스대(Aarhus University) 의과대학 세포생물학교실의 Søren Nielsen 교수 실험실로 유학을 떠나게 되었습니다. 감사하게도 그곳 실험실에서 오랜 기간 연구할 수 있어서, 세포막 단백질, 특히 수분통로단백질과 소듐 수송체(sodium transporter) 발현과 이를 조절하는 분자 기전 및 병태생리학을 전공하며 학위도 받게 되었습니다.

Good old days였던 1997년부터 2000년까지 Research Associate로서, 그리고 2001년부터 2011년까지 10년 동안은 Water and Salt Research Center의 방문교수로서 덴마크 오후

스대 의과대학 세포생물학교실에서 실험 연구를 하였습니다. 세포생물학교실의 오랜 연구 주제는 '신장 세뇨관의 형태와 기능 연구'였습니다. 옆 건물에 위치한 생리학교실에서는 주로 bicarbonate transporter 연구를 하고, 생물리학교실에서는 Na^+,K^+-ATPase 연구(Jens C. Skou 교수가 1997년 노벨화학상을 수상함)에 집중하고 있었기에 서로 긴밀한 공동연구가 이루어졌습니다.

당시 그곳에는 세계적으로 저명한 신장학 및 세포생물학 연구자들이 많았고, 그분들로부터 세뇨관의 구조와 기능뿐만 아니라 연구자로서 갖추어야 할 자세까지 폭넓게 배울 수 있었습니다. 전자현미경 연구의 선구자로서 세뇨관 형태를 연구한 Arvid Maunsbach 교수, Proximal tubule의 endocytosis를 연구한 Erik I. Christensen 교수, Intercalated cell의 구조와 기능을 연구한 Jens Dorup 교수, 당뇨병성 사구체 경화증을 연구한 Ruth Rasch 교수, 그리고 Aquaporin 연구의 Søren Nielsen 교수가 세포생물학교실의 주요 교수진이었습니다. 생물리학교실에는 Jens C. Skou 교수(1997년 노벨화학상 수상자), 그리고 생리학교실에는 Bicarbonate 수송체를 연구한 Christian Aalkjaer 교수가 있었습니다. Aquaporin과 sodium transporter 공동연구를 진행하면서 미국 NIH의 Mark Knepper 박사와 Johns Hopkins대 의과대학의 Peter Agre 교수(2003년 노벨화학상 수상자)로부터도 많은 도움과 지도를 받았습니다. 학교 건너에 있었던 오후스 대학병원에는 요로 폐쇄의 병태생리와 신장 섬유화를 연구한 Jørgen Frøkiaer 교수, Jens C. Djurhuus 교수, 그리고 당뇨병성 신증에서 microalbuminuria

의 임상적 중요성을 밝힌 Carl E. Mogensen 교수가 내분비 내과에서 근무하였습니다.

Søren Nielsen 교수와 Jørgen Frøkiaer 교수 실험실에는 덴마크뿐만 아니라 유럽 각지에서 온 연구원들이 많았습니다. 늦은 밤까지 함께 실험하고 토론하고 논문을 쓰면서 동고동락한 동료 덕분에 큰 힘을 얻을 수 있었습니다. 특히 Birgitte Christensen, David Marples, Rikke Nielsen은 제가 실험실에 도착한 직후부터 그곳 생활에 잘 적응할 수 있도록 도움을 주었으며, Jytte Kragelund와 Dorrit Ipsen은 오랜 기간 성심껏 행정 사무를 지원해 주었습니다. 조직 절편은 Inger Merete Paulsen, 그리고 전자현미경 실험에는 Karen Thomsen의 도움이 큰 힘이 되었습니다. 그 시절은 실험 연구 탓에 힘들고 어려웠던 적도 많았지만, 돌아보면 오직 실험에만 모든 시간과 노력을 집중하며 몰두할 수 있었던 소중하고 행복한 순간이기도 하였습니다. 그런 이유로 국내에 돌아와서도 임상이 아닌 기초의학교실에서 근무하면서 수분통로단백 연구를 계속 진행할 수 있었습니다. 국내에서도 공동연구를 같이 하였던 한양대 의과대학 김근호 교수, 전남대 의과대학 김수완 교수, 가톨릭대 의과대학 한기환 교수(현재 이화여대 의과대학)와 김완영 박사(현재 아주대 의과대학), 동국대 의과대학 정용욱 교수, 서울대 치의학대학원 박경표 교수, 한국기초과학지원연구원 황금숙 박사, 서울대 공과대학 서갑양 교수, 그리고 곁에서 많은 지원을 아끼지 않았던 경북대 의과대학 동료 교수들께 감사를 드립니다.

그 후 많은 시간이 흘렀지만, 덴마크의 긴 겨울이 지나고 봄이 다시 기지개를 켤 무렵인 4월이 돌아오면, 오후스 대학교 실험실 창 너머 파란 잔디밭 위로 피어오르던 아지랑이가 아직도 눈에 선합니다. 찬 바람이 불고 긴 겨울이 시작되려는 10월, 철새들이 따뜻한 보금자리를 찾아 푸른 하늘 높이 어디론가 떠나던 모습도 잘 잊히질 않습니다. 추운 나라였지만 연구 환경만큼은 한 가족처럼 정겹고 따뜻했으며, 여러 선생님과 동료의 따뜻한 정이 있었기에 어려움도 이겨낼 수 있었습니다.

> The composition of the body fluids is determined not by what the mouth takes in but by what the kidneys keep.
> (체액의 조성은 입으로 무엇을 섭취하느냐가 아니라 신장이 무엇을 남겨 두느냐에 의해 결정된다.)
>
> – Homer W. Smith

지난 30년 동안 신장 세뇨관 운반체 막 단백질 조절 기전과 다양한 신장 질환의 병인에 관한 연구를 수행하고 논문을 발표하면서 얻은 새로운 결과들과 학교에서 제자들을 가르치면서 생각하고 느꼈던 경험들을 바탕으로 신장 생리학이라는 거대 학문을 제가 이해하는 범위와 관점에서 다시 정리해 보고자 용기를 냈습니다. 비록 제한적인 지식이지만 신장학에 흥미를 느끼고 교과서를 읽던 학창 시절을 떠올리며 다시 공부하는 마음으로 이 책 『신장의 분자생리학적 이해』를 집필하게 되었습니다. 수분통로단백에 관해서는 외국 저서에 챕터를 몇 차례 집필한 적은 있었으나, 이 책에서는 신장의 전반적인 기능, 특히 신장 세뇨관 막 수송체의 발현과 조절에 관한 내용을 한글로 가능한 한 자세히 풀어서 새롭게 기술하고자 하였습니다. 주요 참고문헌도 인용하여 같이 정리하였습니다. 간결하고 명확하게 집필하고자 한 처음 의도와는 달리 최종본은 읽기 어렵고 방대한 분량이 되어 버린 느낌도 들고, 수송체 단백질의 조절 자체가 서로 상이한 기전들이 많아 이를 단순화하는 과정에서 기술에 큰 오류를 범하지는 않았을까 염려가 되기도 합니다. 다만, 이 책의 집필을 시작하면서 원하였던 것은 의학에 입문하는 의대생들과 이제 막 신장학 연구를 시작하는 연구자들이 이 책을 통해 신장이라는 장기에 관심을 두고 그 기능을 이해하는 데 조금이나마 도움이 되고자 한 것입니다.

마지막으로, 지금까지 저와 함께 실험 연구를 진행하였던 실험실 제자들 - 이유정 박사, 박혜정 박사, Johns Hopkins대 의과대학 정현준 교수, 미국 Emulate 장경진 박사, 대구경북첨단의료복합단지 신약개발지원센터 최효정 박사, 미국 NIH 박의정 박사, 경북대 의과대학 미생물학교실 이미숙 박사, 덴마크 Aarhus대 Michal Oklinski 박사, Jakob Nielsen 박사, 한국뇌연구원 최홍석 박사, 실험실의 장효주 박사, 김유진 박사, 그리고 송인경 석사, 김효영 석사, 김재은 석사, 조정인 석사, 김다솜 석사, 유재훈 석사, 임정숙 선생 - 그리고 단기간 실험실을 방문해서 열심히 실험연구를 하고 논문을 발표하였던 Riikka Riihonen, Inge Carlsen, Helene H. Jensen, Stine J. Tingskov, Jingchao Li, Mathilde K. Kristensen 학생들 모두에게 고마움을 전합니다. 제가 가르친 모든 제자의 기억 속에 부끄럽지 않은 선생이었기를 바랄 뿐입니다.

신장학 연구를 함께한 많은 동료와 제자들이 아니더라도 저에게는 삶의 고비마다 넓은 나무 그늘과 굳센 버팀목이 되어 주신 고마운 분들이 계셨습니다. 분주하였던 학교 보직 활동으로 인해 몇 년간 미루어 두었던 이 원고를 지난 일 년 몇 개월 동안 동인 행림 연구실에서 다시 펼쳐 들 수 있었습니다. 백 년 역사를 품은 경북대학교 의과대학 본관 앞 아름드리나무가 계절에 따라 형형색색 물들어 가는 모습과 개교 100주년을 기념하면서 식수한 백일홍 나무가 붉은 잎으로 스스로를 치장하는 모습을 바라보며 시간의 흐름을 되새기는 가운데, 글을 마무리합니다.

참고문헌

제1장 | 총론

1. Epidemiology of chronic kidney disease: an update 2022. Kidney Int Suppl(2011). 12(1):7-11, 2022.
2. Obstructive nephropathy and molecular pathophysiology of renal interstitial fibrosis. Physiol Rev 103: 2827-2872, 2023.
3. Systems biology: Metabonomics. Nature 455: 1054-1056, 2008.
4. Metabolic profiling of kidney and urine in rats with lithium-induced nephrogenic diabetes insipidus by ^{1}H-NMR-based metabonomics. Am J Physiol Renal Physiol 298: F461-470, 2010.
5. Metabonomic analysis of serum metabolites in kidney transplant recipients with cyclosporine A- or tacrolimus-based immunosuppression. Transplantation 90: 748-756, 2010.
6. Estimating glomerular number in situ using magnetic resonance imaging and biopsy. Kidney Int 45: 1668-1672, 1994.
7. Reduced nephron number and glomerulomegaly in Australian Aborigines: a group at high risk for renal disease and hypertension. Kidney Int 70: 104-110, 2006.
8. Glomerular number and size variability and risk for kidney disease. Curr Opin Nephrol Hypertens 20: 7-15, 2011.
9. Nephron number and individual glomerular volumes in male Caucasian and African American subjects. Nephrol Dial Transplant 24: 2428-2433, 2009.
10. Proximal nephron. Compr Physiol 3: 1079-1123, 2013.
11. Regulation of erythropoiesis by hypoxia-inducible factors. Blood Rev 27: 41-53, 2013.
12. Biophysics of glomerular filtration. Compr Physiol 2: 1671-1699, 2012.
13. Ernest Henry Starling (1866-1927) on the glomerular and tubular

functions of the kidney. Nephron Physiol 126: 19–28, 2014.
14. Resolving an 80-yr-old controversy: the beginning of the modern era of renal physiology. Adv Physiol Educ 38: 286–295, 2014.
15. An analysis of the determinants of nephron filtration rate. Am J Physiol 232: F477–483, 1977.
16. Angiotensin II effects upon the glomerular microcirculation and ultrafiltration coefficient of the rat. J Clin Invest 57: 419–434, 1976.
17. Molecular make-up of the glomerular filtration barrier. Biochem Biophys Res Commun 396: 164–169, 2010.
18. The dynamics of glomerular ultrafiltration in the rat. J Clin Invest 50: 1776–1780, 1971.
19. A model of glomerular ultrafiltration in the rat. Am J Physiol 223: 1178–1183, 1972.
20. Determinants of glomerular filtration rate. Annu Rev Physiol 38: 11–19, 1976.
21. Nephron adaptation to renal injury or ablation. Am J Physiol 249: F324–337, 1985.
22. The hyperfiltration theory: a paradigm shift in nephrology. Kidney Int 49: 1774–1777, 1996.
23. The glomerulus-a view from the inside-the endothelial cell. Int J Biochem Cell Biol 42: 1388–1397, 2010.
24. Pressure in the glomerular capillaries of the rat kidney and its relation to arterial blood pressure. Pflugers Arch Gesamte Physiol Menschen Tiere 288: 369–374, 1966.
25. Molecular basis of proteinuria of glomerular origin. N Engl J Med 298: 826–833, 1978.
26. The glomerular basement membrane as a barrier to albumin. Nat Rev Nephrol 9: 470–477, 2013.
27. Nephrin is specifically located at the slit diaphragm of glomerular podocytes. Proc Natl Acad Sci U S A 96: 7962–7967, 1999.
28. Alport's syndrome, Goodpasture's syndrome, and type IV collagen. N Engl J Med 348: 2543–2556, 2003.
29. A potential role for mechanical forces in the detachment of podocytes and

the progression of CKD. J Am Soc Nephrol 26: 258-269, 2015.
30. Glomerular filtration: the charge debate charges ahead. Kidney Int 74: 259-261, 2008.
31. Loss of heparan sulfate glycosaminoglycan assembly in podocytes does not lead to proteinuria. Kidney Int 74: 289-299, 2008.
32. Revisiting the glomerular charge barrier in the molecular era. Curr Opin Nephrol Hypertens 17: 393-398, 2008.
33. Trafficking to the apical and basolateral membranes in polarized epithelial cells. J Am Soc Nephrol 25: 1375-1386, 2014.
34. Epithelial transport in The Journal of General Physiology. J Gen Physiol 149: 897-909, 2017.
35. The polarized expression of Na^+,K^+-ATPase in epithelia depends on the association between beta-subunits located in neighboring cells. Mol Biol Cell 16: 1071-1081, 2005.
36. Organization and execution of the epithelial polarity programme. Nat Rev Mol Cell Biol 15: 225-242, 2014.
37. Protein complexes that control renal epithelial polarity. Am J Physiol Renal Physiol 300: F589-601, 2011.
38. Intracellular protein topogenesis. Proc Natl Acad Sci U S A 77: 1496-1500, 1980.
39. The role of topogenic sequences in the movement of proteins through membranes. Biochem J 246: 249-261, 1987.
40. Signals for sorting of transmembrane proteins to endosomes and lysosomes. Annu Rev Biochem 72: 395-447, 2003.
41. Self-organization of apical membrane protein sorting in epithelial cells. FEBS J 289: 659-670, 2022.
42. Transfer of proteins across membranes. I. Presence of proteolytically processed and unprocessed nascent immunoglobulin light chains on membrane-bound ribosomes of murine myeloma. J Cell Biol 67: 835-851, 1975.
43. Sodium, bicarbonate, and chloride absorption by the proximal tubule. Am J Physiol 244: F461-471, 1983.
44. Ion exchangers mediating NaCl transport in the proximal tubule. Wien

Klin Wochenschr 109: 435–440, 1997.

45. Bicarbonate transport along the loop of Henle: molecular mechanisms and regulation. J Nephrol 15 Suppl 5: S88–96, 2002.
46. State of knowledge on ammonia handling by the kidney. Pflugers Arch 476: 517–531, 2024.
47. Ammonia Transporters and Their Role in Acid–Base Balance. Physiol Rev 97: 465–494, 2017.
48. Molecular mechanisms of renal ammonia transport. Annu Rev Physiol 69: 317–340, 2007.
49. Ammonium transport in collecting ducts. Miner Electrolyte Metab 16: 299–307, 1990.
50. Role of countercurrent multiplication in renal ammonium handling: regulation of medullary ammonium accumulation. J Am Soc Nephrol 2: 77–83, 1991.
51. Defective proximal tubular fluid reabsorption in transgenic aquaporin–1 null mice. Proc Natl Acad Sci U S A 95: 9660–9664, 1998.
52. Disorders of proximal nephron function. Am J Med 72: 275–288, 1982.
53. Micropuncture: unlocking the secrets of renal function. Am J Physiol Renal Physiol 287: F866–867, 2004.
54. Evidence that the mammalian nephron functions as a countercurrent multiplier system. Science 128: 594, 1958.
55. Micropuncture study of the mammalian urinary concentrating mechanism: evidence for the countercurrent hypothesis. Am J Physiol 196: 927–936, 1959.
56. The loop of Henle as the milestone of mammalian kindey concentrating ability: a historical review. Acta Med Hist Adriat 12: 413–428, 2014.
57. Reduced water permeability and altered ultrastructure in thin descending limb of Henle in aquaporin–1 null mice. J Clin Invest 103: 491–496, 1999.
58. The importance of aquaporin water channel protein structures. EMBO J 19: 800–806, 2000.
59. A model experiment on the problem of urine concentration. Helv Physiol Pharmacol Acta 9: C 26–27, 1951.
60. Trafficking and regulation of the NKCC2 cotransporter in the thick

ascending limb. Curr Opin Nephrol Hypertens 26: 392–397, 2017.
61. Thick ascending limb of the loop of Henle. Clin J Am Soc Nephrol 9: 1974–1986, 2014.
62. Integrated control of Na transport along the nephron. Clin J Am Soc Nephrol 10: 676–687, 2015.
63. Thick ascending limb: the Na^{+}:K^{+}:$2Cl^{-}$ co-transporter, NKCC2, and the calcium-sensing receptor, CaSR. Pflugers Arch 458: 61–76, 2009.
64. Calcium Transport in the Kidney and Disease Processes. Front Endocrinol (Lausanne) 12: 762130, 2021.
65. Claudins in kidney health and disease. Kidney Res Clin Pract 41: 275–287, 2022.
66. Claudin-2-deficient mice are defective in the leaky and cation-selective paracellular permeability properties of renal proximal tubules. Proc Natl Acad Sci U S A 107(17):8011–6, 2010.
67. Claudin-14 regulates renal Ca^{2+} transport in response to CaSR signalling via a novel microRNA pathway. EMBO J 31: 1999–2012, 2012.
68. Molecular mechanisms altering tubular calcium reabsorption. Pediatr Nephrol 37: 707–718, 2022.
69. Claudins and the kidney. J Am Soc Nephrol 26: 11–19, 2015.
70. Hyperplasia of the juxtaglomerular complex with hyperaldosteronism and hypokalemic alkalosis. A new syndrome. Am J Med 33: 811–828, 1962.
71. The molecular basis of inherited hypokalemic alkalosis: Bartter's and Gitelman's syndromes. Am J Physiol 271: F961–966, 1996.
72. Bartter's syndrome, hypokalaemic alkalosis with hypercalciuria, is caused by mutations in the Na-K-2Cl cotransporter NKCC2. Nat Genet 13: 183–188, 1996.
73. Genetic heterogeneity of Bartter's syndrome revealed by mutations in the K+ channel, ROMK. Nat Genet 14: 152–156, 1996.
74. Transport numbers in transdermal iontophoresis. Biophys J 90: 2822–2830, 2006.
75. Role of NH_3 and NH_4^{+} transporters in renal acid-base transport. Am J Physiol Renal Physiol 300: F11–23, 2011.
76. AE2 isoforms in rat kidney: immunohistochemical localization and

regulation in response to chronic NH_4Cl loading. Am J Physiol Renal Physiol 286: F1163–1170, 2004.

77. Regional and segmental localization of AE2 anion exchanger mRNA and protein in rat kidney. Am J Physiol 269: F461–468, 1995.
78. Molecular pathogenesis of pseudohypoaldosteronism type II: generation and analysis of a Wnk4(D561A/+) knockin mouse model. Cell Metab 5: 331–344, 2007.
79. Epithelial Ca^{2+} entry channels: transcellular Ca^{2+} transport and beyond. J Physiol 551: 729–740, 2003.
80. Mechanism of calcium transport stimulated by chlorothiazide in mouse distal convoluted tubule cells. J Clin Invest 90: 429–438, 1992.
81. Molecular physiology of water balance. N Engl J Med 372: 1349–1358, 2015.
82. 2003 Nobel Prize winner in chemistry. J Am Soc Nephrol 15: 1093–1095, 2004.
83. Aquaporin water channels (Nobel Lecture). Angew Chem Int Ed Engl 43: 4278–4290, 2004.
84. Purification and partial characterization of the Mr 30,000 integral membrane protein associated with the erythrocyte Rh(D) antigen. J Biol Chem 262: 17497–17503, 1987.
85. Identification, purification, and partial characterization of a novel Mr 28,000 integral membrane protein from erythrocytes and renal tubules. J Biol Chem 263: 15634–15642, 1988.
86. Aquaporin CHIP: the archetypal molecular water channel. Am J Physiol 265: F463–476, 1993.
87. Mutations in aquaporin-1 in phenotypically normal humans without functional CHIP water channels. Science 265: 1585–1587, 1994.
88. Aquaporin water channels-from atomic structure to clinical medicine. J Physiol 542: 3–16, 2002.
89. CHIP28 water channels are localized in constitutively water-permeable segments of the nephron. J Cell Biol 120: 371–383, 1993.
90. Aquaporins in the kidney: from molecules to medicine. Physiol Rev 82: 205–244, 2002.

91. Physiology and pathophysiology of renal aquaporins. Semin Nephrol 21: 231-238, 2001.
92. Aquaporins in the kidney. Handb Exp Pharmacol 95-132, 2009.
93. Physiology and pathophysiology of renal aquaporins. J Am Soc Nephrol 10: 647-663, 1999.
94. Regulation of collecting duct AQP3 expression: response to mineralocorticoid. Am J Physiol Renal Physiol 283: F1403-1421, 2002.
95. AQP3, p-AQP2, and AQP2 expression is reduced in polyuric rats with hypercalcemia: prevention by cAMP-PDE inhibitors. Am J Physiol Renal Physiol 283: F1313-1325, 2002.
96. Altered expression of selected genes in kidney of rats with lithium-induced NDI. Am J Physiol Renal Physiol 288: F1276-1289, 2005.
97. Altered expression of renal AQPs and Na^+ transporters in rats with lithium-induced NDI. Am J Physiol Renal Physiol 279: F552-564, 2000.
98. Regulation and dysregulation of aquaporins in water balance disorders. J Intern Med 261: 53-64, 2007.
99. Aquaporin-6: An intracellular vesicle water channel protein in renal epithelia. Proc Natl Acad Sci U S A 96: 5808-5813, 1999.
100. Rapid gating and anion permeability of an intracellular aquaporin. Nature 402: 184-187, 1999.
101. Regulation of AQP6 mRNA and protein expression in rats in response to altered acid-base or water balance. Am J Physiol Renal Physiol 279: F1014-1026, 2000.
102. Proteomic analysis of AQP11-null kidney: Proximal tubular type polycystic kidney disease. Biochem Biophys Rep 13: 17-21, 2018.
103. Aquaporin-11 knockout mice and polycystic kidney disease animals share a common mechanism of cyst formation. FASEB J 22: 3672-3684, 2008.
104. Proteomics and AQP2 regulation. J Physiol 602: 3011-3023, 2024.
105. Bayesian mapping of protein kinases to vasopressin-regulated phosphorylation sites in renal collecting duct. Am J Physiol Renal Physiol 327: F591-F598, 2024.
106. Data resource: vasopressin-regulated protein phosphorylation sites in

the collecting duct. Am J Physiol Renal Physiol 324: F43-F55, 2023.
107. Hydration for health hypothesis: a narrative review of supporting evidence. Eur J Nutr 60: 1167-1180, 2021.
108. Hormonal and Thirst Modulated Maintenance of Fluid Balance in Young Women with Different Levels of Habitual Fluid Consumption. Nutrients 8: 302, 2016.
109. Assay for the measurement of copeptin, a stable peptide derived from the precursor of vasopressin. Clin Chem 52: 112-119, 2006.
110. Association between copeptin levels and treatment responses to hypertonic saline infusion in patients with symptomatic hyponatremia: a prospective cohort study. Kidney Res Clin Pract 40: 371-382, 2021.
111. The kidney-an organ of critical importance in physiology. J Physiol 592: 3953-3954, 2014.
112. Single cell- and spatial 'Omics revolutionize physiology. Acta Physiol (Oxf) 235: e13848, 2022.
113. Pathology of Chronic Kidney Disease and Spatial Metabolomics. Semin Nephrol 44: 151579, 2024.
114. Single-cell epigenetics and multiomics analysis in kidney research. Clin Exp Nephrol 2025. doi: 10.1007/s10157-025-02679-8.
115. Kidney and Cardiovascular Effectiveness of SGLT2 Inhibitors vs GLP-1 Receptor Agonists in Type 2 Diabetes. J Am Coll Cardiol 84:696-708, 2024.
116. SGLT2 Inhibitors and GLP-1 Receptor Agonists in Diabetic Kidney Disease: Evolving Evidence and Clinical Application. Diabetes Metab J 49:386-402, 2025.
117. Development and evaluation of a chronic kidney disease risk prediction model using random forest. Front Genet 15:1409755, 2024.
118. Unraveling the epigenetic code: human kidney DNA methylation and chromatin dynamics in renal disease development. Nat Commun. 15:873, 2024.
119. Deep generative models design mRNA sequences with enhanced translational capacity and stability. Science: doi: 10.1126/science.adr8470, 2025.
120. Learning the natural history of human disease with generative

transformers. Nature. doi: 10.1038/s41586-025-09529-3, 2025.

121. Epithelial Na^+ Channels, Immune Cells, and Salt. Annu Rev Physiol 87:381-395, 2025.

제2장 | 사구체 여과

1. The structure of the human juxtaglomerular apparatus. A morphometric, lightmicroscopic study on serial sections. Virchows Arch A Pathol Anat Histol 367: 83-92, 1975.

2. The mesangial cell revisited: no cell is an island. J Am Soc Nephrol 20: 1179-1187, 2009.

3. Cell biology of mesangial cells: the third cell that maintains the glomerular capillary. Anat Sci Int 92: 173-186, 2017.

4. Nodular lesions and mesangiolysis in diabetic nephropathy. Clin Exp Nephrol 17: 3-9, 2013.

5. IgA Nephropathy. Clin J Am Soc Nephrol 12: 677-686, 2017.

6. The regulation of mesangial cell proliferation. Nephron Exp Nephrol 108: e74-79, 2008.

7. Roles of the mesangium in glomerular function. Kidney Int 49: 1583-1585, 1996.

8. The glomerular mesangial cell: an expanding role for a specialized pericyte. FASEB J 1: 272-281, 1987.

9. Contraction of cultured rat glomerular cells of apparent mesangial origin after stimulation with angiotensin II and arginine vasopressin. J Clin Invest 65: 754-760, 1980.

10. Angiotensin II receptor subtypes in cultured rat renal mesangial cells. Am J Physiol 263: F411-416, 1992.

11. Effect of mesangial cell lysis and proliferation on glomerular hemodynamics in the rat. Kidney Int 40: 705-713, 1991.

12. Mesangial cells regulate the single nephron GFR and preserve the integrity of the glomerular filtration barrier: An intravital multiphoton microscopy study. Acta Physiol (Oxf) 231: e13592, 2021.

13. Glomerular development-shaping the multi-cellular filtration unit. Semin

Cell Dev Biol 36: 39–49, 2014.

14. Regulation of filtration rate by glomerular mesangial cells in health and diabetic renal disease. Am J Kidney Dis 29: 971–981, 1997.
15. Glomerular mesangial cells: electrophysiology and regulation of contraction. Physiol Rev 78: 723–744, 1998.
16. Three-dimensional analysis of the whole mesangium in the rat. Kidney Int 50: 672–683, 1996.
17. Glomerular basement membrane heparan sulfate in health and disease: A regulator of local complement activation. Matrix Biol 57–58: 299–310, 2017.
18. Renal basement membrane components. Kidney Int 56: 2016–2024, 1999.
19. Assessment of the charge selectivity of glomerular basement membrane using Ficoll sulfate. Am J Physiol 274: F889–896, 1998.
20. Disruption of glomerular basement membrane charge through podocyte-specific mutation of agrin does not alter glomerular permselectivity. Am J Pathol 171: 139–152, 2007.
21. Heparan sulfate chains of perlecan are indispensable in the lens capsule but not in the kidney. EMBO J 22: 236–245, 2003.
22. Contribution of the endothelium to the glomerular permselectivity barrier in health and disease. Nephron Physiol 106: 19–25, 2007.
23. Glomerular endothelial glycocalyx constitutes a barrier to protein permeability. J Am Soc Nephrol 18: 2885–2893, 2007.
24. Mineralocorticoid receptor antagonism in diabetes reduces albuminuria by preserving the glomerular endothelial glycocalyx. JCI Insight 8: e154164, 2023.
25. Mature induced-pluripotent-stem-cell-derived human podocytes reconstitute kidney glomerular-capillary-wall function on a chip. Nat Biomed Eng 1: 2017.
26. Causes and consequences of proteinuria: the kidney filtration barrier and progressive renal failure. J Intern Med 254: 216–224, 2003.
27. Abnormal glomerular permeability characteristics in diabetic nephropathy: implications for the therapeutic use of low-molecular weight heparin. Diabetes Care 31 Suppl 2: S202–207, 2008.

28. Heparanase in Kidney Disease. Adv Exp Med Biol 1221: 647–667, 2020.
29. Increased expression of heparanase in overt diabetic nephropathy. Kidney Int 70: 2100–2108, 2006.
30. Heparanase is essential for the development of diabetic nephropathy in mice. Diabetes 61: 208–216, 2012.
31. Anionic charge sites in the kidney: comparison of two diabetic rat models. Ann Clin Lab Sci 29: 286–298, 1999.
32. Alterations of glomerular basement membrane charge and structure in diabetic nephropathy. Diabetologia 38: 1455–1465, 1995.
33. Reduction of heparan sulphate–associated anionic sites in the glomerular basement membrane of rats with streptozotocin–induced diabetic nephropathy. Diabetologia 38: 1169–1175, 1995.
34. The primary nephrotic syndrome in children. Identification of patients with minimal change nephrotic syndrome from initial response to prednisone. A report of the International Study of Kidney Disease in Children. J Pediatr 98: 561–564, 1981.
35. The podocyte's response to injury: role in proteinuria and glomerulosclerosis. Kidney Int 69: 2131–2147, 2006.
36. Molecular Mechanisms of Proteinuria in Minimal Change Disease. Front Med (Lausanne) 8: 761600, 2021.
37. Podocytopathies. Nat Rev Dis Primers 6: 68, 2020.
38. Angiotensin II blockade and renal protection. Curr Pharm Des 19: 3033–3042, 2013.
39. What should the physician do when creatinine increases after starting an angiotensin–converting enzyme inhibitor or an angiotensin receptor blocker? J Clin Hypertens (Greenwich) 10: 803–804, 2008.
40. The intrarenal renin–angiotensin system: from physiology to the pathobiology of hypertension and kidney disease. Pharmacol Rev 59: 251–287, 2007.
41. Contrast–induced nephropathy: pharmacology, pathophysiology and prevention. Insights Imaging 4: 811–820, 2013.
42. Biomarkers in Contrast–Induced Nephropathy: Advances in Early Detection, Risk Assessment, and Prevention Strategies. Int J Mol Sci 26:

2869, 2025.
43. Contrast material-induced nephrotoxicity and intravenous low-osmolality iodinated contrast material: risk stratification by using estimated glomerular filtration rate. Radiology 268: 719-728, 2013.
44. Pathophysiology of contrast medium-induced nephropathy. Kidney Int 68: 14-22, 2005.
45. Contrast-induced nephropathy. Eur Radiol 15 Suppl 4: D65-69, 2005.
46. Aminoglycosides: nephrotoxicity. Antimicrob Agents Chemother 43: 1003-1012, 1999.
47. Glomerular nephrotoxicity of aminoglycosides. Toxicol Appl Pharmacol 223: 86-98, 2007.
48. New insights into the mechanism of aminoglycoside nephrotoxicity: an integrative point of view. Kidney Int 79: 33-45, 2011.
49. Physiology, Glomerular Filtration Rate. In: StatPearls. Treasure Island (FL): 2025.
50. History of creatinine clearance: tribute to a forerunner. Clin Kidney J 16: 891-895, 2023.
51. New Creatinine- and Cystatin C-Based Equations to Estimate GFR without Race. N Engl J Med 385: 1737-1749, 2021.
52. Flow-dependent transport processes: filtration, absorption, secretion. Am J Physiol 243: F1-11, 1982.
53. Regulation of glomerulotubular balance. I. Impact of dopamine on flow-dependent transport. Am J Physiol Renal Physiol 303: F386-395, 2012.
54. Short-term functional adaptation of aquaporin-1 surface expression in the proximal tubule, a component of glomerulotubular balance. J Am Soc Nephrol 26: 1269-1278, 2015.
55. Regulation of glomerulotubular balance: flow-activated proximal tubule function. Pflugers Arch 469: 643-654, 2017.
56. Flow-dependent transport processes 2024: filtration, absorption, and secretion. Am J Physiol Renal Physiol 328: F627-F637, 2025.
57. Characteristics of glomerulotubular balance. Am J Physiol 244: F355-366, 1983.
58. Interactions between adenosine, angiotensin II and nitric oxide on the

afferent arteriole influence sensitivity of the tubuloglomerular feedback. Front Physiol 4: 187, 2013.
59. Role of nitric oxide deficiency in the development of hypertension in hydronephrotic animals. Am J Physiol Renal Physiol 294: F362-370, 2008.
60. Modeling the interaction between tubuloglomerular feedback and myogenic mechanisms in the control of glomerular mechanics. Front Physiol 15: 1410764, 2024.
61. Vallon V, and Thomson SC. The tubular hypothesis of nephron filtration and diabetic kidney disease. Nat Rev Nephrol 16: 317-336, 2020.
62. Renal function in diabetic disease models: the tubular system in the pathophysiology of the diabetic kidney. Annu Rev Physiol 74: 351-375, 2012.
63. Macula Densa SGLT1-NOS1-Tubuloglomerular Feedback Pathway, a New Mechanism for Glomerular Hyperfiltration during Hyperglycemia. J Am Soc Nephrol 30: 578-593, 2019.
64. Novel Filtration Markers for GFR Estimation. EJIFCC 28: 277-288, 2017.
65. Jarad G, and Miner JH. Update on the glomerular filtration barrier. Curr Opin Nephrol Hypertens 18: 226-232, 2009.
66. Selective endocytosis controls slit diaphragm maintenance and dynamics in Drosophila nephrocytes. Elife 11: 2022.
67. The glomerular filtration barrier: components and crosstalk. Int J Nephrol 2012: 749010, 2012.
68. Genome-Wide Association Studies of CKD and Related Traits. Clin J Am Soc Nephrol 15: 1643-1656, 2020.
69. Genetic risk of APOL1 and kidney disease in children and young adults of African ancestry. Curr Opin Pediatr 30: 252-259, 2018.
70. Diagnosis, Education, and Care of Patients with APOL1-Associated Nephropathy: A Delphi Consensus and Systematic Review. J Am Soc Nephrol 32: 1765-1778, 2021.
71. Recent Advances in Epigenetics of Age-Related Kidney Diseases. Genes (Basel) 13: 796, 2022.
72. Epigenetic alterations and memory: key players in the development/ progression of chronic kidney disease promoted by acute kidney injury

and diabetes. Kidney Int 107: 434–456, 2025.
73. Epigenetics of kidney disease. Cell Tissue Res 369: 75–92, 2017.
74. Epigenetics and epigenomics in diabetic kidney disease and metabolic memory. Nat Rev Nephrol 15: 327–345, 2019.
75. Risk Factors of Chronic Kidney Disease Progression: Between Old and New Concepts. J Clin Med 13: 678, 2024.
76. Obstructive nephropathy and molecular pathophysiology of renal interstitial fibrosis. Physiol Rev 103: 2827–2872, 2023.
77. Activation of the prostaglandin E_2 EP_2 receptor attenuates renal fibrosis in unilateral ureteral obstructed mice and human kidney slices. Acta Physiol (Oxf) 227: e13291, 2019.
78. A novel strategy employing the flavonoid fisetin to halt the progression of renal fibrosis in obstructive nephropathy. Kidney Res Clin Pract 42: 282–285, 2023.
79. Renal ischemia-reperfusion leads to long term infiltration of activated and effector-memory T lymphocytes. Kidney Int 75: 526–535, 2009.
80. Immune cell landscaping reveals a protective role for regulatory T cells during kidney injury and fibrosis. JCI Insight 5: e130651, 2020.
81. Pathology of Chronic Kidney Disease and Spatial Metabolomics. Semin Nephrol 44: 151579, 2024.

제3장 | 근위세뇨관

1. Surface areas of brush border and lateral cell walls in the rabbit proximal nephron. Kidney Int 8: 343–348, 1975.
2. Effects of flow rate on proximal tubule ultrastructure. Am J Physiol 253: F582–587, 1987.
3. Flow stimulated endocytosis in the proximal tubule. Curr Opin Nephrol Hypertens 24: 359–365, 2015.
4. Luminal flow rate regulates proximal tubule H-HCO_3 transporters. Am J Physiol 262: F47–54, 1992.
5. Electroneutral NaCl absorption in the proximal tubule: mechanisms of apical Na-coupled transport. Kidney Int 36: 403–411, 1989.

6. Micropuncture study of the mammalian urinary concentrating mechanism: evidence for the countercurrent hypothesis. Am J Physiol 196: 927-936, 1959.
7. Micropuncture: unlocking the secrets of renal function. Am J Physiol Renal Physiol 287: F866-867, 2004.
8. Aquaporins in the kidney: from molecules to medicine. Physiol Rev 82: 205-244, 2002.
9. Aquaporin-1 water channel expression in human kidney. J Am Soc Nephrol 8: 1-14, 1997.
10. Sodium, bicarbonate, and chloride absorption by the proximal tubule. Am J Physiol 244: F461-471, 1983.
11. Dietary phosphate and parathyroid hormone alter the expression of the calcium-sensing receptor (CaR) and the Na^+-dependent Pi transporter (NaPi-2) in the rat proximal tubule. Pflugers Arch 441: 379-387, 2000.
12. Altered expression of renal AQPs and Na^+ transporters in rats with lithium-induced NDI. Am J Physiol Renal Physiol 279: F552-564, 2000.
13. An electron microscope study of the glomerulus in nephrosis, glomerulonephritis, and lupus erythematosus. J Exp Med 106: 649-660, 1957.
14. Historical milestones in renal pathology. Virchows Arch 461: 3-11, 2012.
15. Altered expression of Na transporters NHE-3, NaPi-II, Na-K-ATPase, BSC-1, and TSC in CRF rat kidneys. Am J Physiol 277: F257-270, 1999.
16. Immunoelectron microscopic localization of the electrogenic Na/HCO_3 cotransporter in rat and ambystoma kidney. J Am Soc Nephrol 11: 2179-2189, 2000.
17. Observations on the segmentation of the proximal tubule in the rat kidney. Comparison of results from phase contrast, fluorescence and electron microscopy. J Ultrastruct Res 16: 239-258, 1966.
18. The influence of different fixatives and fixation methods on the ultrastructure of rat kidney proximal tubule cells. I. Comparison of different perfusion fixation methods and of glutaraldehyde, formaldehyde and osmium tetroxide fixatives. J Ultrastruct Res 15: 242-282, 1966.
19. The influence of different fixatives and fixation methods on the

ultrastructure of rat kidney proximal tubule cells. II. Effects of varying osmolality, ionic strength, buffer system and fixative concentration of glutaraldehyde solutions. J Ultrastruct Res 15: 283–309, 1966.
20. Aquaporin-6: An intracellular vesicle water channel protein in renal epithelia. Proc Natl Acad Sci U S A 96: 5808–5813, 1999.
21. Rapid gating and anion permeability of an intracellular aquaporin. Nature 402: 184–187, 1999.
22. Vasopressin V_2-receptor-dependent regulation of AQP2 expression in Brattleboro rats. Am J Physiol Renal Physiol 279: F370–382, 2000.
23. Claudins and the kidney. Annu Rev Physiol 75: 479–501, 2013.
24. Claudin-2 is selectively expressed in proximal nephron in mouse kidney. Am J Physiol Renal Physiol 281: F966–974, 2001.
25. Claudin-2-deficient mice are defective in the leaky and cation-selective paracellular permeability properties of renal proximal tubules. Proc Natl Acad Sci U S A 107: 8011–8016, 2010.
26. A Synopsis of Current Theories on Drug-Induced Nephrotoxicity. Life (Basel) 13: 2023.
27. Cellular pathophysiology of ischemic acute kidney injury. J Clin Invest 121: 4210–4221, 2011.
28. Pathophysiology of acute kidney injury. Compr Physiol 2: 1303–1353, 2012.
29. Defective proximal tubular fluid reabsorption in transgenic aquaporin-1 null mice. Proc Natl Acad Sci U S A 95: 9660–9664, 1998.
30. Fluid reabsorption in proximal convoluted tubules of mice with gene deletions of claudin-2 and/or aquaporin1. Am J Physiol Renal Physiol 305:F1352-1364, 2013.
31. A single gene product, claudin-1 or -2, reconstitutes tight junction strands and recruits occludin in fibroblasts. J Cell Biol 143: 391–401, 1998.
32. Paracellin-1, a renal tight junction protein required for paracellular Mg^{2+} resorption. Science 285: 103–106, 1999.
33. Claudins and the kidney. J Am Soc Nephrol 26: 11–19, 2015.
34. Mitochondrial energetics in the kidney. Nat Rev Nephrol 13: 629–646, 2017.
35. Defective fatty acid oxidation in renal tubular epithelial cells has a key

role in kidney fibrosis development. Nat Med 21: 37-46, 2015.
36. Physiology of renal glucose handling via SGLT1, SGLT2 and GLUT2. Diabetologia 61: 2087-2097, 2018.
37. SGLT2 mediates glucose reabsorption in the early proximal tubule. J Am Soc Nephrol 22: 104-112, 2011.
38. Familial renal glucosuria and SGLT2: from a mendelian trait to a therapeutic target. Clin J Am Soc Nephrol 5: 133-141, 2010.
39. Increase in SGLT1-mediated transport explains renal glucose reabsorption during genetic and pharmacological SGLT2 inhibition in euglycemia. Am J Physiol Renal Physiol 306: F188-193, 2014.
40. Literature review on congenital glucose-galactose malabsorption from 2001 to 2019. J Paediatr Child Health 56: 1779-1784, 2020.
41.Kidney amino acid transport. Pflugers Arch 458: 53-60, 2009.
42. Amino acid transport in the renal proximal tubule. Amino Acids 19: 395-407, 2000.
43. "SLC-omics" of the kidney: solute transporters along the nephron. Am J Physiol Cell Physiol 321: C507-C518, 2021.
44. The SLC transporter in nutrient and metabolic sensing, regulation, and drug development. J Mol Cell Biol 11: 1-13, 2019.
45. The impact of solute carrier proteins on disrupting substance regulation in metabolic disorders: insights and clinical applications. Front Pharmacol 15: 1510080, 2024.
46. Amino acid transport across mammalian intestinal and renal epithelia. Physiol Rev 88: 249-286, 2008.
47. y+LAT1 and y+LAT2 contribution to arginine uptake in different human cell models: Implications in the pathophysiology of Lysinuric Protein Intolerance. J Cell Mol Med 24: 921-929, 2020.
48. Basolateral aromatic amino acid transporter TAT1 (Slc16a10) functions as an efflux pathway. J Cell Physiol 206: 771-779, 2006.
49. Gene-product designations for amino acid transporters. J Exp Biol 196: 51-57, 1994.
50. On the development of amino acid transport systems. Fed Proc 32: 19-28, 1973.

51. Renal Tubular Handling of Glucose and Fructose in Health and Disease. Compr Physiol 12: 2995-3044, 2021.
52. The role of renal proximal tubule transport in the regulation of blood pressure. Kidney Res Clin Pract 36: 12-21, 2017.
53. Proximal tubular handling of phosphate: A molecular perspective. Kidney Int 70: 1548-1559, 2006.
54. Renal phosphate handling and inherited disorders of phosphate reabsorption: an update. Pediatr Nephrol 34: 549-559, 2019.
55. Mutations in SLC20A2 link familial idiopathic basal ganglia calcification with phosphate homeostasis. Nat Genet 44: 254-256, 2012.
56. Mutations in SLC20A2 are a major cause of familial idiopathic basal ganglia calcification. Neurogenetics 14: 11-22, 2013.
57. Renal Fanconi Syndrome and Hypophosphatemic Rickets in the Absence of Xenotropic and Polytropic Retroviral Receptor in the Nephron. J Am Soc Nephrol 28: 1073-1078, 2017.
58. Regulation and function of the FGF23/klotho endocrine pathways. Physiol Rev 92: 131-155, 2012.
59. FGF23: a key player in mineral and bone disorder in CKD. Nefrologia 29: 392-396, 2009.
60. Fibroblast growth factor 23 and left ventricular hypertrophy in chronic kidney disease. Circulation 119: 2545-2552, 2009.
61. FGF-23 is a potent regulator of vitamin D metabolism and phosphate homeostasis. J Bone Miner Res 19: 429-435, 2004.
62. Renal Production, Uptake, and Handling of Circulating alphaKlotho. J Am Soc Nephrol 27: 79-90, 2016.
63. Phosphaturia in magnesium-deficient rats. Am J Physiol 212: 1347-1350, 1967.
64. Magnesium basics. Clin Kidney J 5: i3-i14, 2012.
65. Magnesium deficiency regulates vitamin D metabolizing enzymes and type II sodium-phosphate cotransporter mRNA expression in rats. Magnes Res 26: 83-86, 2013.
66. Activation of dopamine D1-like receptors induces acute internalization of the renal Na^+/phosphate cotransporter NaPi-IIa in mouse kidney and OK

cells. Am J Physiol Renal Physiol 288: F740-747, 2005.
67. Renal phosphaturia during metabolic acidosis revisited: molecular mechanisms for decreased renal phosphate reabsorption. Pflugers Arch 457: 539-549, 2008.
68. Mineral and Electrolyte Disorders With SGLT2i Therapy. JBMR Plus 3: e10242, 2019.
69. Critical Analysis of the Effects of SGLT2 Inhibitors on Renal Tubular Sodium, Water and Chloride Homeostasis and Their Role in Influencing Heart Failure Outcomes. Circulation 148: 354-372, 2023.
70. The Off-Target Effects, Electrolyte and Mineral Disorders of SGLT2i. Molecules 25: 2020.
71. A role for tubular Na^+/H^+ exchanger NHE3 in the natriuretic effect of the SGLT2 inhibitor empagliflozin. Am J Physiol Renal Physiol 319: F712-F728, 2020.
72. SGLT2 inhibition and renal urate excretion: role of luminal glucose, GLUT9, and URAT1. Am J Physiol Renal Physiol 316: F173-F185, 2019.
73. SGLT2 Inhibition and Kidney Potassium Homeostasis. Clin J Am Soc Nephrol 19: 399-405, 2024.
74. SGLT2 inhibitors: from glucose-lowering to cardiovascular benefits. Cardiovasc Res 120: 443-460, 2024.
75. The expanding role of SGLT2 inhibitors beyond glucose-lowering to cardiorenal protection. Ann Med 53: 2072-2089, 2021.
76. Sodium-glucose transporter 2 inhibitors and cardiovascular-kidney-metabolic syndrome: a narrative review. Front Endocrinol (Lausanne) 16: 1554637, 2025.
77. OAT, OATP, and MRP Drug Transporters and the Remote Sensing and Signaling Theory. Annu Rev Pharmacol Toxicol 63: 637-660, 2023.
78. The organic anion transporter (OAT) family: a systems biology perspective. Physiol Rev 95: 83-123, 2015.
79. Organic anion transporter family: current knowledge. J Pharmacol Sci 100: 411-426, 2006.
80. Molecular physiology of renal organic anion transporters. Am J Physiol Renal Physiol 290: F251-261, 2006.

81. Roles of organic anion transporters (OATs) in renal proximal tubules and their localization. Anat Sci Int 92: 200–206, 2017.
82. Drug transport by Organic Anion Transporters (OATs). Pharmacol Ther 136: 106–130, 2012.
83. Organic anion transporters: discovery, pharmacology, regulation and roles in pathophysiology. Biopharm Drug Dispos 31: 1–71, 2010.
84. Molecular and cellular physiology of renal organic cation and anion transport. Physiol Rev 84: 987–1049, 2004.
85. Renal transport of organic anions and cations. Compr Physiol 1: 1795–1835, 2011.
86. Polyspecific organic cation transporters: structure, function, physiological roles, and biopharmaceutical implications. Pharm Res 24: 1227–1251, 2007.
87. Physiological and pharmacokinetic roles of H^+/organic cation antiporters (MATE/SLC47A). Biochem Pharmacol 75: 1689–1696, 2008.
88. Organic cation transporters 2: Structure, regulation, functions, and clinical implications. Drug Metab Dispos 53: 100044, 2025.
89. The regulation of proximal tubular salt transport in hypertension: an update. Curr Opin Nephrol Hypertens 18: 412–420, 2009.
90. Angiotensin II AT1 receptor blockade decreases vasopressin–induced water reabsorption and AQP2 levels in NaCl–restricted rats. Am J Physiol Renal Physiol 288: F673–684, 2005.
91. Increased AQP2 targeting in primary cultured IMCD cells in response to angiotensin II through AT1 receptor. Am J Physiol Renal Physiol 292: F340–350, 2007.
92. Angiotensin II: a powerful controller of sodium transport in the early proximal tubule. Hypertension 15: 451–458, 1990.
93. Angiotensin II counteracts the effects of cAMP/PKA on NHE3 activity and phosphorylation in proximal tubule cells. Am J Physiol Cell Physiol 311: C768–C776, 2016.
94. Oxidative stress causes renal angiotensin II type 1 receptor upregulation, Na^+/H^+ exchanger 3 overstimulation, and hypertension. Hypertension 57: 452–459, 2011.
95. Regulatory roles of nitric oxide and angiotensin II on renal tubular

transport. World J Nephrol 3: 295–301, 2014.
96. Regulation of proximal tubule transport by angiotensin II. Semin Nephrol 17: 423–430, 1997.
97. Renal phosphate transporters. Curr Opin Nephrol Hypertens 23: 502–506, 2014.
98. Parathyroid hormone treatment induces dissociation of type IIa Na^+–P_i cotransporter–Na^+/H^+ exchanger regulatory factor–1 complexes. Am J Physiol Cell Physiol 289: C159–167, 2005.
99. Regulation of phosphate transport in proximal tubules. Pflugers Arch 458: 39–52, 2009.
100. Fluid–shear–stress–induced translocation of aquaporin–2 and reorganization of actin cytoskeleton in renal tubular epithelial cells. Integr Biol (Camb) 3: 134–141, 2011.
101. Three–dimensional organization and segmental ultrastructure of rat proximal tubules. Exp Nephrol 5: 305–317, 1997.
102. Proximal nephron. Compr Physiol 3: 1079–1123, 2013.
103. Receptor–mediated endocytosis in renal proximal tubule. Pflugers Arch 458: 1039–1048, 2009.
104. Membrane receptors for endocytosis in the renal proximal tubule. Int Rev Cytol 180: 237–284, 1998.
105. Endocytic receptors in the renal proximal tubule. Physiology (Bethesda) 27: 223–236, 2012.
106. The proximal tubule and albuminuria: really! J Am Soc Nephrol 25: 443–453, 2014.
107. Chloride transporters and receptor–mediated endocytosis in the renal proximal tubule. J Physiol 593: 4151–4164, 2015.
108. Microalbuminuria: definition, detection, and clinical significance. J Clin Hypertens (Greenwich) 6: 2–7, 2004.
109. The diabetic kidney: from hyperfiltration and microalbuminuria to end–stage renal failure. Med Clin North Am 72: 1465–1492, 1988.
110. Urinary albumin excretion in early and long–term juvenile diabetes. Scand J Clin Lab Invest 28: 183–193, 1971.
111. The stages in diabetic renal disease. With emphasis on the stage of

incipient diabetic nephropathy. Diabetes 32 Suppl 2: 64-78, 1983.
112. Microalbuminuria: an early marker of renal involvement in diabetes. Uremia Invest 9: 85-95, 1985.
113. Megalin and cubilin: synergistic endocytic receptors in renal proximal tubule. Am J Physiol Renal Physiol 280: F562-573, 2001.
114. Megalin and cubilin-the story of two multipurpose receptors unfolds. Nephrol Dial Transplant 17: 1867-1871, 2002.
115. Endocytic adaptation to functional demand by the kidney proximal tubule. J Physiol 599: 3437-3446, 2021.
116. Albumin is recycled from the primary urine by tubular transcytosis. J Am Soc Nephrol 24: 1966-1980, 2013.
117. Albumin uptake and processing by the proximal tubule: physiological, pathological, and therapeutic implications. Physiol Rev 102: 1625-1667, 2022.
118. Transforming growth factor-beta1 reduces megalin- and cubilin-mediated endocytosis of albumin in proximal-tubule-derived opossum kidney cells. J Physiol 552: 471-481, 2003.
119. Imerslund-Grasbeck syndrome (selective vitamin B(12) malabsorption with proteinuria). Orphanet J Rare Dis 1: 17, 2006.
120. CUBN is a gene locus for albuminuria. J Am Soc Nephrol 22: 555-570, 2011.
121. Controversies in nephrology: renal albumin handling, facts, and artifacts! Kidney Int 72: 1192-1194, 2007.

제4장 | 헨레고리 내림가는다리와 오름가는다리

1. A standard nomenclature for structures of the kidney. The Renal Commission of the International Union of Physiological Sciences (IUPS). Kidney Int 33: 1-7, 1988.
2. Structure and function of the thin limbs of the loop of Henle. Compr Physiol 2: 2063-2086, 2012.
3. Mammalian distal tubule: physiology, pathophysiology, and molecular anatomy. Physiol Rev 80: 277-313, 2000.

4. Sodium chloride and water transport in the descending limb of Henle. J Clin Invest 49: 1838–1846, 1970.
5. Urine-concentrating mechanism in the inner medulla: function of the thin limbs of the loops of Henle. Clin J Am Soc Nephrol 9: 1781–1789, 2014.
6. Countercurrent exchange in the renal medulla. Am J Physiol Regul Integr Comp Physiol 284: R1153–1175, 2003.
7. Reduced water permeability and altered ultrastructure in thin descending limb of Henle in aquaporin-1 null mice. J Clin Invest 103: 491–496, 1999.
8. Claudin-2 is selectively expressed in proximal nephron in mouse kidney. Am J Physiol Renal Physiol 281: F966–974, 2001.
9. Claudins and the kidney. Annu Rev Physiol 75: 479–501, 2013.
10. Expression of claudin-7 and -8 along the mouse nephron. Am J Physiol Renal Physiol 286: F1063–1071, 2004.
11. Unrecognized role of claudin-10b in basolateral membrane infoldings of the thick ascending limb. Ann N Y Acad Sci 1517: 266–278, 2022.
12. Concentration of urine in a central core model of the renal counterflow system. Kidney Int 2: 85–94, 1972.
13. Paracellin-1 and the modulation of ion selectivity of tight junctions. J Cell Sci 118: 5109–5118, 2005.
14. Claudins and paracellular transport: an update. Curr Opin Nephrol Hypertens 16: 459–464, 2007.
15. Claudin-16 and claudin-19 function in the thick ascending limb. Curr Opin Nephrol Hypertens 19: 483–488, 2010.
16. Aquaporin-1 water channel expression in human kidney. J Am Soc Nephrol 8: 1–14, 1997.
17. Ultrastructural localization of UT-A and UT-B in rat kidneys with different hydration status. Am J Physiol Regul Integr Comp Physiol 290: R479–492, 2006.
18. Transepithelial water and urea permeabilities of isolated perfused Munich-Wistar rat inner medullary thin limbs of Henle's loop. Am J Physiol Renal Physiol 306: F123–129, 2014.
19. Impaired urea accumulation in the inner medulla of mice lacking the urea transporter UT-A2. Mol Cell Biol 25: 7357–7363, 2005.

20. UT-A2: a 55-kDa urea transporter in thin descending limb whose abundance is regulated by vasopressin. Am J Physiol Renal Physiol 278: F52-62, 2000.
21. Descending thin limb of the intermediate loop expresses both aquaporin 1 and urea transporter A2 in the mouse kidney. Histochem Cell Biol 146: 1-12, 2016.
22. Analysis of NaCl transport in thin ascending limb of Henle's loop in CLC-K1 null mice. Am J Physiol Renal Physiol 282: F451-457, 2002.
23. Mechanism of sodium and chloride transport in the thin ascending limb of Henle. J Clin Invest 58: 1054-1060, 1976.
24. Isolation and characterization of kidney-specific ClC-K1 chloride channel gene promoter. Am J Physiol 274: F602-610, 1998.
25. Localization and functional characterization of rat kidney-specific chloride channel, ClC-K1. J Clin Invest 95: 104-113, 1995.
26. Sodium chloride, urea, and water transport in the thin ascending limb of Henle. Generation of osmotic gradients by passive diffusion of solutes. J Clin Invest 53: 393-402, 1974.
27. New insights into urea and glucose handling by the kidney, and the urine concentrating mechanism. Kidney Int 81: 1179-1198, 2012.

제5장 | 굵은오름다리와 원위세뇨관

1. Mammalian distal tubule: physiology, pathophysiology, and molecular anatomy. Physiol Rev 80: 277-313, 2000.
2. Morphology of the ascending thick limb of Henle. Kidney Int 9: 8-22, 1976.
3. Thick ascending limb of the loop of Henle. Clin J Am Soc Nephrol 9: 1974-1986, 2014.
4. Axial heterogeneity of potassium transport across hamster thick ascending limb of Henle's loop. Am J Physiol 267: F121-129, 1994.
5. Characterization and separation of an inhibitor of viral hemagglutination present in urine. Proc Soc Exp Biol Med 74: 106-108, 1950.
6. Uromodulin: a unique 85-kilodalton immunosuppressive glycoprotein isolated from urine of pregnant women. Science 229: 479-481, 1985.

7. The rediscovery of uromodulin (Tamm-Horsfall protein): from tubulointerstitial nephropathy to chronic kidney disease. Kidney Int 80: 338-347, 2011.
8. Mechanistic interactions of uromodulin with the thick ascending limb: perspectives in physiology and hypertension. J Hypertens 39: 1490-1504, 2021.
9. The serine protease hepsin mediates urinary secretion and polymerisation of Zona Pellucida domain protein uromodulin. Elife 4: e08887, 2015.
10. Activation of the bumetanide-sensitive $Na^+,K^+,2Cl^-$ cotransporter (NKCC2) is facilitated by Tamm-Horsfall protein in a chloride-sensitive manner. J Biol Chem 286: 30200-30210, 2011.
11. Tamm-Horsfall glycoprotein interacts with renal outer medullary potassium channel ROMK2 and regulates its function. J Biol Chem 286: 2224-2235, 2011.
12. Evolving Concepts in Uromodulin Biology, Physiology, and Its Role in Disease: a Tale of Two Forms. Hypertension 79: 2409-2418, 2022.
13. Common noncoding UMOD gene variants induce salt-sensitive hypertension and kidney damage by increasing uromodulin expression. Nat Med 19: 1655-1660, 2013.
14. Uromodulin upregulates TRPV5 by impairing caveolin-mediated endocytosis. Kidney Int 84: 130-137, 2013.
15. Tamm-Horsfall protein knockout mice are more prone to urinary tract infection: rapid communication. Kidney Int 65: 791-797, 2004.
16. Progressive renal papillary calcification and ureteral stone formation in mice deficient for Tamm-Horsfall protein. Am J Physiol Renal Physiol 299: F469-478, 2010.
17. Tamm-Horsfall glycoprotein links innate immune cell activation with adaptive immunity via a Toll-like receptor-4-dependent mechanism. J Clin Invest 115: 468-475, 2005.
18. Tamm-Horsfall Protein Regulates Granulopoiesis and Systemic Neutrophil Homeostasis. J Am Soc Nephrol 26: 2172-2182, 2015.
19. Uromodulin triggers IL-1beta-dependent innate immunity via the NLRP3 inflammasome. J Am Soc Nephrol 23: 1783-1789, 2012.

20. Uromodulin modulates mitochondria and kidney tubule resilience. J Clin Invest 135: e193829, 2025.
21. Alternative splicing of uromodulin enhances mitochondrial metabolism for adaptation to stress in kidney epithelial cells. J Clin Invest 135: e183343, 2025.
22. Molecular regulation of NKCC2 in the thick ascending limb. Am J Physiol Renal Physiol 301: F1143-1159, 2011.
23. The apical 70-pS potassium K channel in the thick ascending limb of Henle's loop is a large-conductance Na^+-and Cl^--activated, K_{Na}1.1-like, channel. Am J Physiol Renal Physiol 2024. doi: 10.1152/ajprenal.00311.2023.
24. BK channels in the kidney: role in K^+ secretion and localization of molecular components. Am J Physiol Renal Physiol 291: F517-529, 2006.
25. Aquaporins in the kidney: from molecules to medicine. Physiol Rev 82: 205-244, 2002.
26. Molecular physiology of water balance. N Engl J Med 372: 1349-1358, 2015.
27. New functions and roles of the Na^+-H^+-exchanger NHE3. Pflugers Arch 476: 505-516, 2024.
28. The Na,K-ATPase. J Bioenerg Biomembr 24: 249-261, 1992.
29. The identification of the sodium pump. Biosci Rep 24: 436-451, 2004.
30. Control of NaCl transport in the thick ascending limb. Am J Physiol 246: F745-756, 1984.
31. Update on NKCC2 regulation in the thick ascending limb (TAL) by membrane trafficking, phosphorylation, and protein-protein interactions. Front Physiol 15: 1508806, 2024.
32. Molecular evidence for a role for K^+-Cl^- cotransporters in the kidney. Am J Physiol Renal Physiol 305: F1402-1411, 2013.
33. Physiology and pathophysiology of the calcium-sensing receptor in the kidney. Am J Physiol Renal Physiol 298: F485-499, 2010.
34. Thick ascending limb: the Na^+:K^+:$2Cl^-$ co-transporter, NKCC2, and the calcium-sensing receptor, CaSR. Pflugers Arch 458: 61-76, 2009.
35. Claudin-16 and claudin-19 function in the thick ascending limb. Curr Opin Nephrol Hypertens 19: 483-488, 2010.

36. Heterogeneity of tight junctions in the thick ascending limb. Ann N Y Acad Sci 1405: 5-15, 2017.
37. Control of magnesium transport in the thick ascending limb. Am J Physiol 256: F197-210, 1989.
38. Function and regulation of claudins in the thick ascending limb of Henle. Pflugers Arch 458: 77-88, 2009.
39. Quantitative phosphoproteomic analysis reveals cAMP/vasopressin-dependent signaling pathways in native renal thick ascending limb cells. Proc Natl Acad Sci U S A 107: 15653-15658, 2010.
40. Regulation of the renal-specific Na^+-K^+-$2Cl^-$ co-transporter NKCC2 by AMP-activated protein kinase (AMPK). Biochem J 405: 85-93, 2007.
41. Ubiquitination of NKCC2 by the cullin-RING E3 ubiquitin ligase family in the thick ascending limb of the loop of Henle. Am J Physiol Renal Physiol 324: F315-F328, 2023.
42. NADPH oxidase 4-derived superoxide mediates flow-stimulated NKCC2 activity in thick ascending limbs. Am J Physiol Renal Physiol 314: F934-F941, 2018.
43. Renal tubular sodium and water reabsorption in the isotonic sodium chloride-loaded rat. Am J Physiol 212: 1327-1333, 1967.
44. Localization and regulation of the rat renal Na^+-K^+-$2Cl^-$ cotransporter, BSC-1. Am J Physiol 271: F619-628, 1996.
45. Altered expression of Na transporters NHE-3, NaPi-II, Na-K-ATPase, BSC-1, and TSC in CRF rat kidneys. Am J Physiol 277: F257-270, 1999.
46. Inhibition of thick ascending limb Na^+-K^+-ATPase activity in salt-loaded rats by furosemide. Am J Physiol 256: F549-555, 1989.
47. Impaired renal NaCl absorption in mice lacking the ROMK potassium channel, a model for type II Bartter's syndrome. J Biol Chem 277: 37871-37880, 2002.
48. Romk1 Knockout Mice Do Not Produce Bartter Phenotype but Exhibit Impaired K Excretion. J Biol Chem 291: 5259-5269, 2016.
49. Mosaic expression of claudins in thick ascending limbs of Henle results in spatial separation of paracellular Na^+ and Mg^{2+} transport. Proc Natl Acad Sci U S A 114: E219-E227, 2017.

50. Deletion of claudin-10 (Cldn10) in the thick ascending limb impairs paracellular sodium permeability and leads to hypermagnesemia and nephrocalcinosis. Proc Natl Acad Sci U S A 109: 14241-14246, 2012.
51. Familial hypomagnesemia with hypercalciuria and nephrocalcinosis: phenotype-genotype correlation and outcome in 32 patients with CLDN16 or CLDN19 mutations. Clin J Am Soc Nephrol 7: 801-809, 2012.
52. Antenatal bartter syndrome: a review. Int J Pediatr 2012: 857136, 2012.
53. Primary molecular disorders and secondary biological adaptations in bartter syndrome. Int J Nephrol 2011: 396209, 2011.
54. Hyperplasia of the juxtaglomerular complex with hyperaldosteronism and hypokalemic alkalosis. A new syndrome. Am J Med 33: 811-828, 1962.
55. The molecular basis of inherited hypokalemic alkalosis: Bartter's and Gitelman's syndromes. Am J Physiol 271: F961-966, 1996.
56. Bartter's syndrome, hypokalaemic alkalosis with hypercalciuria, is caused by mutations in the Na-K-2Cl cotransporter NKCC2. Nat Genet 13: 183-188, 1996.
57. Genetic heterogeneity of Bartter's syndrome revealed by mutations in the K^+ channel, ROMK. Nat Genet 14: 152-156, 1996.
58. Nephrocalcinosis as adult presentation of Bartter syndrome type II. Neth J Med 72: 91-93, 2014.
59. Bartter's syndrome: clinical findings, genetic causes and therapeutic approach. World J Pediatr 17: 31-39, 2021.
60. Dominant role of prostaglandin E_2 EP_4 receptor in furosemide-induced salt-losing tubulopathy: a model for hyperprostaglandin E syndrome/antenatal Bartter syndrome. J Am Soc Nephrol 16: 2354-2362, 2005.
61. Increased renal prostaglandin E_2 secretion in Bartter's syndrome. Schweiz Med Wochenschr 107: 1870-1872, 1977.
62. Bartter's syndrome: a disorder characterized by high urinary prostaglandins and a dependence of hyperreninemia on prostaglandin synthesis. Am J Med 61: 43-51, 1976.
63. A major role for the EP_4 receptor in regulation of renin. Am J Physiol Renal Physiol 301: F1035-1041, 2011.
64. Distal convoluted tubule. Clin J Am Soc Nephrol 9: 2147-2163, 2014.

65. Long-term aldosterone administration increases renal Na^{+}-Cl^{-} cotransporter abundance in late distal convoluted tubule. Am J Physiol Renal Physiol 313: F756-F766, 2017.
66. Na^{+} channel expression and activity in the medullary collecting duct of rat kidney. Am J Physiol Renal Physiol 292: F1190-1196, 2007.
67. Basolateral Kir4.1 activity in the distal convoluted tubule regulates K secretion by determining NaCl cotransporter activity. Curr Opin Nephrol Hypertens 25: 429-435, 2016.
68. Distal convoluted tubule. Compr Physiol 5: 45-98, 2015.
69. Aldosterone induces rapid apical translocation of ENaC in early portion of renal collecting system: possible role of SGK. Am J Physiol Renal Physiol 280: F675-682, 2001.
70. Developmental expression of sodium entry pathways in rat nephron. Am J Physiol 276: F367-381, 1999.
71. A mathematical model of rat distal convoluted tubule. I. Cotransporter function in early DCT. Am J Physiol Renal Physiol 289: F699-720, 2005.
72. Regulation of the epithelial sodium channel (ENaC) by membrane trafficking. Biochim Biophys Acta 1802: 1166-1177, 2010.
73. Evolution of epithelial sodium channels: current concepts and hypotheses. Am J Physiol Regul Integr Comp Physiol 319: R387-R400, 2020.
74. Intracellular Na^{+} regulates epithelial Na^{+} channel maturation. J Biol Chem 290: 11569-11577, 2015.
75. The renal thiazide-sensitive Na-Cl cotransporter as mediator of the aldosterone-escape phenomenon. J Clin Invest 108: 215-222, 2001.
76. Sodium transporter abundance profiling in kidney: effect of spironolactone. Am J Physiol Renal Physiol 283: F923-933, 2002.
77. Activation of the thiazide-sensitive Na^{+}-Cl^{-} cotransporter by the WNK-regulated kinases SPAK and OSR1. J Cell Sci 121: 675-684, 2008.
78. The Na^{+}:Cl^{-} cotransporter is activated and phosphorylated at the amino-terminal domain upon intracellular chloride depletion. J Biol Chem 281: 28755-28763, 2006.
79. The E3 ubiquitin-protein ligase Nedd4-2 regulates the sodium chloride cotransporter NCC but is not required for a potassium-induced reduction

of NCC expression. Front Physiol 13: 971251, 2022.
80. Physiological Functions of Nedd4-2: Lessons from Knockout Mouse Models. Trends Biochem Sci 43: 635-647, 2018.
81. Aldosterone mediates activation of the thiazide-sensitive Na-Cl cotransporter through an SGK1 and WNK4 signaling pathway. J Clin Invest 119: 2601-2612, 2009.
82. Distal convoluted tubule Cl^- concentration is modulated via K^+ channels and transporters. Am J Physiol Renal Physiol 319: F534-F540, 2020.
83. Potassium homeostasis: sensors, mediators, and targets. Pflugers Arch 474: 853-867, 2022.
84. The Effect of WNK4 on the Na^+-Cl^- Cotransporter Is Modulated by Intracellular Chloride. J Am Soc Nephrol 26: 1781-1786, 2015.
85. WNK4 kinase: from structure to physiology. Am J Physiol Renal Physiol 320: F378-F403, 2021.
86. NCC regulation by WNK signal cascade. Front Physiol 13: 1081261, 2022.
87. Roles of WNK4 and SPAK in K^+-mediated dephosphorylation of the NaCl cotransporter. Am J Physiol Renal Physiol 320: F719-F733, 2021.
88. Differential roles of WNK4 in regulation of NCC in vivo. Am J Physiol Renal Physiol 314: F999-F1007, 2018.
89. WNK kinases regulate sodium chloride and potassium transport by the aldosterone-sensitive distal nephron. Kidney Int 70: 630-634, 2006.
90. WNK4 is indispensable for the pathogenesis of pseudohypoaldosteronism type II caused by mutant KLHL3. Biochem Biophys Res Commun 491: 727-732, 2017.
91. Phenotypes of pseudohypoaldosteronism type II caused by the WNK4 D561A missense mutation are dependent on the WNK-OSR1/SPAK kinase cascade. J Cell Sci 124: 1391-1395, 2011.
92. The WNK1 and WNK4 protein kinases that are mutated in Gordon's hypertension syndrome phosphorylate and activate SPAK and OSR1 protein kinases. Biochem J 391: 17-24, 2005.
93. WNK4 is the major WNK positively regulating NCC in the mouse kidney. Biosci Rep 34: e00107, 2014.
94. Hypertension Accompanied by Hyperaldosteronism, Hyperkalemia, and

Hyperchloremic Acidosis: A Case Report and Literature Review. Case Rep Endocrinol 2020: 1635413, 2020.
95. A mouse model of pseudohypoaldosteronism type II reveals a novel mechanism of renal tubular acidosis. Kidney Int 94: 514-523, 2018.
96. Angiotensin II cell signaling: physiological and pathological effects in the cardiovascular system. Am J Physiol Cell Physiol 292: C82-97, 2007.
97. A comprehensive guide to the ROMK potassium channel: form and function in health and disease. Am J Physiol Renal Physiol 297: F849-863, 2009.
98. Angiotensin II signaling increases activity of the renal Na-Cl cotransporter through a WNK4-SPAK-dependent pathway. Proc Natl Acad Sci U S A 106: 4384-4389, 2009.
99. Activation of the renal Na^{+}:Cl^{-} cotransporter by angiotensin II is a WNK4-dependent process. Proc Natl Acad Sci U S A 109: 7929-7934, 2012.
100. The effect of insulin on renal handling of sodium, potassium, calcium, and phosphate in man. J Clin Invest 55: 845-855, 1975.
101. Insulin increases the functional activity of the renal NaCl cotransporter. J Hypertens 31: 303-311, 2013.
102. Phosphatidylinositol 3-kinase/Akt signaling pathway activates the WNK-OSR1/SPAK-NCC phosphorylation cascade in hyperinsulinemic db/db mice. Hypertension 60: 981-990, 2012.
103. Spectrum of mutations in Gitelman syndrome. J Am Soc Nephrol 22: 693-703, 2011.
104. Novel NCC mutants and functional analysis in a new cohort of patients with Gitelman syndrome. Eur J Hum Genet 20: 263-270, 2012.
105. Cutaneous manifestations of leukemias. Rev Prat 37: 1477-1483, 1987.
106. EAST syndrome: Clinical, pathophysiological, and genetic aspects of mutations in KCNJ10. Rare Dis 4: e1195043, 2016.
107. Renal calcium and magnesium handling in Gitelman syndrome. Am J Transl Res 14: 1-19, 2022.
108. Hypomagnesaemia of hereditary renal origin. Pediatr Nephrol 1: 465-472, 1987.
109. Effect of thiazide on renal gene expression of apical calcium channels

and calbindins. Am J Physiol Renal Physiol 287: F1164–1170, 2004.

110. Generation and analysis of the thiazide-sensitive Na^+-Cl^- cotransporter (Ncc/Slc12a3) Ser707X knockin mouse as a model of Gitelman syndrome. Hum Mutat 31: 1304–1315, 2010.

111. Critical role of the epithelial Ca^{2+} channel TRPV5 in active Ca^{2+} reabsorption as revealed by TRPV5/calbindin-D28K knockout mice. J Am Soc Nephrol 17: 3020–3027, 2006.

112. Calbindin D28k exhibits properties characteristic of a Ca^{2+} sensor. J Biol Chem 277: 16662–16672, 2002.

113. Calbindin-D28K dynamically controls TRPV5-mediated Ca^{2+} transport. EMBO J 25: 2978–2988, 2006.

114. Role of Na^+/Ca^{2+} exchange in transcellular Ca^{2+} transport across primary cultures of rabbit kidney collecting system. Pflugers Arch 420: 566–572, 1992.

115. Plasma membrane Ca^{2+}-ATPase and NCX1 Na^+/Ca^{2+} exchanger expression in distal convoluted tubule cells. Am J Physiol Renal Physiol 283: F29–40, 2002.

116. Targeted Single-Cell RNA-seq Identifies Minority Cell Types of Kidney Distal Nephron. J Am Soc Nephrol 32: 886–896, 2021.

117. The mechanism of hypocalciuria with NaCl cotransporter inhibition. Nat Rev Nephrol 7: 669–674, 2011.

118. WNK4 kinase regulates surface expression of the human sodium chloride cotransporter in mammalian cells. Kidney Int 69: 2162–2170, 2006.

119. WNK4 enhances TRPV5-mediated calcium transport: potential role in hypercalciuria of familial hyperkalemic hypertension caused by gene mutation of WNK4. Am J Physiol Renal Physiol 292: F545–554, 2007.

120. WNK4 diverts the thiazide-sensitive NaCl cotransporter to the lysosome and stimulates AP-3 interaction. J Biol Chem 284: 18471–18480, 2009.

121. PTH modulation of NCC activity regulates TRPV5 Ca^{2+} reabsorption. Am J Physiol Renal Physiol 310: F144–151, 2016.

122. FGF23 promotes renal calcium reabsorption through the TRPV5 channel. EMBO J 33: 229–246, 2014.

123. Elevated FGF23 Levels in Mice Lacking the Thiazide-Sensitive NaCl cotransporter (NCC). Sci Rep 8: 3590, 2018.
124. Concerted actions of NHERF2 and WNK4 in regulating TRPV5. Biochem Biophys Res Commun 404: 979-984, 2011.
125. Regulation of TRPV5 and TRPV6 by associated proteins. Am J Physiol Renal Physiol 290: F1295-1302, 2006.
126. Gitelman syndrome: consensus and guidance from a Kidney Disease: Improving Global Outcomes (KDIGO) Controversies Conference. Kidney Int 91: 24-33, 2017.
127. Hydrochlorothiazide Test as a Tool in the Diagnosis of Gitelman Syndrome in Chinese Patients. Front Endocrinol (Lausanne) 9: 559, 2018.
128. Electrocardiogram with prolonged QT interval in Gitelman disease. Kidney Int 62: 580-584, 2002.

제6장 I 집합관

1. Claudin-4 forms paracellular chloride channel in the kidney and requires claudin-8 for tight junction localization. Proc Natl Acad Sci U S A 107: 18010-18015, 2010.
2. Claudins in kidney health and disease. Kidney Res Clin Pract 41: 275-287, 2022.
3. Claudins and the kidney. Annu Rev Physiol 75: 479-501, 2013.
4. Immunolocalization of beta-catenin, E-cadherin and N-cadherin in neonate and adult rat kidney. J Vet Med Sci 79: 1785-1790, 2017.
5. Cytoskeleton disruption and apical redistribution of proximal tubule Na^+-K^+-ATPase during ischemia. Am J Physiol 263: F488-495, 1992.
6. The Par3/Par6/aPKC complex and epithelial cell polarity. Exp Cell Res 319: 1357-1364, 2013.
7. Par complex in cancer: a regulator of normal cell polarity joins the dark side. Oncogene 27: 6878-6887, 2008.
8. Requirement of ZO-1 for the formation of belt-like adherens junctions during epithelial cell polarization. J Cell Biol 176: 779-786, 2007.
9. Epithelial cell polarity and disease. Am J Physiol 272: F434-442, 1997.

10. Amiloride-sensitive epithelial Na^+ channel is made of three homologous subunits. Nature 367:463-467, 1994.
11. Role of the alpha-, beta-, and gamma-subunits of epithelial sodium channel in a model of polygenic hypertension. Hypertension 29: 131-136, 1997.
12. The gamma-subunit of ENaC is more important for channel surface expression than the beta-subunit. Am J Physiol Cell Physiol 284: C447-456, 2003.
13. sgk is an aldosterone-induced kinase in the renal collecting duct. Effects on epithelial Na^+ channels. J Biol Chem 274: 16973-16978, 1999.
14. Phosphorylation of Nedd4-2 by Sgk1 regulates epithelial Na^+ channel cell surface expression. EMBO J 20: 7052-7059, 2001.
15. Renal tubular NEDD4-2 deficiency causes NCC-mediated salt-dependent hypertension. J Clin Invest 123: 657-665, 2013.
16. Deletion of Nedd4-2 results in progressive kidney disease in mice. Cell Death Differ 24:2150-2160, 2017.
17. The ubiquitin ligase NEDD4-2/NEDD4L regulates both sodium homeostasis and fibrotic signaling to prevent end-stage renal disease. Cell Death Dis 12:398, 2021.
18. Proteolytic Activation of the Epithelial Sodium Channel (ENaC): Its Mechanisms and Implications. Int J Mol Sci 24: 17563, 2023.
19. Urinary prostasin in normotensive individuals: correlation with the aldosterone to renin ratio and urinary sodium. Hypertens Res 36: 528-533, 2013.
20. Regulation of the epithelial sodium channel by membrane trafficking. Am J Physiol Renal Physiol 296: F10-24, 2009.
21. Long-term regulation of ENaC expression in kidney by angiotensin II. Hypertension 41: 1143-1150, 2003.
22. The evolving complexity of the collecting duct renin-angiotensin system in hypertension. Nat Rev Nephrol 17: 481-492, 2021.
23. Review: Intrarenal angiotensin II levels in normal and hypertensive states. J Renin Angiotensin Aldosterone Syst 2: S176-S184, 2001.
24. TGR5 attenuates DOCA-salt hypertension through regulating histone

H3K4 methylation of ENaC in the kidney. Metabolism 165: 156133, 2025.

25. ROMK channels are inhibited in the aldosterone-sensitive distal nephron of renal tubule Nedd4-2-deficient mice. Am J Physiol Renal Physiol 322: F55-F67, 2022.
26. Large conductance voltage-and calcium-activated K^+ (BK) channel in health and disease. Front Pharmacol 15: 1373507, 2024.
27. Regulation of the ROMK potassium channel in the kidney. Exp Nephrol 7: 201-206, 1999.
28. Molecular mechanisms regulating aquaporin-2 in kidney collecting duct. Am J Physiol Renal Physiol 311: F1318-F1328, 2016.
29. Data resource: vasopressin-regulated protein phosphorylation sites in the collecting duct. Am J Physiol Renal Physiol 324: F43-F55, 2023.
30. Molecular physiology of water balance. N Engl J Med 372: 1349-1358, 2015.
31. Phosphorylation of serine 188 protects RhoA from ubiquitin/proteasome-mediated degradation in vascular smooth muscle cells. Circ Res 96: 1152-1160, 2005.
32. Regulation of RhoA signaling by the cAMP-dependent phosphorylation of RhoGDIalpha. J Biol Chem 287: 38705-38715, 2012.
33. Vasopressin increases water permeability of kidney collecting duct by inducing translocation of aquaporin-CD water channels to plasma membrane. Proc Natl Acad Sci U S A 92: 1013-1017, 1995.
34. Regulation of the water channel aquaporin-2 by posttranslational modification. Am J Physiol Renal Physiol 300: F1062-1073, 2011.
35. Localization and regulation of PKA-phosphorylated AQP2 in response to V(2)-receptor agonist/antagonist treatment. Am J Physiol Renal Physiol 278: F29-42, 2000.
36. Phosphorylation of aquaporin-2 regulates its endocytosis and protein-protein interactions. Proc Natl Acad Sci U S A 107: 424-429, 2010.
37. Protein phosphatase 2C is responsible for VP-induced dephosphorylation of AQP2 serine 261. Am J Physiol Renal Physiol 313: F404-F413, 2017.
38. Advances in aquaporin-2 trafficking mechanisms and their implications for treatment of water balance disorders. Am J Physiol Cell Physiol 319:

C1-C10, 2020.

39. Regulation of the water channel aquaporin-2 by cullin E3 ubiquitin ligases. Am J Physiol Renal Physiol 326: F814-F826, 2024.
40. Hrs regulates multivesicular body formation via ESCRT recruitment to endosomes. J Cell Biol 162: 435-442, 2003.
41. Hrs and STAM function synergistically to bind ubiquitin-modified cargoes in vitro. Biophys J 108: 76-84, 2015.
42. Structural Insights into AQP2 Targeting to Multivesicular Bodies. Int J Mol Sci 20: 5351, 2019.
43. X-ray structure of human aquaporin 2 and its implications for nephrogenic diabetes insipidus and trafficking. Proc Natl Acad Sci USA 111:6305-10, 2014.
44. Sorting Nexin 27 Regulates the Lysosomal Degradation of Aquaporin-2 Protein in the Kidney Collecting Duct. Cells 9: 2020.
45. AQP2 trafficking in health and diseases: an updated overview. Int J Biochem Cell Biol 149: 106261, 2022.
46. Comprehensive database of human E3 ubiquitin ligases: application to aquaporin-2 regulation. Physiol Genomics 48: 502-512, 2016.
47. E3 ubiquitin-protein ligases in rat kidney collecting duct: response to vasopressin stimulation and withdrawal. Am J Physiol Renal Physiol 301: F883-896, 2011.
48. NDFIP allows NEDD4/NEDD4L-induced AQP2 ubiquitination and degradation. PLoS One 12: e0183774, 2017.
49. CHIP Regulates Aquaporin-2 Quality Control and Body Water Homeostasis. J Am Soc Nephrol 29: 936-948, 2018.
50. AQP2 is a substrate for endogenous PP2B activity within an inner medullary AKAP-signaling complex. Am J Physiol Renal Physiol 281: F958-965, 2001.
51. An AKAP-Lbc-RhoA interaction inhibitor promotes the translocation of aquaporin-2 to the plasma membrane of renal collecting duct principal cells. PLoS One 13: e0191423, 2018.
52. Ezrin directly interacts with AQP2 and promotes its endocytosis. J Cell Sci 130: 2914-2925, 2017.

53. Vasopressin-induced serine 269 phosphorylation reduces Sipa1l1-mediated aquaporin-2 endocytosis. J Biol Chem 292: 7984-7993, 2017.
54. Depletion of vacuolar protein sorting-associated protein 35 is associated with increased lysosomal degradation of aquaporin-2. Am J Physiol Renal Physiol 311: F1294-F1307, 2016.
55. Rab7 involves Vps35 to mediate AQP2 sorting and apical trafficking in collecting duct cells. Am J Physiol Renal Physiol 318: F956-F970, 2020.
56. AQP2 Abundance is Regulated by the E3-Ligase CHIP Via HSP70. Cell Physiol Biochem 44: 515-531, 2017.
57. Heat shock protein 70 interacts with aquaporin-2 and regulates its trafficking. J Biol Chem 282: 28721-28732, 2007.
58. The role of 70-kDa heat shock protein in dDAVP-induced AQP2 trafficking in kidney collecting duct cells. Am J Physiol Renal Physiol 304: F958-971, 2013.
59. AQP2 exocytosis in the renal collecting duct - involvement of SNARE isoforms and the regulatory role of Munc18b. J Cell Sci 121: 2097-2106, 2008.
60. Short-chain ubiquitination mediates the regulated endocytosis of the aquaporin-2 water channel. Proc Natl Acad Sci U S A 103: 18344-18349, 2006.
61. Aquaporin-2 localization in clathrin-coated pits: inhibition of endocytosis by dominant-negative dynamin. Am J Physiol Renal Physiol 282: F998-1011, 2002.
62. Inhibition of endocytosis causes phosphorylation (S256)-independent plasma membrane accumulation of AQP2. Am J Physiol Renal Physiol 286: F233-243, 2004.
63. The Deubiquitylase USP4 Interacts with the Water Channel AQP2 to Modulate Its Apical Membrane Accumulation and Cellular Abundance. Cells 8: 265, 2019.
64. Bayesian mapping of protein kinases to vasopressin-regulated phosphorylation sites in renal collecting duct. Am J Physiol Renal Physiol 327: F591-F598, 2024.
65. Phosphoproteomic identification of vasopressin-regulated protein kinases

in collecting duct cells. Br J Pharmacol 178: 1426–1444, 2021.
66. The vasopressin system: physiology and clinical strategies. Anesthesiology 105: 599–612; quiz 639–540, 2006.
67. Osmotic homeostasis. Clin J Am Soc Nephrol 10: 852–862, 2015.
68. Patterns of neurohypophysial hormone release during dehydration in the rat. J Endocrinol 137: 311–319, 1993.
69. Vasopressin secretion: osmotic and hormonal regulation by the lamina terminalis. J Neuroendocrinol 16: 340–347, 2004.
70. The organum vasculosum of the lamina terminalis and subfornical organ: regulation of thirst. Front Neurosci 17: 1223836, 2023.
71. Contribution of TRPV channels to osmosensory transduction, thirst, and vasopressin release. Kidney Int 73: 811–815, 2008.
72. Trpv4 Mediates Hypotonic Inhibition of Central Osmosensory Neurons via Taurine Gliotransmission. Cell Rep 23(8):2245–2253, 2018.
73. Depolarization and neurotransmitter regulation of vasopressin gene expression in the rat suprachiasmatic nucleus in vitro. J Neurosci 27: 141–151, 2007.
74. Effects of A-CREB, a dominant negative inhibitor of CREB, on the expression of c-fos and other immediate early genes in the rat SON during hyperosmotic stimulation in vivo. Brain Res 1429:18–28, 2012.
75. Biosynthesis of vasopressin. J Cardiovasc Pharmacol 8 Suppl 7: S3–4, 1986.
76. Arginine vasopressin and copeptin: comparative review and perspective in veterinary medicine. Front Vet Sci 12: 1528008, 2025.
77. Vasopressin transport regulation is coupled to the synthesis rate. Neuroendocrinology 53: 416–422, 1991.
78. Vasopressin: physiology, assessment and osmosensation. J Intern Med 282: 284–297, 2017.
79. Physiological increases in cortisol inhibit basal vasopressin release in conscious dogs. Am J Physiol 266: R1744–1751, 1994.
80. Secondary adrenal insufficiency: an overlooked cause of hyponatremia. J Clin Med Res 7: 286–288, 2015.
81. Plasma copeptin and chronic kidney disease risk in 3 European cohorts from the general population. JCI Insight 3: e121479, 2018.

82. Vasopressin in chronic kidney disease: an elephant in the room? Kidney Int 76: 925-928, 2009.
83. Vasopressin: a novel target for the prevention and retardation of kidney disease? Nat Rev Nephrol 9: 223-239, 2013.
84. Intercalated cell subtypes in connecting tubule and cortical collecting duct of rat and mouse. J Am Soc Nephrol 10: 1-12, 1999.
85. Localization of pendrin in mouse kidney. Am J Physiol Renal Physiol 284: F229-241, 2003.
86. Immunocytochemical localization of pendrin in intercalated cell subtypes in rat and mouse kidney. Am J Physiol Renal Physiol 283: F744-754, 2002.
87. The Na^+-dependent chloride-bicarbonate exchanger SLC4A8 mediates an electroneutral Na^+ reabsorption process in the renal cortical collecting ducts of mice. J Clin Invest 120: 1627-1635, 2010.
88. Pendrin modulates ENaC function by changing luminal HCO_3. J Am Soc Nephrol 21: 1928-1941, 2010.
89. The interaction of pendrin and the epithelial sodium channel in blood pressure regulation. Curr Opin Nephrol Hypertens 17: 18-24, 2008.
90. Recent advances in our understanding of intercalated cells. Curr Opin Nephrol Hypertens 14: 480-484, 2005.
91. Hensin, a new collecting duct protein involved in the in vitro plasticity of intercalated cell polarity. J Clin Invest 98: 2324-2331, 1996.
92. alpha-Intercalated cells defend the urinary system from bacterial infection. J Clin Invest 124: 2963-2976, 2014.
93. Ribonuclease 7 is a potent antimicrobial peptide within the human urinary tract. Kidney Int 80: 174-180, 2011.
94. Defects in processing and trafficking of the AE1 Cl^-/HCO_3^- exchanger associated with inherited distal renal tubular acidosis. Clin Exp Nephrol 8: 1-11, 2004.
95. Familial distal renal tubular acidosis is associated with mutations in the red cell anion exchanger (Band 3, AE1) gene. J Clin Invest 100: 1693-1707, 1997.
96. Band 3 Courcouronnes (Ser667Phe): a trafficking mutant differentially rescued by wild-type band 3 and glycophorin A. Blood 111: 5380-5389, 2008.
97. Molecular mechanisms of autosomal dominant and recessive distal renal

tubular acidosis caused by SLC4A1 (AE1) mutations. J Mol Genet Med 1: 49-62, 2005.

98. Trafficking defect of mutant kidney anion exchanger 1 (kAE1) proteins associated with distal renal tubular acidosis and Southeast Asian ovalocytosis. Biochem Biophys Res Commun 350: 723-730, 2006.

99. Intercalated Cell Depletion and Vacuolar H^+-ATPase Mistargeting in an Ae1 R607H Knockin Model. J Am Soc Nephrol 28: 1507-1520, 2017.

100. Mutations in the gene encoding B1 subunit of H^+-ATPase cause renal tubular acidosis with sensorineural deafness. Nat Genet 21: 84-90, 1999.

101. ATP6B1 gene mutations associated with distal renal tubular acidosis and deafness in a child. Am J Kidney Dis 41: 238-243, 2003.

102. Distal renal tubular acidosis in mice that lack the forkhead transcription factor Foxi1. J Clin Invest 113: 1560-1570, 2004.

103. Neonatal Onset Distal Renal Tubular Acidosis: Description of Two Novel Variants on the ATP6V0A4 Gene and Review of the Literature on Associated Extrarenal Manifestations. J Pediatr Genet 13: 335-344, 2024.

104. The forkhead transcription factor Foxi1 is a master regulator of vacuolar H-ATPase proton pump subunits in the inner ear, kidney and epididymis. PLoS One 4: e4471, 2009.

105. Renal potassium wasting in renal tubular acidosis (RTA): its occurrence in types 1 and 2 RTA despite sustained correction of systemic acidosis. J Clin Invest 50: 667-678, 1971.

106. Chronic metabolic acidosis increases NaDC-1 mRNA and protein abundance in rat kidney. Kidney Int 58: 206-215, 2000.

107. Validation of the difference in urine and blood carbon dioxide tension during bicarbonate loading as an index of distal nephron acidification in experimental models of distal renal tubular acidosis. J Clin Invest 75: 1116-1123, 1985.

제7장 | 신장의 산-염기 평형 조절 및 암모니아 운반과 배설

1. Metabolic acidosis: pathophysiology, diagnosis and management. Nat Rev Nephrol 6: 274-285, 2010.

2. Metabolic consequences of acid-base disorders. Kidney Int 1: 347-359, 1972.
3. Extracellular pH regulates bone cell function. J Nutr 138: 415S-418S, 2008.
4. Molecular Pathophysiology of Acid-Base Disorders. Semin Nephrol 39: 340-352, 2019.
5. Metabolic alkalosis. J Am Soc Nephrol 11: 369-375, 2000.
6. Acid-Base Homeostasis. Clin J Am Soc Nephrol 10: 2232-2242, 2015.
7. Kidney metabolism and acid-base control: back to the basics. Pflugers Arch 474: 919-934, 2022.
8. Chronic metabolic acidosis upregulates rat kidney Na-HCO cotransporters NBCn1 and NBC3 but not NBC1. Am J Physiol Renal Physiol 282: F341-351, 2002.
9. The kidney as a source of blood ammonia in patients with liver disease: the effect of acetazolamide. J Clin Invest 39: 288-294, 1960.
10. Concentrations of NH_3 in cortex and medulla of rat kidney. Contrib Nephrol 63: 16-20, 1988.
11. Transport of ammonia in the rabbit cortical collecting tubule. J Clin Invest 75: 478-485, 1985.
12. Cell membranes impermeable to NH_3. Nature 339: 478-480, 1989.
13. Water and solute permeabilities of medullary thick ascending limb apical and basolateral membranes. Am J Physiol 274: F453-462, 1998.
14. An apical permeability barrier to NH_3/NH_4^+ in isolated, perfused colonic crypts. Proc Natl Acad Sci U S A 92: 11573-11577, 1995.
15. Unusual permeability properties of gastric gland cells. Nature 368: 332-335, 1994.
16. Relative CO_2/NH_3 permeabilities of human RhAG, RhBG and RhCG. J Membr Biol 246: 915-926, 2013.
17. Relative CO_2/NH_3 selectivities of AQP1, AQP4, AQP5, AmtB, and RhAG. Proc Natl Acad Sci U S A 106: 5406-5411, 2009.
18. Ammonia production by individual segments of the rat nephron. J Clin Invest 73: 602-610, 1984.
19. Luminal kidney and intestine SLC6 amino acid transporters of B0AT-cluster and their tissue distribution in Mus musculus. Am J Physiol Renal

Physiol 290: F376–383, 2006.

20. Induction and targeting of the glutamine transporter SN1 to the basolateral membranes of cortical kidney tubule cells during chronic metabolic acidosis suggest a role in pH regulation. J Am Soc Nephrol 16: 869–877, 2005.
21. The transport of glutamine into mammalian cells. Front Biosci 12: 874–882, 2007.
22. Recycling of aromatic amino acids via TAT1 allows efflux of neutral amino acids via LAT2–4F2hc exchanger. Pflugers Arch 454: 507–516, 2007.
23. NRF2 regulates the glutamine transporter Slc38a3 (SNAT3) in kidney in response to metabolic acidosis. Sci Rep 8: 5629, 2018.
24. Regulation of renal ammoniagenesis. Subcellular localization of rat kidney glutaminase isoenzymes. J Biol Chem 249: 3261–3266, 1974.
25. Ammonia production and secretion by S3 proximal tubule segments from acidotic mice: role of ANG II. Am J Physiol Renal Physiol 287: F707–712, 2004.
26. Regulation of expression of the SN1 transporter during renal adaptation to chronic metabolic acidosis in rats. Am J Physiol Renal Physiol 283: F1011–1019, 2002.
27. Inhibition of glutamine synthetase in the mouse kidney: a novel mechanism of adaptation to metabolic acidosis. J Biol Chem 278: 38159–38166, 2003.
28. Carbonic anhydrase II and IV mRNA in rabbit nephron segments: stimulation during metabolic acidosis. Am J Physiol 274: F259–267, 1998.
29. Ammonia Transporters and Their Role in Acid–Base Balance. Physiol Rev 97: 465–494, 2017.
30. Role of countercurrent multiplication in renal ammonium handling: regulation of medullary ammonium accumulation. J Am Soc Nephrol 2: 77–83, 1991.
31. Proximal tubule specific knockout of the Na^+/H^+ exchanger NHE3: effects on bicarbonate absorption and ammonium excretion. J Mol Med (Berl) 91: 951–963, 2013.
32. Electrophysiology of ammonia transport in renal straight proximal

tubules. Kidney Int 40: 1082–1089, 1991.

33. Role of NH_3 and NH_4^+ transporters in renal acid–base transport. Am J Physiol Renal Physiol 300: F11–23, 2011.
34. Ammonia transport in the kidney by Rhesus glycoproteins. Am J Physiol Renal Physiol 306: F1107–1120, 2014.
35. Relative CO_2/NH_3 selectivities of mammalian aquaporins 0–9. Am J Physiol Cell Physiol 304: C985–994, 2013.
36. NHE4 is critical for the renal handling of ammonia in rodents. J Clin Invest 120: 1895–1904, 2010.
37. NBCn1 Increases NH_4^+ Reabsorption Across Thick Ascending Limbs, the Capacity for Urinary NH_4^+ Excretion, and Early Recovery from Metabolic Acidosis. J Am Soc Nephrol 32(4):852–865, 2021.

제8장 | 임상에서 사용하는 신장 기능 지표

1. Vasopressin resistance in chronic renal failure. Evidence for the role of decreased V2 receptor mRNA. J Clin Invest 96: 378–385, 1995.
2. Reduced AQP1, –2, and –3 levels in kidneys of rats with CRF induced by surgical reduction in renal mass. Am J Physiol 275: F724–741, 1998.
3. Hyponatremia Demystified: Integrating Physiology to Shape Clinical Practice. Adv Kidney Dis Health 30: 85–101, 2023.
4. Syndrome of Inappropriate Antidiuresis. J Am Soc Nephrol 36: 713–722, 2025.
5. Diagnostic and Therapeutic Strategies to Severe Hyponatremia in the Intensive Care Unit. J Intensive Care Med 39: 1039–1054, 2024.
6. A syndrome of renal sodium loss and hyponatremia probably resulting from inappropriate secretion of antidiuretic hormone. Am J Med 23:529–542, 1957.
7. Nephrogenic Syndrome of Inappropriate Antidiuresis. N Engl J Med 352:1884–1890, 2005.
8. Clinical practice guideline on diagnosis and treatment of hyponatraemia. Eur J Endocrinol 170:G1–47, 2014.
9. Diagnosis, evaluation, and treatment of hyponatremia: expert panel

recommendations. Am J Med 126: S1-42, 2013.
10. A simple method to estimate populational 24-h urinary sodium and potassium excretion using a casual urine specimen. J Hum Hypertens 16: 97-103, 2002.